ICH HALTE NICHT DIE KLAPPE

THOMAS SATTELBERGER

ICH HALTE NICHT DIE KLAPPE

*Mein Leben als Überzeugungstäter
in der Chefetage*

MURMANN
MURMANN PUBLISHERS

Dieses Buch wurde klimaneutral produziert

Id-Nr. 1544440
www.bvdm-online.de

Bibliografische Information der Deutschen Nationalbibliothek
Die Deutsche Nationalbibliothek verzeichnet diese Publikation in
der Deutschen Nationalbibliografie; detaillierte bibliografische
Daten sind im Internet über http://dnb.d-nb.de abrufbar.

1. Auflage 2015
Copyright © 2015 by Murmann Publishers GmbH, Hamburg
ISBN 978-3-86774-420-1

Redaktionelle Mitarbeit: Dagmar Deckstein
Herstellung, Umschlaggestaltung, Layout und Satz: Murmann Publishers GmbH
Druck und Bindung: fgb, freiburger graphische betriebe
Printed in Germany

Besuchen Sie uns im Internet: www.murmann-publishers.de

Ihre Meinung zu diesem Buch interessiert uns!
Zuschriften bitte an **info@murmann-publishers.de**

Den Murmann Publishers-Newsletter können Sie anfordern unter
newsletter@murmann-publishers.de

Inhalt

PROLOG

Es war wohl das Jahr 1953, und ich war vier Jahre alt. Eines Tages saß ich vor dem elterlichen Haus in Munderkingen in der Krone eines kleinen Baumes in luftiger Höhe. Für einen Vierjährigen nahm sich das aus wie auf dem Gipfel einer hundertjährigen Eiche. Von dort oben also genoss ich die letzten Sonnenstrahlen. Da kam ein etwas abgerissen ausschauender Mann den Hügel herauf. Es könnte einer der ehemals polnischen Zwangsarbeiter unter dem Naziregime gewesen sein, es könnte sich aber auch um einen Flüchtling aus den ehemals deutschen Ostgebieten gehandelt haben. Vom Baum herunter rief ich ihm zu: »Hau ab, du Polack!« Meine Eltern hörten das durch das geöffnete Fenster. Vater kam heraus und sagte: »Komm sofort herunter vom Baum!« Ich schämte mich, hatte aber auch Angst vor der wahrscheinlich drohenden elterlichen Strafe. So blieb ich gefühlt eine weitere Stunde im Baumwipfel bis zur Dämmerung sitzen, bis ich es nicht mehr länger aushielt, herunterkletterte und ins Haus schlich. Meine Eltern erklärten mir dann, dass ich einen unschuldigen Menschen beschimpft hätte und dass sie so etwas von mir nie mehr hören wollten.

Kapitel 1

1949 bis 1975: Kindheit, Jugend, Schule und Ausbildung
EIN SCHWÄBISCHER REBELL

Vom APO-Aktivisten zum Daimler-Azubi – erste Transformationen und frühe Managementerfahrungen

Geboren wurde ich an einem Pfingstsonntag, dem 5. Juni des Jahres 1949 in Munderkingen, einer katholisch geprägten Kleinstadt mit damals knapp 2000 Einwohnern am Rande der Schwäbischen Alb. Meine Mutter freute sich meiner Erinnerung nach stets über ihren »Pfingstbub«, was immer das für sie bedeutet haben mochte. Ich habe sie nie danach gefragt. Immerhin, Pfingsten hat ja etwas mit Reinigung und Erleuchtung zu tun. Gut möglich, dass eine solche Zuschreibung, Wegweisung, schon in meinem geburtstäglichen Lebensskript stand.

Mein Großvater mütterlicherseits war ein angesehener Metzgermeister in Munderkingen. Mein Großvater väterlicherseits – lange vor meiner Geburt gestorben – war Schuhmachermeister. Ich habe ihn leider nie kennenlernen dürfen. Ich habe indes eine ganz und gar unbeschwerte Kindheit erlebt. Noch heute sehe ich meinen Opa im Frühling mit dem Ochsen über seine kleinen Nebenerwerbsäcker pflügen. Es heißt ja, dass die Äcker auf der Schwäbischen Alb steinige seien, und in meiner Erinnerung habe ich als Vierjähriger, bevor Opa dann mit dem Ochsenkarren weiterpflügte, riesengroße Steine vom Acker getragen, die aber wahrscheinlich höchstens faustgroß waren. Steine beseitigen, dies nur am Rande, musste ich auch in meinem späteren Berufsleben, wenn auch eher im übertragenen Sinne. Ich habe diese Bilder aus meinen Kinderjahren vor Augen: Steine abtragen, säen, wogende Weizenfelder, anschließend Erntedank feiern: Sanierung, Wachstum, Reife, Ernte, Neubeginn.

Neubeginn also. Jeder Mensch ist in seiner Entwicklung, in seinen Überzeugungen und in seinen beruflichen wie privaten Ambitionen, Möglichkeiten und Werdegängen nicht nur, aber auch, durch die jeweiligen wirtschaftshistorischen und gesellschaftspolitischen Umstände geprägt. Zumindest wird er durch sie beeinflusst. So bin ich im Lebensverlauf immer auch ein Kind des Zeitgeistes gewesen. Und so gesehen bin ich in einer Zeit der Trümmerbeseitigung und des Wiederaufbaus aufgewachsen, die für die noch junge Bundesrepublik Deutschland eng mit dem Begriff »Wirtschaftswunder« verwoben ist.

Ganz Deutschland befand sich in diesen fünfziger Jahren im Status des Neubeginns inmitten der Kriegstrümmer, die das unsägliche Naziregime hinterlassen hatte. Erst eineinhalb Jahre nach Kriegsende zeigte sich das Ausmaß der wirtschaftlichen Not in Deutschland in vollem Umfang. Der strenge Winter wurde zur Katastrophe. Ernährung, Energieversorgung und Verkehr brachen zusammen, nur das Eingreifen der USA und Großbritanniens verhinderte Schlimmeres. In Amerika hatten kirchliche und karitative Organisationen begonnen, »Carepakete«, gefüllt mit Gebrauchs- und Nahrungsmitteln für den täglichen Bedarf, ins notleidende Nachkriegsdeutschland zu schicken. Wir hatten das Glück, dass nach dem Ersten Weltkrieg etliche unserer Verwandten in die USA ausgewandert waren, wie übrigens viele Menschen aus dem kärglichen, armen Schwabenland. Somit erhielten wir von ihnen in den mageren Nachkriegsjahren ab und zu ein Päckchen. Ich erinnere mich noch eines Sommertags 1952, als meine Mutter freudestrahlend ins Freie gelaufen kam und sagte: »So, jetzt kann ich mir eine schöne Tasse Kaffee machen, und die Tante Frieda hat dazu auch noch Kondensmilch mitgeschickt!« Und es war auch die erste Schokolade meines Lebens in diesen Päckchen. Fleisch dagegen gab es genug, Opa war schließlich auch Metzger. Mit seinem Auto, einem Plastikgefährt Marke Lloyd der Norddeutschen Automobil und Motoren Actien Gesellschaft, besuchten wir Kunden. Opa fütterte mich auch auf dem Rückweg vom Kindergarten nach Hause vorab mit Würsten verschiedenster Art. Mithin hatte ich keinen Hunger mehr, wenn Mutter das Essen auftischte. Großvater war übrigens anfänglich ein glühender Parteigenosse Hitlers mit einer NSDAP-Mitgliedsnummer noch im sechsstelligen Bereich gewesen. Später entwickelte er sich zum überzeugten Kritiker. Am Stammtisch in der Gaststätte »Zum Lamm«, wenige Meter von seiner Metzgerei entfernt, eiferte er sich schon in frühen Kriegsjahren über den »Gröfaz« (den »Größten Führer aller Zeiten«). Einmal stand er sogar auf und nannte Hitler einen Halunken. Zu Beginn des Russlandfeldzugs sagte er öffentlich: »Jetzt hat Hitler den Krieg verloren.« Großmutter hatte Angst, nicht zu Unrecht: Großvater wurde dann auch verhaftet und erhielt, vorgeblich wegen Schwarzschlachterei, eine längere Haftstrafe. Ich bin, seit ich das als kleiner Bub erfuhr, sehr stolz auf meinen Großvater.

Im Juni 1947 bereits hatte der damalige US-Außenminister George C. Marshall ein umfangreiches wirtschaftliches Wiederaufbauprogramm für Europa präsentiert, den »Marshall-Plan«, eine Grundlage des späteren Wirtschaftswunders. Als die soziale Marktwirtschaft in den fünfziger Jahren Tritt fasste, erlebte Westdeutschland einen beispiellosen Aufschwung. Als wirtschaftspolitische Ikone dieser Wunderjahre thronte der liberale Wirtschaftsprofessor und spätere Wirtschaftsminister Ludwig Erhard über dieser Nachkriegsboomphase, hatte er doch die »soziale Marktwirtschaft« in Westdeutschland verankert und mit seinem Buch *Wohlstand für alle* die Aufstiegsformel ausgegeben. Erhard war überzeugt, dass sich arbeitsteilige Wirtschaftsprozesse nur dann reibungslos vollzögen, wenn jede Entscheidung in der Wirtschaft vom Bewusstsein »der schicksalhaften Verbundenheit aller mit allen« getragen werde. Ein quasi japanisches Verständnis des Zusammenlebens. Auf Vorschlag des Publizisten Rüdiger Altmann brachte

Erhard diese unausweichliche Verbundenheit aller Einzelnen in der modernen Wirtschaftsgesellschaft auf den Begriff der »formierten Gesellschaft«. Ein Begriff, der sich mir damals einprägte, da ich ihn mit Marschieren im Gleichschritt verband, und ich bezog mich in meinen späteren antiautoritären Jahren öfters auf ihn.

So wurde Ludwig Erhard zum unentbehrlichen Mitstreiter für Konrad Adenauer, der am 15. September 1949 im Alter von 73 Jahren zum ersten Kanzler der Bundesrepublik Deutschland vereidigt wurde und es die folgenden 14 Jahre lang blieb. Der alte Kanzler setzte in dieser »Adenauer-Ära« auf Vorkriegswerte wie Fleiß, Tüchtigkeit und Ordnung. »Ärmel aufkrempeln«, lautete die Devise der damaligen Zeit für den Wiederaufbau Deutschlands. Eine Ära, in der Sozialdemokraten, die unter ihrem Vorsitzenden Kurt Schumacher gegen die Wiederbewaffnung Deutschlands kämpften, als Steigbügelhalter und nützliche Idioten des Kommunismus verunglimpft wurden. Die Redeschlachten im Bundestag voller Wortgewalt, Pathos und Wucht verfolgte ich als Bub gebannt im Radio, war aber meist verständnislos. Wahlplakate damals dämonisierten den jeweiligen politischen Gegner, die Welt war eingeteilt in Gut und Böse.

Es war aber dieses Vermuffte und Beengende, das unreflektiert Strebsame der Adenauer-Ära, das vor allem die Jungen in den fünfziger und frühen sechziger Jahren erst verhalten, dann immer lauter aufbegehren ließ. Obendrein hatten amerikanische Einflüsse in Musik und Mode – vom Jazz und Rock 'n' Roll bis zu den Jeans – zur Modernisierung des Lebens beigetragen, wofür sich die jüngere Generation begeisterte und sie mit einem neuen Lebensgefühl ausstattete.

Dieses Wirtschaftswunder hielt natürlich früher oder später auch in Munderkingen Einzug. Ich erlebte das dergestalt, dass immer mehr Kunden in die großelterliche Metzgerei strömten und Oma samstags um 14 Uhr erschöpft die Ladentüre schloss. Als eines der vielen Bilder aus Kinderjahren habe ich auch jene Anhöhe auf der Schwäbischen Alb mit der großen Linde oben vor Augen, vor der eine Bank stand. Wenn wir nach getaner Arbeit dort hinaufgegangen sind, mein Opa und ich, pfiff da ein eiskalter Wind, und eine gleißende Sonne strahlte vom Himmel, und ich blickte über die endlos scheinende Schwäbische Alb. Dieses Bild habe ich bis heute immer wieder vor Augen, und ich fühle heute noch den eisigen Wind.

Ich war schon immer sehr neugierig. Eines Tages beschloss ich, die große Kanne, die bei den Großeltern auf dem Sims stand, näher zu inspizieren. Ich kleiner Wicht lupfte sie an, worauf sich fünf Liter Milch über mich ergossen. Oder ein anderes Erinnerungsbild: Es gab in Munderkingen eine von deutschen Soldaten auf dem Rückzug gesprengte und in die Mitte der Donau hineinragende alte Brücke. Als ich eines Tages vom Kindergarten heimging, beschloss ich, diese marode Brücke und nicht wie sonst die neue Brücke zu nehmen. Da fand ich mich plötzlich auf wackeligen Bohlen und etwas panisch 20 Meter über der reißenden Donau wieder. Aber ich hatte Glück, ein Mann war mir gefolgt und rettete mich beherzt auf den festen Boden des Ufers. Das waren so einige der ersten Abenteuer im Leben des kleinen Thomas.

Mein Vater, der als eines von sieben Kindern einer armen Familie stets bedauerte, nicht studiert haben zu können, arbeitete damals als Verwaltungsaktuar im Landkreis Ehingen, später im Innenministerium in Tübingen. Er fuhr jeden Montagmorgen um sechs Uhr mit dem Zug nach Tübingen und kam jede zweite Woche am späteren Freitagnachmittag zurück. Den Samstag hatte er bei der damals geltenden 48-Stunden-Woche schon zuvor hereingearbeitet. Als kleiner Junge bin ich dann immer den einen Kilometer zum Bahnhof in Munderkingen hinuntergerannt, um ihn abzuholen. Damals trug ich mit Begeisterung ein rotes Tuch um die Schultern, worauf meine Oma meinte: »Du wirst bestimmt mal Papst.« So weit kam es dann doch nicht, aber immerhin wurde in mir schon früh der Keim gelegt, dass aus mir einmal etwas werden sollte.

Diese Anlage haben meine Eltern auch behutsam, aber zielgerichtet entwickelt und mich nach besten Kräften unterstützt. So erinnere ich mich noch gut, wie meine Mutter, eine Lehrerin für Handarbeit, Hauswirtschaft und Turnen, mit mir sanft und ganz ohne Druck das Malen und Schreiben mit der rechten Hand übte. Ich war Linkshänder, und das grenzte nach damaligem Verständnis schon an eine körperliche, vielleicht sogar absonderliche geistige Behinderung. Als Lehrerin wusste meine Mutter natürlich, was Linkshänder für Hänseleien und Schwierigkeiten im Alltag erdulden mussten. Dem wollte sie mich, den damals Vierjährigen, später gar nicht erst aussetzen. Das rechtshändige Arbeiten mit einer Schere, später das Malen und eher begrenzt auch das Rechts-Schreiben klappten dann nach monatelangem, zwanglosem Training mit Mutter recht gut.

Mein Vater wiederum, so könnte man sagen, diente mir – retrospektiv betrachtet – als mustergültiges Karrierevorbild. Auch als Nicht-Akademiker, der er zu seinem Leidwesen war, schaffte er es durch extremen Arbeitseinsatz, mit Fleiß und durch Mobilität, also häufigere Umzüge, die Karriereleiter immer höher hinaufzuklettern. Er wurde schließlich Amtsrat am Rechnungshof in Karlsruhe, zum Schluss ist er sogar in Stuttgart bis zum Ministerialrat im Landtag von Baden-Württemberg aufgestiegen. Er hatte es also bis in die höhere Beamtenlaufbahn geschafft, die gewöhnlich nur Akademikern offenstand. Dafür hat er aber auch ungeheuer viel gearbeitet, heute würde man ihn wohl einen Workaholic nennen. Vater saß dann im Rechnungshof in Karlsruhe meist morgens um sieben schon im Büro und kam abends nicht vor sieben oder acht Uhr nach Hause. Manchmal auch viel später, aber nie ohne prall gefüllte Aktentasche für die Arbeit zu Hause und am Wochenende. Mutter hatte wochenends die Wahl, entweder einen freien Nachmittag am Samstag oder am Sonntag mit ihrem Mann zu verbringen – mehr Freizeit gab's nicht. Er hat ja immer darunter gelitten, nicht studiert zu haben, und diesen Mangel durch erhöhte Kraftanstrengung kompensiert. Was meine eigene protestantische Arbeitsethik, mein exzessives Arbeiten in späteren Jahren anbelangt, habe ich sicher einiges von meinem Vater abgeschaut und übernommen. Während meines fast 20 Jahre währenden beruflichen Pendelns nach Frankfurt, Hannover und schließlich Köln/Bonn kam ich an Wochenenden nie ohne zwei prall gefüllte Aktenkoffer nach Hause.

Doch damals, im ersten Nachkriegsjahrzehnt, hieß es nicht nur für meine Eltern, sondern für alle Deutschen, erst einmal die sprichwörtlichen Ärmel aufkrempeln. Für den späteren Boom der fünfziger und sechziger Jahre wirkten allerdings eine ganze Reihe von günstigen Faktoren zusammen. Zunächst gab es hoch motivierte und arbeitswillige Menschen mit guten Fähigkeiten und Fertigkeiten im Überfluss. Flüchtlinge und Vertriebene aus den ehemals deutschen Ostgebieten stellten nicht, wie zunächst befürchtet, eine wirtschaftliche Belastung dar, sondern halfen, das Bruttosozialprodukt kräftig zu mehren. Ein Teil des Wunders bestand auch darin, dass dieser Strukturwandel ohne große politische und soziale Spannungen bewältigt worden ist, da die Arbeitskräfte in den aufstrebenden Produktions- und später Dienstleistungssektor wechseln konnten. In diesen Jahren war Deutschland ein wahrer Schmelztiegel unterschiedlicher Kulturen in der Arbeit, aber in den Industrieregionen des Ruhrgebiets und Baden-Württembergs auch ein Schmelztiegel der alltäglichen Lebensgewohnheiten.

Bis 1961 kamen noch einmal 2,6 Millionen Flüchtlinge, überwiegend aus der DDR, hinzu, und nach dem Mauerbau ging Deutschland dazu über, ausländische Arbeitskräfte, damals Gastarbeiter genannt, aus Südeuropa anzuwerben.

Bis 1960 war nicht auch zuletzt den fleißigen Ausländern und den strebsamen, eingliederungswilligen Flüchtlingen zu danken, der deutsche Export bereits 4,5-mal so hoch wie 1950, das Bruttosozialprodukt hatte sich verdreifacht. Es entstand eine breite Mittelschicht, die sich etwas leisten konnte: erst einmal Kühlschränke und Waschmaschinen, einige Jahre später Fernseher und schließlich Autos, mit denen dann die Urlaubswelle der Deutschen gen Süden ins Rollen kam. Familie Sattelberger konnte sich nicht so viel leisten. Mein 1953 geborener Bruder Markus und ich schliefen in einem Mansardenzimmer in einem Karlsruher Häuserblock für 40 Familien, drei Stockwerke über unserer kleinen Drei-Zimmer-Wohnung. Vater war kurz zuvor an den Rechnungshof Baden-Württemberg versetzt worden.

Was nun die Flüchtlinge aus den ehemaligen deutschen Ostgebieten betraf, so sehe ich mich noch heute auf jenem Holunderbaum vor unserem Haus in Munderkingen sitzen.

Mit dem Wirtschaftsaufschwung einher ging allerdings auch die Restaurierung alter Geschlechterrollenbilder. Mit der Rückkehr der Kriegsgefangenen wurden die »Trümmerfrauen« zurück an den Herd, zu Küche, Kindern und Kirche geschickt. Die Trümmerbeseitigung war weiblich dominiert, das Wirtschaftswunder männlich. Für meine Eltern war das auch ein Konflikt. Vater begriff sich als alleinernährender Familienvater, Mutter wollte, sobald ich alt genug war, um mich um meinen Bruder Markus zu kümmern, zurück in den Schuldienst. Nach harten Diskussionen setzte sich Mutter durch. Damals gab es noch die gesetzliche Regelung, dass der Ehemann der Berufstätigkeit seiner Ehefrau zustimmen musste. Dieses Gesetz wurde übrigens erst 1977 abgeschafft.

Aber erst einmal – wir schreiben das Jahr 1956 – wurde ich, mit einer herrlichen Schultüte ausgestattet, in Karlsruhe eingeschult. An meine Schuljahre habe ich nur beste Erinnerungen. Konnte ich doch noch weiter gehende Beziehungen mit ihnen jenseits des Klassenraums knüpfen. Meine Mutter hatte mich immer ermuntert, über Themen, die mich beschäftigten, mit meinen Lehrern zu diskutieren. Als junger Mensch habe ich mit meinem Religionslehrer über die Existenz Gottes debattiert, wofür ich ihn sogar zu Hause besuchen durfte. Mit meiner Klassenlehrerin, Frau Berger, diskutierte ich intensiv über den Sinn von Schule oder über den Zweck von Hausaufgaben. Auch sie habe ich öfters und sehr gerne und freudig privat besucht.

Ein persönlich prägendes Erlebnis aus meiner Karlsruher Schulzeit am Bismarck-Gymnasium ist mir noch so klar in Erinnerung, als wäre es gestern erst passiert. Mein Griechischlehrer, Herr Blanck, war ein streng blickender, ernster Mann. Ich war zwar ein ausgezeichneter Lateinschüler, tat mich aber in der Quarta, als Griechisch dazukam, unglaublich schwer damit. Bei der ersten Griechisch-Klassenarbeit schrieb ich mir einen »Spickzettel« und wurde prompt erwischt. Mit großem Bangen sah ich dem Tag der Wahrheit entgegen, wenn Herr Blanck mit dem dicken Stapel Hefte auf dem rechten Unterarm das Klassenzimmer betreten und die Arbeiten mit persönlichen Notenkommentaren austeilen würde. Meine Sechs schien mir sicher. Als

Herr Blanck zu mir kam, sagte er nur: »Thomas, du bekommst eine Drei bis Vier.« Und an die ganze Klasse gerichtet fuhr er fort: »Wenn unser Bundestagspräsident Eugen Gerstenmaier ungestraft unsaubere Geschäfte tätigen kann, dann kann ich niemanden wegen Spickens bestrafen.« Dieser Vergleich ging mir durch Mark und Bein. Durch die schwäbische Presse waberte nämlich seit Wochen die Diskussion um anrüchig erscheinende Grundstücksgeschäfte Gerstenmaiers. Ich schämte mich als gut erzogener schwäbischer Bub ob dieses Vergleichs in den Boden. Lehrer Blanck indessen fuhr fort, über »areté«, die Tugend- und Vorbildhaftigkeit im Sinne von Sokrates zu sprechen. Wenn ich heute über humanistische Bildung spreche, dann fällt mir sofort dieses prägende Erlebnis ein. Es hat mich in meinem späteren Leben zwar nicht vor jeder Sünde bewahrt, aber doch vor vielen. Auf jeden Fall erinnerte ich mich des Vorfalls öfter, wenn ich zum Beispiel mit Nachwuchskräften über Karriere und Charakter diskutierte oder wenn ich mich dabei ertappte, Unerlaubtes oder Anrüchiges in Erwägung zu ziehen.

Ich glaube, nein, ich bin mir sicher, meine Mutter hat mir letztlich früh den Weg aufgezeigt, wie man sich Bezugspersonen wählt, die einem in der persönlichen Entwicklung weiterhelfen können. Auf Neudeutsch: Mentorinnen und Mentoren. Das ist mir, tatsächlich, erst vor einigen Monaten so richtig bewusst geworden. Als ich nämlich während der Vorbereitung eines Vortrags über Auswahlverfahren und der späteren betrieblichen Talententwicklung über die mangelnde soziale Durchlässigkeit für Nicht-Akademikerkinder in unserem Hochschulsystem schrieb. Auch wenn es unglaublich anmuten mag, aber erst im zarten Alter von 65 ist mir aufgegangen, dass ja auch ich ein Nicht-Akademikerkind bin. Meine Eltern haben frühzeitig und mehr oder weniger instinktiv erkannt, dass ich mir selbst – anfangs mit ihrer Hilfe – ein Netzwerk aufbauen musste, wenn aus mir etwas werden sollte. Ein Netzwerk, das andere aus den höheren Gesellschaftsschichten sozusagen schon in die Wiege gelegt bekommen.

So haben mich meine Eltern auch ermutigt, die unterschiedlichsten Dinge zu unternehmen und zu probieren. Sie waren sehr angetan davon, dass ich mich den Pfadfindern anschloss, haben mir sogar erlaubt, zum Weltpfadfindertreffen nach Griechenland zu fahren. Da war ich gerade zwölf Jahre alt und obendrein der jüngste deutsche Pfadfinder bei diesem Treffen. Andererseits hat mich meine Mutter auch zum Geigenspielen animiert, womit ich mich fast drei Jahre lang herumquälte, dann aber die Geige endgültig im Kasten ließ. Auf diese weitere Portion Allgemeinbildung war ich durchaus nicht erpicht, so löblich ich den Versuch meiner Mutter heute noch finde, mir auch musisch auf die Sprünge zu helfen.

Gut erinnere ich mich auch noch an jenes Pfingstfest 1960, an dem mich meine Eltern einen harten Konflikt mit mir selbst austragen ließen. An diesem Feiertagswochenende wollte ich furchtbar gerne zum Pfingstlager der Sankt-Georgs-Pfadfinder mitfahren. Andererseits bestand Pfarrer Fautz von unserer Herz-Jesu-Kirche in Karlsruhe darauf, dass ich als einer von 20 Ministranten bei seiner wie üblich äußerst prunkvollen Pfingstprozession mitwirke. Als ich ihn bat, mir doch fürs Pfadfinderlager Dispens zu erteilen, beschied er mich rüde: »Wenn du dich fürs Zeltlager entscheidest, bist du von da an kein Ministrant mehr.« Mit dieser Wahl – Zeltlager oder Ministrieren? – habe ich mich tagelang herumgequält, auch mit meinen Eltern darüber diskutiert. Doch die beiden haben mich in keiner Hinsicht zu beeinflussen versucht, haben die Entscheidung ganz und gar mir überlassen. Damit erteilten sie mir jedoch gleichzeitig auch die Lehre, dass jede Entscheidung Konsequenzen hat und dass man die Verantwortung für die Konsequenz der Entscheidung zu tragen hat. Ich war ja so gerne Ministrant. Ich weiß noch gut, wie mein bester Freund Reinhold und ich bei Marienandachten die Weihrauchfässchen schwenkten und uns vom Geruch wohlig benebeln ließen, auch schon mal im Überschwang die Weihrauchgefäße über dem Kopf rotieren ließen, ohne dass Asche herausfiel. Meist gelang das, einige Brandflecken im Teppich gab es aber dennoch. Auch die prunkvollen Prozessionen hatten für mich als Zehn-, Elfjährigen große Faszinationskraft und etwas Erhebendes. Mutter sagte aber schon damals, dass Fautz eben den pompösen Aufmarsch aller Messdiener brauchte. Schweren Herzens verzichtete ich also fortan auf den Ministrantendienst, entschied mich vielmehr fürs Pfadfinder-Sein in vielen verregneten Zeltlagern. Bereut habe ich diese Entscheidung aber nie, ich stand zu ihr.

Auch eine andere Entscheidung, einige Jahre später, haben mir meine Eltern nicht abgenommen. Eines Tages kam ich nach Hause und berichtete, dass es da ein interessantes Schüleraustauschprogramm, den »American Field Service« gebe. Da könne man ein Jahr lang in den USA zur Schule gehen. Beide stellten mir frei, diese Chance zu nutzen, nicht ohne durchblicken zu lassen, dass sie das für eine durchaus gute Idee hielten. Also begab ich mich 1966, kurz nach meinem 17. Geburtstag, ein Jahr lang nach Springfield, Oregon. Als ich nach diesem Jahr wieder in Stuttgart im Hauptbahnhof ankam und meiner Mutter entgegenlief, war das Erste, was sie sagte: »Du bist nicht mehr der Thomas, den ich habe gehen lassen.«

Kein Wunder, ich war nicht nur ein Jahr älter, ich war anders geworden. Ich habe die allemal schon von meinen Eltern großzügig erweiterten Grenzen schwäbischen Aufwuchses jenseits des Atlantiks komplett gesprengt. 1966 – das war ja auch die Zeit des Vietnamkriegs. In den USA habe ich nicht nur die amerikanische Presse gelesen, sondern auch die *Zeit* und den *Spiegel*, die mir meine Eltern jede Woche schickten. So konnte ich mir in stundenlanger Lektüre recht gründlich mein Urteil über all das bilden, was sich in der Welt seinerzeit tat. Ich war zum Beispiel der erste und einzige und dazu ausgerechnet auch noch deutsche Schüler, der an der Thurston Highschool einen Button trug: »Stop the War.« Dann hat mich der stellvertretende Schulleiter, Mister Huey, in sein Büro gerufen und mir gesagt: »Thomas, es gehört sich nicht, dass du diesen Button trägst.« Mein Herz klopfte, eingedenk der möglichen Konsequenzen, aber ich antwortete: »Mister Huey, ich nehme ihn aber nicht ab.« Ein früher Ausdruck freiheitsliebender Widersetzlichkeit meinerseits.

Ein toller Sportler, als der ich vielleicht in einer Thurston-Footballmannschaft hätte reüssieren können, war ich nie. Aber ich nahm dafür an den sogenannten »Speech Classes« teil und gewann sogar Debattierwettbewerbe und allerlei andere Preise für meine Vorträge.

Immerhin, als deutscher Austauschschüler. Bei solchen Turnieren wählte ich immer politische Themen, pro oder contra Vietnamkrieg zum Beispiel, oder pro und contra Kampf gegen die Armut. »War against Poverty.« Ich recherchierte ein Thema sehr gründlich, trug die Argumente in Debattenkarten ein und ging so gerüstet in die jeweils 30-minütigen Rededuelle.

Ich war inzwischen hoch sensibilisiert für die politischen Weltereignisse. Eugene, Oregon, die benachbarte Universitätsstadt, war ja neben San Francisco *das* Zentrum der Flower-Power-Bewegung. Damit bekam ich Gelegenheit, mich in dieser gemessen am damals noch sehr bieder-spießigen Baden-Württemberg extrem fremden, geradezu exotischen Welt zu bewegen. Frauen, die Blumenkleider trugen und sich Kränze ins Haar flochten, Männer, die sich ellenlange Haare und Bärte hatten wachsen lassen. So etwas hatte man bis dato in ganz Deutschland noch nie gesehen, die Hippiewelle schwappte ja erst etwas später zu uns. Ach ja, und die Drogen: Eine ganze Haschischzigarette habe ich damals nicht geraucht, nur mal einen Zug aus einer genommen. Ob tatsächlich oder nur eingebildet, danach fühlte ich mich jedenfalls wie total in den Wolken. Doch jemand verpfiff meine Besuche in Eugenes Subkultur, und die Nachwuchslehrerin, die mich in die Kommune mitgenommen hatte, wurde sofort von der Schule suspendiert. Ich erhielt eine Verwarnung.

Die Konfrontation mit dieser extrem fremden Kultur, übrigens auch die Konfrontation mit der Rassendiskriminierung und der streng gehandhabten Trennung sozialer Klassen in den USA, hat mich zutiefst beeindruckt und auch aufgewühlt. In den Highschools wurde säuberlich sortiert nach den Kids, die aus den guten Familien kamen, und jenen, die sozusagen aus den hinteren, den drittklassigen Häusern stammten. Hier formidable Villen mit zwei Autos und einem Truck vor der Garage, dort kärgliche Holzhütten und ein klappriges Auto davor. Ich bewegte mich damals in beiden Welten. Diese Konfrontation mit unterschiedlichen sozialen Realitäten war für mich eine regelrecht katalytische Erfahrung. Das hat mich nicht nur für mein weiteres Leben geprägt. Solche Erfahrungen mit gegensätzlichen Welten habe ich später auch immer mal wieder gesucht. Diese Konfrontationen haben mir geholfen und helfen mir immer wieder, ein Stück Distanz zum eigenen geistigen Silo, zur Nabelschau und zu routinierten Mustern der Selbst- und Weltbetrachtung zu gewinnen – und ab und an in eine neue soziale Realität aus- und aufzubrechen.

Eingedenk eigener Erfahrung bin ich zutiefst davon überzeugt, dass möglichst viele Menschen die Chance zu solchen Erweckungs- oder Pfingsterlebnissen erhalten sollten, und dass man sich selbst im Laufe des Lebens immer wieder die Chance dazu geben sollte. Eigentlich ist hier die Wurzel gelegt worden für das, was ich später »persönlichkeitsorientierte Personalentwicklung« nannte: Eben auch konfrontierende, katalytische Begegnung von Menschen mit Andersartigkeit, ja vielleicht auch mit ihrem »Alter Ego«. Führungskräfte, erst recht Unternehmensleiter, müssen aus ihren Silos heraus und in der Begegnung mit anderen sozialen Realitäten Urteilskraft und Differenzierungsvermögen entwickeln. In meinem Fall haben mir meine Eltern diese Erfahrungen früh ermöglicht, und ich habe diese Möglichkeit mit Energie verfolgt und genutzt. So kam ich hoch sensibilisiert für politische, gesellschaftliche und wirtschaftliche Phänomene zurück nach Stuttgart, wo meine Mutter in einer Mischung aus Reserviertheit und Liebe, wie gesagt, einen »anderen« Thomas am Bahnhof in die Arme schloss.

Nicht nur Mutters Thomas, viele junge Menschen in Deutschland waren »anders« geworden. Zunehmend rebellierten Jugendliche gegen Zwänge und Autoritäten der Erwachsenenwelt und suchten sich neue Vorbilder. Der daraus erwachsende kulturelle Konflikt zwischen Jugendlichen und erwachsener Bevölkerungsmehrheit, der in jenem Jahrzehnt öffentlich in nie zuvor gekanntem Ausmaß diskutiert wurde und rasch eine politische Dimension gewann, machte sich zunächst im sattsam bekannten, erbitterten Streit um Haar- und Rocklängen, Tänze und Musikstile Luft. Für meinen Musiklehrer am Bismarck-Gymnasium war diese Art Musik schlicht »Negermusik«, dafür spielte ich zunehmend widerwillig orffsche Stücke auf dem Xylofon, besuchte aus Protest mein erstes Live-Konzert der »Rattles«.

Ich ging aber auch voller Begeisterung zu einer Europaveranstaltung des Sozialdemokraten Carlo Schmid in Karlsruhe: Europa bedeutete Aufbruch in neue Welten, in denen sich Jugendliche grenzübergreifend begegnen sollten. Die Schatten des Krieges verzogen sich langsam. Zwar verstand ich nicht allzu viel von den Reden, höchsten zehn Prozent des politischen Zusammenhangs, aber ich war berührt von Schmids Pathos und Idealismus. Musik und Politik – langsam wurde ich wacher.

Die Twist-, Rock-'n'-Roll- und Beat-Rhythmen der sechziger Jahre, die in der ersten Hälfte des Jahrzehnts vor allem aus Großbritannien, dann aus den USA importiert wurden, sind in ihrer damaligen Bedeutung als internationaler jugendkultureller Code von kaum zu überschätzender Bedeutung. Hierin drückten sich jugendliche Wünsche nach mehr »Ausbrechen« und »Freiheit« am nachdrücklichsten aus und wurden entsprechend von einem großen Teil der Elterngeneration als Kampfansage aufgefasst. Beredtes Zeugnis darüber legten die sogenannten Schwabinger Krawalle des Jahres 1962 ab, als fünf Nächte lang Polizei und Jugendliche aufeinander einprügelten. Anlass waren fünf Jugendliche gewesen, die auf Münchens Schwabinger Prachtstraße eines Abends Gitarre zupften und sich von Hunderten begeisterter Passanten umringt sahen. Die Polizei meinte, gegen diesen »Aufruhr« mit Knüppeln einschreiten zu müssen.

Aber nicht nur innerhalb der Jugend, sondern auch in der Bevölkerung allgemein waren die Anfänge eines tief greifenden Wertewandels erkennbar. Dieser vollzog sich von der Dominanz sogenannter Pflicht- und Akzeptanzwerte hin zu Selbstentfaltungswerten, wie soziologische Beobachter schon Anfang der sechziger Jahre bemerkten. Um 1960 mehrten sich die publizistischen Beiträge, in denen Versäumnisse und Fehlentwicklungen im Wiederaufbau mit harter Kritik bedacht wurden. Dies betraf zunächst die gravierenden Defizite im Umgang mit der NS-Vergangenheit, die zu öffentlichen Skandalen geführt hatten. Nicht mehr metaphysische Schuld, sondern konkrete Verbrechen beschäftigten nun die Öffentlichkeit. Die 1960 im Fernsehen ausgestrahlte Serie »Das Dritte Reich« mit hohen Einschaltquoten, die Berichterstattung über den Jerusalemer Eichmann-Prozess 1961, den Frankfurter Auschwitz-Prozess 1963/65, Auseinandersetzungen um die persönliche Verstrickung Bonner Politiker in den Nationalsozialismus, Bundestagsdebatten über die Verjährung von NS-Verbrechen und vieles mehr zeugten von der intensiven öffentlichen Beschäftigung mit der »braunen Vergangenheit«. So groß angelegte öffentliche Debatten sind prägend. Ich selbst stehe auch heute zu der Auffassung, dass Nationen, die Schuld auf sich geladen haben, diese abzutragen haben und dass jeder Einzelne in der Verantwortung steht, Wiederholung zu verhindern. Auch die staatliche Aktion gegen das Nachrichtenmagazin *Spiegel* wegen angeblichen Verrats militärischer Geheimnisse löste 1962 einen immensen öffentlichen Proteststurm aus gegen diese als Akt obrigkeitsstaatlichen Denkens und Handelns verstandene Form von Pressezensur. Ungläubig verfolgte ich als 13-Jähriger die Verhaftung des *Spiegel*-Redakteurs Conrad Ahlers. Da spürte ich Ungerechtigkeit und Willkür, aber auch die Allmacht der Regierenden. Der junge amerikanische Präsident John F. Kennedy wurde dagegen politisches Idol, verkörperte er doch Aufbruch und Veränderung.

Das war der Boden, auf dem die antiautoritäre Studentenbewegung, die »außerparlamentarische Opposition« – kurz: APO – gedieh. Nichts Geringeres als die Befreiung des Menschen aus den Fesseln des Kapitalismus strebten die einen an, während die anderen als Hippies mit dem Schlachtruf »Make love, not war« aufs Land zogen oder sich in städtischen Kommunen zusammentaten, um eine neue, von antiautoritären Idealen bestimmte Gesellschaft schon einmal vorwegzunehmen. Der ungerechte und brutale Vietnamkrieg, den die USA führten, die umstrittene Einführung der Notstandsgesetze durch die Bundesregierung und schließlich der Tod des Studenten Benno Ohnesorg am 2. Juni 1967, der bei einer Demonstration gegen den Schah-Besuch in Berlin von einem Polizisten erschossen, wohl ermordet wurde – die Bundesrepublik Deutschland hat Ende der sechziger Jahre die bis dahin und bis heute häufigsten Massendemonstrationen und schwersten Straßenschlachten erlebt. Es war eine wahrhaft außerparlamentarische Opposition, die mich über Jahre hinweg mitriss.

Nur wenige Wochen nach meiner Rückkehr 1967 aus den USA lief ich, wieder Schüler am Eberhard-Ludwigs-Gymnasium, am Stuttgarter Königsbau vorbei. Eine Handvoll junger Leute verteilte dort Flugblätter, und neugierig, wie ich war, holte ich mir eines aus der Hand einer jungen Frau. Das war, wie sich erst später herausstellen sollte, Edeltraut Fischer, die damalige Ehefrau von Joschka Fischer, dem späteren Parteivorsitzenden der Grünen und schließlich Außenminister der Bundesrepublik Deutschland. Unten auf dem Flugblatt stand: »Unabhängige Schülergemeinschaft Stuttgart. Wir treffen uns jeden Dienstagabend um sechs in der Schellingstraße 6.«

Selbstredend habe ich mich den Dienstag darauf dort eingefunden, in einem etwas ruinösen Gebäude am Rand des Universitätsgeländes, das vom AStA der Universität Stuttgart verwaltet wurde. Im Raum saßen ungefähr 15 Leute, unter anderem Joschka Fischer, der das große Wort führte. Ich hing wie gebannt an seinen Lippen. Es ging um Pressezensur der Schülerzeitungen, um mehr Schülermitbestimmung, es ging um kriegsverherrlichende, nazistische Lehrer, die im Unterricht unablässig von ihren Heldentaten aus dem Afrikafeldzug unter Erwin Rommel erzählten. Es ging um das Recht, auf Schulhöfen diskutieren und vor dem Schuleingang Flugblätter verteilen zu dürfen. Da war ich natürlich sofort engagiert dabei, das waren ja alles meine Themen! In diesen Monaten habe ich gelernt, auf klapprigen Schreibmaschinen Texte auf Matrizen zu hämmern und in Tausende Flugblätter zu vervielfältigen. Einmal haben wir von der Unabhängigen Schülergemeinschaft vor Stuttgarter Kinos protestiert, um die Aufführung des amerikanischen Pro-Vietnamkriegsfilms *The Green Berets* zu verhindern. Ich habe an einer Großdemonstration gegen eine NPD-Versammlung teilgenommen – unterm Motto »Schluss mit dem Faschismus« –, bei der ich erstmals körperliche Gewalt kennenlernte. Mich haben nämlich drei NPD-Ordner gepackt und aus dem Saal so über die Treppenstufen geschleift, dass mein Kopf mehrmals auf den Stufen aufschlug und ich eine Platzwunde hatte. Zusammen mit einigen anderen wurde ich dann sogar wegen Hausfriedensbruchs angeklagt, schließlich wurden wir doch freigesprochen. Bei der Gerichtsverhandlung hielt ich eine flammende Verteidigungsrede, die nur dadurch unterbrochen wurde, dass einer der Genossen den Wasserhydranten anschloss und den Gerichtssaal überflutete.

Zu jener Zeit besuchte ich also das humanistische Eberhard-Ludwigs-Gymnasium, eine Schule mit 300 Jahre alter Tradition. Das hinderte mich und einige meiner Mitschüler aus anderen Schulen aber nicht, die aufmüpfige Schülerzeitschrift *Rotkehlchen* herauszugeben. Mit der handelte ich mir zum Beispiel Strafstunden im Sozialdienst in der Pflegeanstalt Stetten ein, wegen Verbreitung unzüchtiger Schriften. Wir hatten nämlich ein Gedicht von Allen Ginsberg veröffentlicht, in dem »fuck you« vorkam. Auch hatten wir einen Artikel über »Pillen-Paule«, also das Verhütungsverbot der katholischen Kirche, geschrieben. Das kam alles in der konservativen Schul- und Kulturbürokratenszene sowie bei vielen Eltern nicht so richtig gut an. Man versuchte, uns durch Strafanzeigen und Gerichtsverfahren mundtot zu machen. Doch *Rotkehlchen* existierte in tausendfacher Auflage noch mehrere Ausgaben weiter.

Die Kritik am Überkommenen, dem Traditionsbestand der Gesellschaft, fühlte sich für Traditionalisten ätzend wie ein Säurebad an. Das Private wurde politisch und das politisch Hergebrachte wurde gründlichst »hinterfragt«. So wurden Parolen fürs sehr intime Privatleben »Wer zweimal mit derselben pennt, gehört schon zum Establishment« mit solchen für die Demokratisierung der Hochschule gleichrangig und kompatibel: »Unter den Talaren Muff von 1000 Jahren.« Ich selbst reiste durch die württembergischen »Club Voltaires« und dozierte über Emanzipation und sexuelle Befreiung in einer vulgär-sozialpsychologischen Mixtur von Sigmund Freud, Wilhelm Reich und Karl Marx.

Inzwischen hatte Joschka Fischer die Leitung der Unabhängigen Schülergemeinschaft an mich übergeben, weil er nach Frankfurt am Main weitergezogen war. So etwas wie wenigstens halbwegs demokratische Wahlen waren in unseren Zirkeln trotz unserer vehementen Mitsprache- und Demokratieeinforderungen in allen gesellschaftlichen Institutionen nicht vorgesehen. Fischer hatte an einem dieser Dienstagabende in der Schellingstraße nur zu mir gesagt: »So, ich gehe jetzt nach Frankfurt, und du, Thomas, machst das hier weiter.« Ich habe es natürlich gerne und voller Stolz gemacht. Zuletzt waren wir immerhin mehr als 300 engagierte Schüler, die sich etwas später in »Unabhängige Sozialistische Schülergemeinschaft« umbenannten. Mitsprache, Demokratie, Widerstand gegen Unterdrückung und Krieg, Mitbestimmung in Schulen, Universitäten und Betrieben waren die zentralen Forderungen der 68er-Bewegung. Für sexuelle Befreiung, gegen Konsumwahn, weg mit allen Autoritäten! So lauteten die Parolen. Doch ob eher hippiesk oder marxistisch-theoretisch, die Bewegung einte vor allem eines: Kritik an den bestehenden Verhältnissen in jeder nur denkbaren Hinsicht. Und wenn irgendwo Toleranz ausgemacht worden war, dann war sie auf jeden Fall »repressiv«. Nichts schien vor unserer Protestbewegung Bestand zu haben: religiöser Glaube, weltanschauliche Überzeugungen, wissenschaftliche Gewissheiten, staatsbürgerliche Pflichten und Tugenden. Der gesamte Katalog an sogenannten Sekundärtugenden wurde infrage gestellt. Übrigens bin ich auch heute noch davon überzeugt, dass Kritik am Status quo umfassend radikal sein muss, damit man nicht an Symptomen herumdoktert oder naiv systemimmanent agiert. Wenn schon, denn schon: Entweder bewusst immanente Reformen oder grundsätzliche Neugestaltung. Diesem Prinzip bin ich ein Berufsleben lang treu geblieben.

So gesehen fühlten wir uns als eine richtig große Kraft, auch bei den Protesten gegen die Notstandsgesetze 1968. In diesem Jahr habe ich auf dem Stuttgarter Rathausplatz eine richtig große Rede vor 20 000 Menschen halten müssen. Es war auch Politprominenz von der DKP und vom Sozialistischen Deutschen Studentenbund aufgeboten. Bündnisse zu demokratischen oder antikapitalistischen Themen waren damals hart erkämpft. Und ich als Vertreter der USSG, der »Unabhängigen Sozialistischen Schülergemeinschaft Stuttgart«, war natürlich dabei. Diese meine Rede wurde dann nicht nur durch einen kräftigen Wolkenbruch jäh unterbrochen, ich war auch rhetorisch noch nicht so sonderlich gut. Kein Wunder, ich hatte mich kaum vorbereitet, nur ein paar Stichworte auf Papierfetzen gekritzelt. Doch diese schlecht gehaltene Rede war mir eine Lehre für immer. Von da an habe ich mich auf jede Rede, egal ob vor 20 000 oder vor 20 Menschen, immer penibel und präzise vorbereitet. Insofern habe ich allein durch diese peinliche Situation auf dem Stuttgarter Rathausplatz enorm viel gelernt für mein weiteres Leben. So hätte ich dann auch nie wieder mit Einsetzen eines Platzregens die Bühne fluchtartig mit den anderen verlassen, sondern wenigstens noch kurz einen rhetorischen Abbinder um das bisher Gesagte gewunden.

Es gab noch andere Herausforderungen für mich in diesen turbulenten sechziger Jahren. Ich zeichnete ja inzwischen in Joschka Fischers Nachfolge verantwortlich auf den Flugblättern. Ein Flugblatt unserer Unabhängigen Sozialistischen Schülergemeinschaft wandte sich gegen den Rektor eines Stuttgarter Gymnasiums, der im Unterricht wohl nazifreundliche Sprüche losgelassen hatte. Nicht deswegen, sondern weil wir das öffentlich gemacht hatten und ich presserechtlich verantwortlich war, sollte ich von meiner Schule verwiesen werden. Die Dramatik dieses Vorgangs erschloss sich mir erst später, als ich erfuhr, dass meine Mutter mit Frank Weidauer, damals stellvertretender Direktor meines Eberhard-Ludwigs-Gymnasiums, stundenlang spazieren gegangen war. Weidauer war ein sehr liberaler und toleranter, aber auch einflussreicher Lehrer. Meine Mutter konnte ihn offenbar auf diesen langen Spaziergängen durch den Vaihinger Wald in ausführlichen, zähen Gesprächen davon überzeugen, dass er sich gegen meine Relegation von der Schule aussprach. Sein Wort hatte hohes Gewicht, und so kam es zum Glück auch dazu, dass ich auf dem Eberhard-Ludwigs-Gymnasium ein ordentliches Abitur machen konnte.

Wer weiß, was aus mir geworden wäre, hätte meine Mutter nicht so intensiv gegen meinen Schulverweis interveniert; am Ende hätte ich möglicherweise nicht einmal das Abitur machen können. Mein vier Jahre jüngerer Bruder Markus betrachtete nur mit großen Augen, was sein älterer Bruder alles trieb und anstellte. Er engagierte sich später auch politisch, in der Friedensbewegung, allerdings erst in den späten siebziger und frühen achtziger Jahren, als ich mit dieser Etappe schon länger abgeschlossen hatte.

Von heute aus gesehen war die 68er-Bewegung ebenso kurz wie komplex, ebenso dicht wie spannungsgeladen. Es gab zwar eine längere Inkubationszeit, jedoch keine Entwicklung im eigentlichen Sinne, eher einen eruptionsartigen Aufbruch mit einem rasch erreichten Kulminationspunkt und einer schubartigen Abwärtsbewegung des Zersplitterns und Auseinanderfallens. Die Bewegung diffundierte in Gruppen und Grüppchen, die fortan am vehementesten gegeneinander und nicht etwa mit dem »Klassenfeind« über den richtigen antikapitalistischen Weg zum wahren Kommunismus, Sozialismus oder auch Anarchismus stritten. Gar nicht erst zu reden von einer sehr kleinen, aber sehr radikalen Minderheit, die als »Rote Armee Fraktion« bis in die siebziger und achtziger Jahre hinein Terror und Tod verbreitete. Ganz im Unterschied beispielsweise zu den USA, wo sich die unterschiedlichsten Gruppierungen über Jahrzehnte immer wieder zu breiten Allianzen für Menschenrechte zusammenfanden.

Ich sage das, weil ich diese breite Allianz auch heute in Deutschland vermisse: Für andere und bessere Bildung, für freundliches Willkommenheißen von Einwanderern, für soziale Durchlässigkeit und vieles andere, woran es in Deutschland mangelt. Insofern wünsche ich mir für mein Land heute, 2015, eine neue außerparlamentarische Opposition, allerdings vernetzter und digitaler. Direkt nach dem Abitur bin ich nach Frankfurt gegangen und habe mich an der dortigen Universität für das Studienfach Soziologie eingeschrieben. Aber das war eigentlich nur eine Art Tarnung und Täuschung. In Wahrheit wollte ich in Frankfurt wie kurz zuvor in Stuttgart nur politisch arbeiten. Ich wurde assoziierter Vorstand im »Aktionszentrum Unabhängiger Sozialistischer Schüler«, AUSS, also der Schülerorganisation des SDS, und zugleich Vorstand des Verbands der Kriegsdienstverweigerer, den wir damals im Handstreich übernommen hatten. Das übrigens ging damals recht simpel: Du bist einfach mit 100 Getreuen in eine Versammlung marschiert, hast diskutiert, dich aufstellen lassen, und schon wurdest du gewählt. Aber das nur am Rande.

Natürlich habe ich noch bestens die Bilder überfüllter Hörsäle im Kopf, in denen Jürgen Habermas Vorlesungen hielt, inklusive heftiger

Diskussionen mit den damaligen Frankfurter Studentenführern. Auch habe ich noch klar in Erinnerung, wie es eines Tages hieß: Gudrun Ensslin und Andreas Baader sowie Thorwald Proll und Horst Söhnlein seien soeben wegen Einlegens der Revision aus dem Gefängnis entlassen worden und werden heute Abend mit uns diskutieren. Die vier waren ja wegen ihrer Brandstiftung in zwei Frankfurter Kaufhäusern zunächst zu drei Jahren Zuchthaus – das gab es damals noch – verurteilt worden.

In einem düsteren Kellergewölbe drängten sich also an diesem Abend Hunderte von Menschen, es stank nach Bier und Schweiß, und da saßen die vier also und dozierten über die Notwendigkeit des bewaffneten Kampfes gegen das imperialistische, kapitalistische Ausbeutersystem und dessen Protagonisten.

Ensslin, Baader und Konsorten also in diesem muffigen Kellergewölbe. Ich habe die Szenerie damals mit großen Augen und großen Ohren aufgenommen. Dann kehrte ich zurück in unsere Wohngemeinschaft, und am nächsten Morgen haben wir an unserer Zeitung des AUSS weitergearbeitet. Die Ensslin-Baader-Begegnung hat in mir weder Widerwillen noch Begeisterung ausgelöst. Es war einfach eines von vielen anderen, hoch emotionalisierenden Erlebnissen. Beeindruckt hat mich nur, dass die sich da, soeben aus dem Zuchthaus entlassen, einfach vor uns hinsetzten und redeten, als ob nichts gewesen wäre. Es war, kurz gesagt, für mich irritierend. Ähnlich wie ein anderes Erlebnis in diesen Jahren, als ich mir einmal den VW meiner Mutter ausgeliehen hatte, um nach Baden-Baden zu fahren. Dort sollte Rudi Dutschke auftreten. Da wogte dann die Welle der vielen Hundert Anhänger, die sich dort einfanden. Ich schlängelte mich ganz nahe an den VW-Bus heran, auf dem Dutschke mit dem Megafon stand. Er war beeindruckend in Sprache, Mimik und Gestik. Aber erst Jahre später habe ich realisiert, welche zeithistorischen Ereignisse von einiger Tragweite ich als unmittelbarer Zeuge mitbekommen habe.

Als ich vor einigen Jahren einmal als ehemaliges APO-Mitglied gefragt wurde, ob ich etwa wie Joschka Fischer auch Straßenkämpfer gewesen sei, antwortete ich: Ich habe einmal bei einer Demonstration einen Pflasterstein in die Hand genommen, ihn nach kurzem Ringen mit mir aber wieder fallen lassen. Es war eine spontane Demonstration am Frankfurter Flughafen gegen die Abschiebung eines iranischen Oppositionellen zurück nach Teheran in die Gefängnisse des Schahs von Persien. Ich würde auch heute gegen so etwas meine Stimme erheben. Aber ich habe nie jemanden angegriffen, sondern nur passiven Widerstand geleistet. Instinktiv habe ich dieses Verhalten für mich konsequent durchgezogen. Nicht weil ich mir das bewusst als Konzept verordnet hätte, sondern eben gefühlsmäßig oder aus Angst. Körperliche Gewalt kam für mich einfach nicht infrage. Im Leben gibt es ja immer wieder solche Grenzziehungsprozesse. Andererseits sind das oft 49-zu-51-Prozent-Entscheidungen, denn die Grenzen sind meist von Grauzonen überlagert, sie verschwimmen – und plötzlich befindet man sich auf falschem Terrain. Aber sich deswegen gar nicht erst an Grenzen zu wagen, kam mir damals wie heute nicht in den Sinn. Und ich habe dann später noch eine Reihe Grenzen gezogen, wenn auch in ganz anderen Zusammenhängen, etwa wenn es um Verführungen zu Kadavergehorsam in Konzernen ging, aber auch darum, Grenzen zu spät gezogen und so gravierende Fehleinschätzungen getroffen zu haben. Davon wird später noch die Rede sein.

Frankfurt verließ ich dann nach fünf Monaten wieder, um meinen zivilen Ersatzdienst im November 1969 im Kreiskrankenhaus Reutlingen anzutreten. Kriegsdienstverweigerung war damals, Ende der sechziger Jahre, etwas sehr Außergewöhnliches. Die Verhandlung zur Kriegsdienstverweigerung hatte ich schon einige Monate vor meinem Abitur. Der Vorsitzende des Prüfungsausschusses stellte mir damals die Standardfrage: »Sie würden also nie eine Waffe in die Hand nehmen?« Worauf ich antwortete: »Doch, wenn ich Vietnamese wäre, dann schon.« Normalerweise führte das dazu, dass man nicht anerkannt wurde als Kriegsdienstverweigerer.

Dazu muss man aber wissen, dass es damals auch die sogenannten APO-Soldaten gab, diejenigen also, die bewusst zum Wehrdienst gingen, um die Armee zu unterwandern. Nach dem Motto »Marsch durch die Institutionen«. Der Vorsitzende des Prüfungsausschusses kam also nach der Ausschussberatung wieder heraus und sagte mir: »Wir bedanken uns für Ihre Ehrlichkeit und sind übrigens auch froh, dass Sie mit Ihren rhetorischen Fähigkeiten nicht in die Bundeswehr gehen wollen.« Nicht dass ich es darauf angelegt hätte, die Bundeswehr unterwandern zu helfen, auch wenn ich es inzwischen zu einiger APO-Prominenz gebracht hatte. In der regionalen, schwäbischen Politszene galt ich durchaus als Größe. Doch mir war das Ergebnis meines Verweigerungsverfahrens natürlich so oder so sehr recht.

In dieser Zeit radikalisierte sich die alternative Szene in Frankfurt zunehmend, sodass ich aus der Retrospektive betrachtet von Glück sagen konnte, dass ich einberufen worden war. Wer weiß, wohin es mich sonst verschlagen hätte. Natürlich bin ich fast jeden Abend vom Ersatzdienst in Reutlingen nach Stuttgart gefahren, um dort die politische Arbeit fortzusetzen. Oft waren meine Augen tagsüber bleischwer, und ich hielt ein kurzes Nickerchen in den Wäschebergen des Reutlinger Krankenhauses. Einmal hatte ich bei mitternächtlicher Rückfahrt einen schweren Unfall. Mein alter VW-Käfer überschlug sich am Hang, Flugblätter übersäten die Fläche, ich überlebte mit mittelschweren Blessuren.

Nach dem Ersatzdienst schrieb ich mich vorübergehend an der Pädagogischen Hochschule in Ludwigsburg ein, betrieb das Studium aber nur halbherzig. Vielmehr verausgabte ich mich in der politischen Arbeit so sehr, dass ich wichtige Klausuren versäumte und schließlich kurz vor der Exmatrikulation stand. Schließlich brach ich das Studium ab, weil mir klar war, dass das zu nichts führte.

Aber die politische Arbeit ging weiter. Wir haben nach den Schülergruppen dort die ersten Betriebs- und Hochschulgruppen ins Leben gerufen, die ersten Mao-Schriften strömten herein – kurz: Die Bewegung wuchs weiter. Es gab die DKP, die Trotzkisten, die albanisch orientierten Kommunisten, die an China orientierten Marxisten-Leninisten in unterschiedlichen Schattierungen und viele andere. Die Tübinger Marxisten-Leninisten hatten gehört, dass sich in Stuttgart einiges tat. Ich lud sie zu einem Gespräch nach Stuttgart ein. Sie kamen, allesamt

Studenten. Wir sprachen häufiger miteinander, und schließlich wurden wir die »Revolutionäre Jugend Deutschlands/Marxisten-Leninisten«, und in Tübingen saß der »Kommunistische Arbeiterbund Deutschlands/Marxisten-Leninisten«, der sich dann auch deutschlandweit ausbreitete. Im Nachhinein betrachtet handelte es sich um einen langsamen Prozess der Übernahme durch diese maoistisch ausgerichtete Truppe. In diesem Prozess ersetzte ich willig meine Ideale durch Ideologie, indem die Tübinger Genossen unsere Ideale mit ihrer Ideologie überklebten. Nach einiger Zeit sagte man mir, ich müsste jetzt die »Revolutionäre Jugend« verlassen und in den »Kommunistischen Arbeiterbund (KAB)« eintreten. Ich empfand das nicht als »Aufstieg«, sondern als schmerzhaft, denn erstens war ich ja kein Arbeiter, zweitens verstand ich mich als jugendlicher Rebell und drittens war mir diese heimlichtuerische Organisation unheimlich. Wir hatten ja zweimal die Woche ideologischen Unterricht. Da kam ein sogenannter Lehrer aus Tübingen angereist und ging mit uns die Schriften Mao Tse-tungs durch. Ich musste all das, was ich früher mit Begeisterung organisiert hatte – Stadtteilgruppen, Betriebsgruppen, Flugblattaktionen, öffentliche Debatten – aufgeben. Ich musste ja erst einmal dogmatisch auf »neue Linie« gebracht werden. Dann gab es irgendwann einmal eine Jubiläumsveranstaltung der »Roten Fahne«, des Zentralorgans des KAB, und man beauftragte mich, die Rede zu schreiben. Die aber sollte dann ein anderer, ein Arbeiter, halten. Ich sei zwar gut im Redenschreiben, aber halt nun mal kein Arbeiter. Wochenlang habe ich an dieser Rede gefeilt, auch wenn ich die ganze Aktion für entwürdigend hielt. Es war dann übrigens eine sehr brauchbare Rede geworden, aber miserabel vorgetragen.

Mir wurde diffus unbehaglicher, und eines Tages rief ich spontan Joschka Fischer in Frankfurt an, ob er mal Zeit für ein Gespräch habe. Am nächsten Wochenende fuhr ich nach Frankfurt, und wir haben stundenlang diskutiert. »Thomas«, sagte Joschka, »du bist verrückt, du gehst den falschen Weg. Diese Ideologie führt in die Irre.« Das Resultat unseres Frankfurter Gesprächs war dann auch noch, dass ich von einem »Genossen« angezeigt wurde wegen Kontakts zum »Klassenfeind« Fischer. Hier geht es ja zu wie unter Stalin, dachte ich mir. Dazu hatte ich zuvor noch ein Erlebnis in Tübingen. Ansgar Häfner, eigentlich ein kluger Kopf im KAB, wurde stante pede einem ideologischen Standgericht unterzogen und seines Postens enthoben, weil er sich ähnlichen Abweichlertums schuldig gemacht habe. Ich verstand immer weniger, was das alles sollte, wusste aber instinktiv, dass das so nicht weitergehen konnte.

Zu dieser Zeit hörte ich davon, dass Daimler-Benz eine Ausbildung für Abiturienten anbot, das »Stuttgarter Modell«. Später wurde daraus die Berufsakademie Baden-Württemberg und schließlich die »Duale Hochschule Baden-Württemberg«, die DHBW. Am damaligen Stuttgarter Modell beteiligten sich neben Daimler-Benz auch die Firmen Bosch, SEL, IBM und Hewlett-Packard, und die Philosophie dahinter war die Verknüpfung von akademischer Bildung und praktischer Berufsausbildung. Mich trieb in diesen Monaten des Zweifelns ohnehin zunehmend der Gedanke um: Was wird aus mir, wie verdiene ich mal mein Brot? Fest stand für mich jedenfalls, dass ich mich nicht proletarisieren und Arbeiter werden wollte, was etliche meiner Genossen für sich als Zukunftsmodell gewählt hatten. Auf der anderen Seite hegte ich durchaus noch die Vorstellung, ich müsse schon in einem Unternehmen drin sein, um dort politisch aktiv sein zu können. Kurz, mein Motto lautete: »Wasch mir den Pelz, aber mach mich nicht nass.« Also begann ich erst einmal die zweigleisige Ausbildung bei Daimler-Benz zum Industriekaufmann und Betriebswirt Berufsakademie. Betrieb aber die politische Arbeit in Stuttgart weiter.

Nach zwei, drei Monaten wurde mir aber immer unbehaglicher in meinen Parallelwelten zwischen Daimler-Azubi und Politaktivist. Körperlich war ich hier schon drin, aber geistig noch nicht ganz, dort noch drin, aber schon geistig draußen. Ich ging nicht mehr zu den politischen Terminen. Irgendwann in dieser Zeit klingelte es an meiner Wohnungstür. Zwei Genossen kamen herein. Ich saß schweigend auf der Bettkante, während die beiden die geheime Parteiliteratur des »Kommunistischen Arbeiterbunds« aus meinen Regalen räumten und mitnahmen. Es war hiermit endgültig zu Ende.

Danach lebte ich regelrecht auf, atmete durch. Die »Unabhängige Schülergemeinschaft« war Leben gewesen, auch die »Revolutionäre Jugend Deutschlands«. In diesen Gruppen mitarbeiten zu dürfen, das war für mich Lernen, Diskutieren, Organisieren, Kameradschaft, Auseinandersetzung. Der KAB dagegen war die Hölle, war Dogmatismus, Stalinismus und Isolation. Nach der Aufräumaktion bei mir zu Hause bin ich erstmals wieder nach Jahren ins Breuninger-Bad gegangen, habe die Badehose angezogen. Bin erstmals wieder in Diskotheken tanzen gegangen. Bei den sektiererischen Maoisten waren solche Vergnügungen als bourgeoishaft verpönt. Man gibt ja sein Leben der Partei, und Müßiggang ist in diesem Apparatschikleben nicht vorgesehen. Du dienst der Partei, und die Partei verfügt über deinen Körper, dein Herz und deine Seele. Sie normiert dich, und wenn du gegen die Norm verstößt, wirst du als Abweichler gnadenlos bestraft.

Ich höre den einen oder anderen schon sagen: Na ja, in Unternehmen geht es manchmal eben auch nicht viel anders zu. Darin steckt eine gute Portion Wahrheit. Vor wenigen Jahren erst habe ich in einem im Internet veröffentlichten Video mit Peter Kruse von der Universität Bremen davon gesprochen, dass DAX-30-Konzerne in dieser Hinsicht die letzten bolschewistischen Organisationen seien. Unternehmen sind allerdings – zumindest überwiegend – keine Sekten. Ja, es gibt schon sektiererisch-spirituell geführte Unternehmen mit tiefreligiösen Gründern, insbesondere im Mittelstand, es gibt ideologische Wirtschaftstrutzburgen wie General Electric oder die Deutsche Bank, aber überwiegend definieren sich Unternehmen als rationale Zweckgemeinschaften.

Indessen sind Konzerne, jenseits aller Ideologie, hinsichtlich ihres Umfangs an Normierung, hinsichtlich der Einschränkung von Freiheitsspielräumen, in ihren Strukturen recht kaderähnlich. Nicht in der normalen Mitarbeiterschaft, aber durchaus im Führungskader. Konzernführung kann sehr wohl totalitäre Züge annehmen. So hat ein Steve Jobs, Gründer von Apple, sicher ein so absolutistisches Regime geführt. Auch ein Jürgen Schrempp, ehemals Vorstandsvorsitzender des Autokonzerns DaimlerChrysler, hat »seinen« Konzern kadermäßig auf Kadavergehorsam eingeschworen, wie ich es selbst am eigenen Leib erlebt habe.

Bei Daimler kam ich 1972 indessen in eine Organisation, die alles andere als sektiererisch, sondern höchst innovativ war. Mein bewundertes Vorbild damals war Jürgen Pieper, der Leiter des Bildungsbereichs. Für seinerzeitige Verhältnisse war er *der* Innovator in der Berufsbildung, *der* Zulasser und Ermöglicher von ganz neuen Ansätzen in der beruflichen Weiterbildung. Schon damals führte Daimler mit dem dualen Studium etwas Neues ein, worüber ich noch heute und immer wieder rede: Die Grenzen zwischen beruflicher und akademischer Bildung wurden hybridisiert. Zwei Welten also, Theorie und Praxis, die traditionell nicht zusammengehörten: die Hochschule dem Bildungsbürgertum, die Berufsausbildung dem Arbeiterkind. Dazu kam das dabei zusammenwirkende Trio aus Staat, Wirtschaft und Akademie. Das war die Innovation Jürgen Piepers, kräftig unterstützt vom seinerzeitigen Kollegen, dem Leiter der Zentralabteilung Ausbildung bei Bosch, Heinz Griesinger. Beide galten damals als die beiden Bildungspäpste der Republik. Und mir galt der eine, wie gesagt, zunehmend als mein Vorbild. Vielleicht, so dachte ich damals still vor mich hin, vielleicht könnte ich in 20 Jahren einmal so ein Jürgen Pieper werden. Nicht der Unternehmensvorstand war mein Traum, sondern so innovativ wie er, Jürgen Pieper, Bildung im Unternehmen gestalten zu können.

Die für mich neue Daimler-Welt hielt noch einige andere Überraschungen für den Azubi und Akademiestudenten Thomas Sattelberger bereit. Erstens habe ich in meiner kleinen Daimler-Welt nirgendwo jenen schrecklichen, den Menschen missbrauchenden Kapitalismus angetroffen, mit dem wir linken Politaktivisten stets im ideologischen Clinch lagen. Nirgendwo eine Spur vom kapitalistischen Ausbeutungshorror. Ja, die Bedingungen in den Produktionsbereichen waren breitflächig verbesserungsbedürftig, was Arbeitsschutz, Arbeitsorganisation und -zeit sowie Menschenführung anbetraf. Das hatte ich schon als Semesterferienarbeiter bei Bosch, Mahle und Daimler so empfunden. Dafür gab es aber in einigen Angestelltenbereichen große Freiräume, insbesondere im Daimler-Bildungsbereich. Weit und breit noch keine Spur von der späteren Effizienzlogik, die sich Ende der Achtziger langsam und Mitte der Neunziger entfesselt in der deutschen Wirtschaft breitmachte. Es durfte, es sollte experimentiert werden. Es begannen damals zum Beispiel die ersten Führungskräftetrainings, wir hatten sozialpädagogische Lehrgänge, wir lernten etwas über Gruppendynamik, über Feedback, über die eigene Wirkung auf andere. Wir konnten uns hochreflektiert mit uns selber beschäftigen, nicht nur mit Betriebswirtschaft und Buchführung. Anwendungsbezug lautete das Ausbildungsmotto, inklusive der Vermittlung von Arbeits- und Problemlösetechniken oder etwa Zeitmanagement neben der Selbsterfahrung und Gruppendynamik.

Dennoch legte ich mich vor lauter neu entdecktem Lebensgenuss nicht gerade mit Verve ins Zeug bei Daimler. Um der Wahrheit die Ehre zu geben, ich war stinkfaul und schrieb nur mittelmäßige Klausuren. Aber im letzten Ausbildungsjahr habe ich dann dermaßen aufgedreht, dass ich 1975 als Jahrgangsbester abschloss. Ich hatte ja einen Traum: In diesem Daimler-Bildungswesen, das so viel Freiheit zum Experimentieren ermöglichte, wollte ich auch so ein innovativer Ausbilder für junge Menschen werden, so wie mein Vorbild Jürgen Pieper es für die Lernenden bei Daimler-Benz war. In diesen Jahren hatte ich eine zweite, mein weiteres Berufsleben prägende Erkenntnis, dass man nämlich in vordergründig monolithischen, omnipotenten Gebilden Biotope, Inseln der Veränderung schaffen kann. Aber das nicht unbedingt im Zentrum, eher an der Peripherie der Organisation.

Meine Vergangenheit als Politaktivist holte mich übrigens sehr viel später noch einmal kurz ein. Im August des Jahres 2007, ich war gerade einmal wenige Monate im Telekom-Vorstand, erschien ein Artikel über mich in den *Stuttgarter Nachrichten*, der mich als jungen APO-Aktivisten outete und skurril endete. Demnach wäre ich angeblich gegen einen früheren KAB-Genossen, eben jenen, der mich seinerzeit angezeigt hatte wegen meines Kontakts mit dem »Klassenfeind« Joschka Fischer, in seinem Berufsverbotsverfahren als Zeuge zur Aussage bereit gewesen.

Tatsächlich hatte es sich aber ganz anders verhalten. Jahre nachdem ich den KAB verlassen hatte, saß ich, mittlerweile fest angestellt bei Daimler, an meinem Schreibtisch. Das muss im Herbst 1975 oder Frühjahr 1976 gewesen sein. Da klingelte mein Telefon, und ein Mann, der sich als Mitarbeiter des baden-württembergischen Staatsschutzes vorstellte, war dran. »Oh«, antwortete ich, »was verschafft mir die Ehre?« »Ja, Sie kennen ja den Herrn sowieso, und wir hätten gern, dass Sie als Zeuge gegen ihn aussagen.« Darauf schrie ich laut ins Telefon: »Ich bin kein Verräter!« Und habe den Hörer auf die Gabel geworfen.

So viel also dazu. Ich führe diese eher randständige Anekdote hier nur deswegen an, weil sie offenbar zum Anlass dienen sollte, mir in viel späteren Jahren einen Makel anzukleben. Es gibt keine Unterlagen darüber, dass ich bereit gewesen wäre, in solch einem Verfahren auszusagen, aber auch nicht darüber, dass ich angerufen wurde, und auch sonst findet sich keinerlei Beleg. Es gibt nur einen Satz in den Gerichtsakten: »Als Zeuge wird benannt Thomas Sattelberger.« Aber der als Zeuge Vorgesehene wurde höchstwahrscheinlich von einem der vielen Spitzel in der linken Szene benannt, hätte aber nie als Zeuge zur Verfügung gestanden. Verraten hatte ich aus der ideologischen Sicht der ehemaligen KAB-Genossen höchstens die sozialistische Weltrevolution.

Wenn ich diese Periode aus der Retrospektive betrachte, dann zeigen sich in dieser Zeit schon eine Reihe von charakteristischen Verhaltensweisen und Anlagen, die sich durch meine späteren Jahrzehnte und Stationen weiterzogen. Natürlich habe ich mit meinem politischen Wirken in Stuttgart extrem viel in meiner Familie ausgelöst. Mein Vater war ja hoher politischer Beamter und wurde angegriffen, welchen Revoluzzer er denn da großgezogen habe, der so aus der Art schlägt und gegen die althergebrachten Werte kämpft. Meine Mutter hat zudem einen Großteil der Konsequenzen meiner Aufmüpfigkeit und meines Lebenswandels ausgetragen, indem sie Lösungen auch hinter meinem Rücken entwickelt hat. Wie etwa mit den stundenlangen Spaziergängen mit meinem stellvertretenden Gymnasialrektor.

Für einen Menschen in sehr jungen Jahren waren diese elterlichen Erschütterungen nur mäßig wahrnehmbar, weil man ja mit einer gewissen Blauäugigkeit und Naivität an die Dinge herangeht. Aber als Manager?

Auch als der habe ich, wenn ich mich in eine Idee verbissen hatte und sie für richtig hielt, diese ohne allzu große Rücksicht und auch gegen Widerstände durchgezogen. Schon in meinen jungen Jahren hat sich offenbar bei mir ein Charakterzug herausgebildet, der mir später zugleich gut und schlecht bekam, der mich einerseits erfolgreich gemacht hat, auf der anderen Seite auch gefürchtet. Auf der einen Seite waren es die Unbeirrbarkeit beim Verfolgen von Ideen, die Robustheit gegen Attacken sowie eine hartnäckige Konsistenz und Berechenbarkeit meines Handelns, die am Ende den Erfolg brachten. Auch bei großen Themen, bei denen zunächst niemand außer mir an den Erfolg glaubte. Auf der anderen Seite schlugen die Kompromisslosigkeit sowie die fehlende Rücksichtnahme auf die Befindlichkeit meines Umfelds zu Buche. Ich war ja nicht gerade durch große Sensibilität in meinem manageriellen Wirken bekannt, sondern mehr dafür, dass ich große Ideen mit hartem Stil und hartem Aufschlag umsetzte. Persönlich glaube ich, dass nur machtorientierte Menschen in der Führung von Machtorganisationen überleben. Mahatma Gandhi oder Johannes der Täufer sind eben nicht Erfolgsmodelle in den heutigen Machtstrukturen der Wirtschaft! Aber auch nur machtorientierte Menschen können Machtorganisationen ändern, außer es gäbe eine Revolution von unten. Nur sollten sie dann rasch aufhören und sich zurückziehen, was allermeist nicht geschieht. Insofern besitzt Macht eine hohe Ambivalenz.

Meine Verführbarkeit in jungen Jahren weg von den Idealen hin zu den Ideologien der Weltverbesserung – sogar unter maoistischem Vorzeichen – hat sich nicht durchgehend durch mein weiteres Leben gezogen, aber zweimal wiederholt. Einmal bei meiner anfänglichen geradezu hohen Verehrung für den damaligen DASA-Autokraten Jürgen Schrempp und später, beim Autozulieferer Continental, in meinem falschen Verhaftetsein auf einer ausschließlich ökonomistischen

Argumentationsschiene angesichts einer beschlossenen Werksschließung. Diese kraft- und machtvolle Fixierung auf eine Idee ist natürlich einerseits eine Stärke, andererseits aber kann sie in Dogmatismus ausarten und großen Schaden anrichten.

Wichtig scheint mir eine vitale persönliche Sensorik – auch Wertesystem genannt – als Langfristkompass, die Courage, eingefahrene Wege selbstkritisch zu verlassen oder gar radikal den eigenen Kurs zu ändern. Auch bei anderen Managern habe ich es so erlebt, und bei vielen mehr hätte ich es ihnen gewünscht. Existenzielle Konflikte sind dabei oft Voraussetzung für transformatives Lernen.

Ein anderer Aspekt ist: Wie wird aus einer Idee ein Ideal, aus einem Ideal eine Heilslehre, und wie wird aus einer Heilslehre totalitäre Verblendung? Oft habe ich mich gefragt, wie meine frühere Begeisterungsfähigkeit für Veränderung und Aufbruch mich auch verwundbar machte für falsche Veränderung, zumindest für mein Nicht-Erkennen des Preises, der für Veränderung zu entrichten ist. Veränderung ist nicht per se etwas Gutes, und man ist gut beraten, vorher zumindest einen Teil der möglichen Nachteile zu antizipieren. Da bin ich vor lauter Idealismus und Optimismus manchmal auf einem Auge blind und entdecke die negativen Konsequenzen meines Handelns erst relativ spät. Andere hingegen haben sie dann schon viel früher heraufziehen sehen, wären aber höchstens wenige Schritte der Veränderung gegangen. Ist also der Weg der vorsichtigen Rücksichtnahme der richtige? Mein Fazit: Der hätte gar nicht zu mir gepasst. Und obendrein bedarf es ja auch einer gewissen Kühnheit und Chuzpe, um Ideen voranzubringen und Reformen einzuleiten.

Habe ich allerdings dann eine Idee später als falsch erkannt, war das nie ein reibungsloser, schneller intellektueller Erkenntnisprozess für mich, sondern stets ein monatelanges, quälendes Ringen. Ob das meinen Rückzug vom KAB betraf oder meinen schmerzlichen Abschied aus der DASA unter Jürgen Schrempps Regime. Doch auch wenn sie quälend sind, diese meine Erkenntnisprozesse führen mich häufig zu einer existenziellen Häutung, zu einer Neuerfindung von mir selbst. Aus dem marxistisch-leninistischen Revolutionär wurde beispielsweise der Kulturreformer Thomas Sattelberger bei der Lufthansa. Oder: Aus dem am Schluss erschöpften Telekom-Manager Thomas Sattelberger wurde einer, der mit großer Freude seine alten Freiheitsthemen in neuen, freieren Strukturen vorantrieb, außerhalb des Hamsterrads. Oder: Aus dem operativen Airline-Vorstand Thomas Sattelberger, der den Service als strategische Innovation bei der Lufthansa forcierte, wurde ein Personalvorstand Sattelberger, der Arbeitskosten- und Effizienzcockpits bei Continental einführte.

Diese persönlichen Transformationen waren und sind häufig für mein Umfeld überraschend. Immer mal wieder wurde ich befragt, ob ich meine Standpunkte nicht der Sache wegen, sondern aus machtpolitischen Karriereerwägungen geändert hätte. Bei allem Karrierebedürfnis meinerseits war mir immer noch wichtiger, nach Abschluss einer beruflichen Etappe, einer zentralen Erfahrung, ohne Zögern und ohne Scheu in ein neues Erfahrungsfeld zu springen nach dem Motto »Mal sehen, was sich da gestalten lässt«. Insofern hat für mich Karriere eher den amerikanischen Impetus der »career«, der persönlichen Entwicklung durch Erfahrungsstationen, als den Erwerb höherer Macht.

Mir ein großes Erfahrungsportfolio zu schaffen, gehört zum Gestaltungsprinzip meines Lebens, meines persönlichen Transformationsprozesses. Nicht von ungefähr habe ich unterschiedliche Erfahrungswelten in unterschiedlichen Branchen kennengelernt: Automobilkonzern, Rüstungskonzern, Dienstleistungskonzern, Autozulieferer, Telekommunikation, dazu in unterschiedlichen Bereichen von Personal, Operations oder Vertrieb. Das erscheint wie ein buntes, eher zufälliges Potpourri, für mich ist es ein Portfolio an Erfahrungen, die sich nicht selten erst nach quälenden Erkenntnisprozessen für mich auftaten. Und wenn sich hier der Verdacht des »Jobhoppings« oder des »Nomadentums« auftut: Ganz nüchtern gesagt sind vier DAX-Konzerne in 40 Jahren doch passabel. Außerdem bin ich nicht Opfer, sondern Täter meiner beruflichen Entwicklung. Und ich habe konformistischen Karrierismus in einer Konzernhierarchie immer kritisch gesehen. Wie sollte aus dem Revitalisierung erwachsen?

Manche mögen sich fragen, ob mir meine APO-Vergangenheit auf meinen späteren Berufswegen nicht auch hin und wieder hinderlich gewesen ist, zumal 2007, als mich die *Stuttgarter Nachrichten* in besagtem Artikel zu »outen« versuchten. Kurz danach fand eine Presseveranstaltung in der Berliner Hauptstadtrepräsentanz der Telekom statt. Unser Pressesprecher meinte vorab schon, das könne ein kleines Spießrutenlaufen für mich bedeuten, so kurz nach der Zeitungsveröffentlichung. Ich lief dann an jenem Abend straffen Schrittes auf den Pulk der Journalisten zu, sagte fröhlich Hallo und Guten Abend, bis mir einer aus der Medienmenge erwartungsgemäß zurief: »Herr Sattelberger, was sagen Sie denn jetzt zu der Enthüllung?« Darauf rief ich ihm zu: »Sind Sie am Ende neidisch, weil Sie keine so spannende Jugend gehabt haben wie ich?« So meinte ich das auch. Die Meute war ruhiggestellt.

Anders gesagt: Ich habe mich nie dafür geschämt, dass ich in meiner Jugend aufrührerisch war. Ich habe mich schon darüber geärgert, dass ich eine Zeit lang einer falschen Ideologie hinterhergejagt bin, aber auch das war für mich ein Lernerlebnis, das mich – wie weiter in diesem Buch zu erfahren sein wird – über mein ganzes Berufsleben hinweg begleitete.

Die APO war erstens für das Aufbrechen und den Aufbruch der Bundesrepublik in eine nächste Phase und zweitens für Thomas Sattelberger wichtig. Für mich war sie das Territorium, auf dem ich erfahren durfte, dass ich mich bis an die Grenzen heranwagen konnte. Dass, wenn ich mich auf den verbotenen grünen Rasen gewagt hatte, Lehrgeld bezahlen musste. Aber keiner weiß, wie weit er gehen kann, wenn er nicht irgendwann auch Lehrgeld bezahlen muss – vulgo zurückgewiesen wird, bestraft wird, scheitert oder zurückweicht. Für mich waren diese APO-Jahre, insbesondere noch in der antiautoritären Phase, auch einzigartige Lehrjahre für Führen und Managen. Gelehrt haben mich diese Jahre, wie man Netzwerke aufbaut, wie man unabhängige Geister mit unterschiedlichem, spezifischem Interessenhintergrund unter einem gemeinsamen Dach versammelt und für Sinn vergemeinschaftet. Da habe ich Großprojekte zu managen gelernt.

Zum Beispiel, wie man 15000 Flugblätter von 60 Leuten an 30 verschiedenen Orten morgens um fünf Uhr zur Verteilung bringt. Auch damals erforderte so etwas saubere Planungsprozesse, Logistik, Organisationstalent – und Überzeugungskraft gegenüber Langschläfern. Ich gehe sogar so weit, zu behaupten, dass ich dadurch viel für meine spätere Managementtätigkeit gelernt habe. Obendrein ist damals für mich deutlich geworden: der Zusammenhang zwischen dem Brennen für eine Idee, funkelnden Augen vor Begeisterung für diese Idee, daraus abgeleitete Authentizität und Motivation, etwas für diese Idee in Bewegung zu setzen.

All diese essenziellen Themen der Veränderungs- und Transformationsarbeit sind zentrale Aufgaben in der Führungsarbeit, vollkommen unabhängig und entkleidet von mancher verengten Ideologie der sechziger Jahre. Ohne Idee kein Ideal, ohne Ideal kein Zukunftsbild, ohne Zukunftsbild kein Leuchten in den Augen, ohne Leuchten in den Augen keine Authentizität, kein Motivieren von anderen, um sie für die gemeinsame Sache zu bewegen. Insofern waren meine APO-Jahre ganz wunderbare und wichtige für mich, in denen ich für mein weiteres Leben viel gelernt habe.

Wie viel, das wird in den folgenden Kapiteln noch deutlicher werden.

Kapitel 2

1975 bis 1994: Daimler-Benz AG, MTU und DASA
INNOVATOR IM BILDUNGSBIOTOP UND DIE ENTZAUBERUNG DER MACHT

Vom Ausbildungsleiter über den Kaffeespediteur für Produktionsmeister zum »Papst der Personalentwicklung«. Und ein Abgang mit blutiger Nase von der Hinterbühne der Macht

Wir schreiben das Jahr 1975, in dem ich nach abgeschlossener Ausbildung meine Traumstelle bei Daimler-Benz antrat. Ich übernahm die Abiturientenausbildung in der Konzernabteilung Berufsausbildung. Die innovative Idee, berufliche und akademische Ausbildung hybride miteinander zu verzahnen, wurde als damals ganz und gar neuer Ansatz sowohl von der Bildungspolitik als auch von Gewerkschaften kritisch beäugt. Für einige Bildungspolitiker handelte es sich lediglich um eine »Schmalspurausbildung«, die Gewerkschaften geißelten diesen Kurs als Kaderausbildung im Sinne des Kapitals. Ich aber behaupte, diese Form der dualen Ausbildung war die einzige große deutsche Bildungsinnovation nach dem Zweiten Weltkrieg und vor der Bologna-Reform im Hochschulsystem Anfang des 21. Jahrhunderts – nicht zuletzt wegen der Ganzheitlichkeit fachlichen, me-

thodischen, sozialen und personalen Lernens im Team und in Verknüpfung mit Praxisphasen.

Bei Daimler konnten wir arbeiten und experimentieren wie in einem
Biotop: Selbst gesteuerte Ausbildung, Lernen an Fallstudien des Geschäfts, lebenszyklusorientierte Bildung lauteten seinerzeit die Schlag-
worte, mit denen wir antraten, die jungen Menschen bei Daimler
sowohl in ihrer Persönlichkeitsentwicklung zu fördern als auch den
Bedürfnissen des Unternehmens nach gut ausgebildeten und selbst-
bewussten Mitarbeitern zu entsprechen. Geleitet von den Fragen, wie
viel Demokratie und Freiheit einerseits junge Menschen verlangen
und vertragen, andererseits, wie viel Freiheit gebende Sozialisation in
einer Unternehmensorganisation möglich ist, aber auch, ob sich ein
geschlossenes System durch Bildung öffnen und verändern kann.

Ein wichtiger Treiber von Veränderung der Arbeitswelt war damals das
mächtige Anwachsen der Bewegung der Humanistischen Psychologie. Die maslowsche Pyramide der Bedürfnishierarchie, die natürlich
auch Gegenstand unserer Kurse und Seminare war, bildete die indi-
vidualpsychologische Fundierung neuer Formen der Arbeitsorganisation und fand auch in die Diskussion der Arbeitswissenschaften
Eingang. Abraham Maslow (1908 bis 1970) hatte fünf Stufen der
menschlichen Bedürfnisse beschrieben, die von den ganz elementaren (Essen, Trinken, Schlafen, Dach über dem Kopf) über Sicherheit,
Liebe und Zuneigung, Wertschätzung- und Anerkennung, Selbstver-
wirklichungsbedürfnis, Wissen und Verstehen bis zur obersten Stufe,
der Sinnfindung des eigenen Tuns über Philosophie und Weisheit
reichen. Mit Auszubildenden und Weiterbildungsteilnehmern über
solche Sinnzusammenhänge zu sprechen, regte alle an, war das doch
überhaupt kein Thema in Schule, Hochschule und bisherigem Arbeitsleben gewesen.

Die in den fünfziger und sechziger Jahren vorherrschende Erwar-
tung, dass sich die Qualität des Arbeitslebens mit dem technischen
Fortschritt quasi im Selbstlauf verbessern würde, hatte sich jedenfalls
nicht erfüllt. Standen bis dahin im Zeichen des »Wirtschaftswunders«, in einer Phase extensiven Wachstums, vor allem Einkommens-

erhöhungen und Arbeitszeitverkürzungen, also mehr Freizeit, im Zentrum arbeitspolitischer Forderungen, so ging es Ende der sechziger und Anfang der siebziger Jahre immer mehr um die Qualität der Arbeit. Verschärfte Rationalisierung und eine Intensivierung getakteter Fließbandarbeit hatten die Arbeitsbedingungen zunehmend verschlechtert. Der Zusammenhang von Arbeitszeitverkürzungen und zunehmender Verdichtung der Arbeit zeigte seine Wirkung. Es ging nicht zuletzt – wie auch die Auseinandersetzungen dieser Jahre um mehr betriebliche und unternehmerische Mitbestimmung zeigten – um Anerkennung des Arbeitnehmers als rechtlich geachteter Arbeitsbürger, heute würde ich ihn »Unternehmensbürger« nennen. Nicht von ungefähr gewannen in diesen siebziger Jahren das Konzept der Organisationsentwicklung und später auch der Gedanke der »Humanisierung der Arbeit« immer größere Attraktivität. Neue Formen der Arbeitsgestaltung – ausgehend von den Experimenten zur teilautonomen Arbeitsorganisation bei Volvo in Schweden – wurden gesucht, um der Zerstückelung und Monotonisierung der Arbeit Einhalt zu gebieten. Das Konzept der Organisationsentwicklung erfasste alle progressiven Bildungsleute, aber auch Organisationsverantwortliche und viele Führungskräfte bei Daimler.

Andererseits hatten sich aber die wirtschaftlichen Wachstumsperspektiven in diesen Jahren besorgniserregend verdüstert. Die siebziger Jahre des letzten Jahrhunderts markierten das Ende jenes einzigartigen Wirtschaftsaufschwungs der Nachkriegsjahre. In der Folge der Ölkrise nahm die Debatte über die knapper werdenden Rohstoffreserven, die 1972 mit dem Bericht des Club of Rome über die »Grenzen des Wachstums« eingeleitet worden war, ihren Anfang. Der Club of Rome kam damals zu dem Schluss, dass die absoluten Wachstumsgrenzen auf der Erde im Laufe der nächsten 100 Jahre erreicht sein würden. Der Wirtschaftshistoriker Knut Borchardt schrieb damals: »In gewisser Weise war der Ölschock für die innere Verfassung der Bundesrepublik ein Glücksfall. Er hat es den Politikern ermöglicht, die Veränderung der Wirtschaftslage 1974/75 zunächst fremden Mächten in die Schuhe zu schieben. Mehr als berechtigt wurde die wachsende Arbeitslosigkeit zu einer Art Naturereignis. Deswegen aber wurde sie auch nicht so rasch als politischer Skandal empfunden wie noch die viel niedrigere Arbeitslosenquote 1967.«

Dass aber noch vor dem großen Konjunktureinbruch von 1974/75 die Arbeitslosenzahlen langsam stiegen, lag nicht zuletzt an der technologischen Entwicklung. In zunehmendem Maße wurde menschliche Arbeitskraft durch Roboter und Computer ersetzt. Mit gutem Grund spricht man seit Beginn der siebziger Jahre von der »mikroelektronischen Revolution«. Die rapide Entwicklung der mikroelektronischen Technologie führte zur Entlassung von Arbeitskräften sowohl im Produktionsprozess als auch im Bereich der Verwaltung und des Handels. Bis 1980 war die Arbeitslosenzahl auf immerhin 1,8 Millionen Menschen angestiegen, eine bis dato unvorstellbare Höhe. In einem sich derart verdüsternden ökonomischen Umfeld gerieten die autonome Arbeitsgestaltung und der »Wohlfühlfaktor« von Menschen in den Unternehmen zunehmend in die Diskussion. Doch gegen die zum Teil massive Skepsis von Konzernverantwortlichen standen damals betriebliche Personalbereiche weiter für ihre Sache ein. Personalfunktionen waren in den Großunternehmen auch Kontrollfunktionen gegen Übermaß. Personalleiter standen für die Balance von Produktivität und Humanität, und Personalvorstände waren bis weit in die neunziger Jahre hinein echte Personal- und Sozialpolitiker, die – geistig oft sehr unabhängig – betont wertorientiert ihre Positionen vertraten. Ab und an, wie beim früheren Daimler-Personalvorstand Hanns Martin Schleyer, wurden sie sogar als Kandidaten für den Vorstandsvorsitz gehandelt. Wenn man sich die desolate Situation und meist erbärmliche Positionierung heute ansieht, dann kann es einem bei der Frage balancierter Unternehmensentwicklung nur Angst und bange werden.

Damals erschütterte das Land eine beispiellose Terrorwelle, ausgelöst durch die RAF, die selbst ernannte »Rote Armee Fraktion«. Sie stellte die Bundesrepublik vor eine ernste und harte Bewährungsprobe. Zu den bekanntesten Opfern der RAF gehörten der damalige Arbeitgeberpräsident und eben erwähnte frühere Daimler-Personalvorstand

Hanns Martin Schleyer, Generalbundesanwalt Siegfried Buback und der Vorstandssprecher der Deutschen Bank, Alfred Herrhausen. Begründet wurden die Anschläge damit, dass die kapitalistische Gesellschaftsordnung zerstört werden müsse. Die RAF versuchte 1977, durch die Entführung eines Flugzeuges der Lufthansa nach Mogadischu in Afrika, im Gefängnis sitzende Terroristen freizupressen. Doch der Staat, angeführt durch den damaligen Bundeskanzler Helmut Schmidt, ließ sich nicht erpressen. Andreas Baader, Gudrun Ensslin und andere RAF-Angehörige nahmen sich daraufhin im Hochsicherheitsgefängnis Stuttgart-Stammheim das Leben.

Bei Hanns Martin Schleyers Ermordung stellte ich mir noch lange im Nachhinein die Frage, inwieweit ich dabei geistiger Mittäter durch meine antiautoritären Aktivitäten Ende der sechziger Jahre war. Trägt man aus dem, nun ja, »unschuldigen« Engagement für die rebellische Ideenwelt auch die Verantwortung für künftige Fehlentwicklungen? Am Ende auch für jene Gewaltexzesse, wie sie die RAF, ein missratenes Kind der APO, betrieben hat? Eine schwer, letztlich vielleicht gar nicht zu beantwortende Frage. Diese Frage trieb mich umso mehr um, als Arnd Schleyer, einer von Hanns Martin Schleyers vier Söhnen, mein Klassenkamerad gewesen war. Mit ihm zusammen habe ich Abitur gemacht. Und ich war in den Jahren zuvor ab und an bei den Schleyers zum Doppelkopf oder zum Schafkopf eingeladen. Es ist gut, dass einen solche Fragen ein Leben lang als geistige Bürde begleiten. Sie halten den Geist und das Handeln wachsam und achtsam.

In dieser politökonomischen Gesamtgemengelage schwang zumindest der Zeitgeist dennoch nach wie vor weiter im Takt der antiautoritären Bewegung der sechziger Jahre. Immer mehr Menschen experimentierten mit alternativen Lebens- und Arbeitsformen, bisherige, althergebrachte Regeln und Verhaltensstandards wurden streng »hinterfragt« und radikal abgelehnt. Die Ablehnung betraf auch das traditionelle Leitbild formaler, intellektualisierter Bildung, das Intellekt und Gefühl, Kopfarbeit und Handarbeit trennt. Diese Gegensätze zusammenzuführen, das war auch unser Ideal bei der Berufsbildungsarbeit bei Daimler. »Die Auseinandersetzung mit neuen Situationen, das Erleben neuer Blickwinkel, das Kennenlernen eigenen Potentials und eigener Gestaltungsmöglichkeiten sind Fundament einer produktiven Bewältigung von Spannung oder Krise und sinnerfüllter Lebensgestaltung.« So schrieb ich zusammen mit meiner geschätzten Kollegin Regina Hirth und dem Managementtrainer Rolf Th. Stiefel in dem 1981 erschienen Buch *Dein Weg zur Selbstverwirklichung. Life-Styling – Das Konzept zur neuen Lebensgestaltung.*

Das in den USA in unternehmensfernen Sphären kreierte Konzept des »Life-Styling« oder auch »Life-Planning« hatten wir für die Daimler-Auszubildenden im Rahmen unserer Idee der persönlichkeitsorientierten und lebenszyklusbezogenen Bildung adaptiert. Die Leser ahnen schon: Das war auch meine Idee der Erweckungs- und Pfingsterlebnisse, die ich von meinem USA-Aufenthalt als Schüler mitgebracht hatte. Das Konzept besagt, kurz, die Aufmerksamkeit des Einzelnen zu schärfen für Fragen wie: Wer bin ich? Welche Stärken besitze ich? Wozu bin ich da? Was ist der Sinn meines Lebens? Welche beruflichen und privaten Lebensalternativen besitze ich? Was davon lässt sich realisieren? Was will ich tun? Bei der Suche nach Antworten auf solche Fragen haben wir damals mit den Auszubildenden unter anderem die sicherlich konfrontative Übung »Grabrede« gemacht. Motto: »Du bist gestorben, was sollte dann in deiner Grabrede gesagt werden?«

Eines Tages rief uns, Regina Hirth und mich, der von uns sehr bewunderte Jürgen Pieper, Hauptabteilungsleiter Bildung, in sein Büro. Der Daimler-Benz-Personalvorstand Richard Osswald habe von diesen Grabreden gehört, und auch er, Pieper, frage sich, was das wohl solle. »Junge Menschen sollen sich ihrer Stärken und ihrer Lebensziele bewusst werden«, antworteten wir, »dazu bedarf es manchmal auch ungewöhnlicher Zugänge.« Pieper sagte nach einigen weiteren Fragen und Erklärungen unsererseits nur: »Vielen Dank«, und damit hatte es sich. Ein schöner Beweis dafür, welche Experimentierbiotope gerade in den siebziger Jahren in Unternehmen möglich waren. Pieper bewunderte ich schon deswegen, weil er ein ganz großartiger

Zulasser und Ermöglicher war. Insofern, könnte man sagen, begann Bildung damals tatsächlich, die Kultur von Organisationen zu verändern. Dazu muss man wissen, dass das Prinzip Selbststeuerung zum Beispiel oder Lernzielvereinbarungen damals einer Revolution in der Pädagogik gleichkamen. Das Gesamtkonzept – inklusive der Freiheit der Auszubildenden, zur Arbeit zu kommen, wann sie es fürs Erreichen ihrer Lernziele für nötig hielten – erreichte zwar nie die volle Flughöhe, doch die Erfolge, die wir bei Daimler erzielten, sprachen für sich. Wir hatten stets die zufriedensten und besten Auszubildenden, was Ausbilder in anderen Unternehmen schon neidisch machte.

Die Grundsätze und die Zielrichtung erfolgreicher Daimler-Ausbildungsarbeit habe ich dann in meinem allerersten, 1980 erschienenen, mit Hans-Jürgen Kurtz gemeinsam verfassten Buch *Organisationsentwicklung in der betrieblichen Ausbildung* so formuliert: »Ich bin jetzt seit fünf Jahren in der betrieblichen Bildungsarbeit eines Großunternehmens tätig; seit einem Jahr im Bereich der Fortbildung von Führungskräften, davor im Bereich der kaufmännischen Ausbildung. In diesen Jahren hat sich mein Verständnis von Bildungsarbeit und von meiner eigenen Rolle als Aus- bzw. Erwachsenenbildner stark gewandelt.

Als ich begann, mich selbst als Lernenden zu begreifen, meine eigene Lernvergangenheit wieder zu aktivieren und über persönliche Wünsche und Ziele nachzudenken, begriff ich, daß Bildungsarbeit sich nicht auf die Kunst des Umgangs mit Menschen, kombiniert mit Fachwissen, reduzieren läßt. Erst recht läßt sich betriebliche Bildungsarbeit nicht auf Qualifizierung des ›Produktionsfaktors Mensch‹ zurechtstutzen. Bildungsarbeit bedarf einer Wertorientierung, und diese muss für alle am Lernprozeß Beteiligten transparent sein und von ihnen getragen werden können.

Die Perspektive einer Bildungsarbeit auf der Grundlage von persönlichen Erfahrungen und Bedürfnissen der Lernenden, wobei die Individualität des einzelnen respektiert wird und Prozesse personaler Selbstentfaltung im angstfreien Raum möglich sind, stellt handlungsleitende Wertorientierung für mich dar.

49

Dabei verstehe ich Bildung und Lernen als Koppelung zwischen praktischer Erfahrung und Wissenschaft, und dies nicht nur fachspezifisch. Die Zerstückelung zwischen Kopf- und Handarbeit, zwischen Hirn und Herz, zwischen Wissenschaft bzw. Technologie vom Menschen und der von Sachen führt zu Einseitigkeiten, hindert Menschen und Organisationen an ihrer Entwicklung und muß abgebaut werden.«

Als ich diese, längst von mir vergessene Aussage in meinem schon lange vergriffenen, erst jüngst wiedergefundenen Buch las, dachte ich, das könnte ich heute ohne Weiteres immer noch vertreten.

Ende 1979 bekam ich das Angebot, in die Abteilung Weiterbildung in ein kleines Team für innovative Konzepte zu wechseln. Das war eine Aufgabe im Kontext der damals noch ganz neuen »Organisationsentwicklung«, die, wie schon erwähnt, als neue große Idee gerade aus den USA nach Deutschland geschwappt war. Organisationsentwicklung, das bedeutet kurz zusammengefasst eine Strategie des geplanten und systematischen Wandels, der durch die Beeinflussung der Organisationsstruktur, der Unternehmenskultur und des individuellen Verhaltens zustande kommt, und zwar unter größtmöglicher Beteiligung der betroffenen Mitarbeiter. Bildungsarbeit wird also zur Transformations- und Veränderungsarbeit, Betroffene werden zu Beteiligten, es entstehen neue Strukturen in der Arbeitswelt. Ob und inwieweit eine Organisation den nötigen Überbau für diese Personal- und Organisationsentwicklung schafft, ist immer eine Frage der zugrunde liegenden Wertorientierung. Bildungsarbeit muss also Werte und Kultur eines Unternehmens entscheidend beeinflussen, wie bei Daimler.

Aber nicht, dass Daimler-Benz durchweg nur Spitze in Bildung und Ausbildung gewesen wäre. Dazu mussten wir schon mal die Konkurrenz BMW im Werk München und die damalige Hoechst AG bei Frankfurt besuchen, um persönlich zu erleben, wie Blaumänner in ihren Lernstätten oder Werkstattzirkeln ihren Teamsprecher wählten oder ihre Trainingsplanung erarbeiteten, und das in allen Fabrikhallen.

Indes, auch beim in vieler Hinsicht fortschrittlichen Daimler stießen meine innovativen Ideen nicht auf stets ungebrochen positive Resonanz. So erlebte ich meinen ersten großen Führungskonflikt mit Eckhard Müller, vor dem Wechsel in das Bildungswesen Leiter der Abteilung »Grundsatzfragen Personal- und Sozialpolitik«. Ihm eilte der Ruf voraus, dass er seinen Willen gerne wie ein Bulldozer durchzusetzen pflegte. Zu der Zeit arbeitete ich an einem Handbuch für Trainer und Organisationsentwickler. Aus Darstellungsgründen – linke Hälfte Theoriekonzepte, rechte Hälfte Praxisübungen – hatte ich schon zwei Drittel des Handbuchs in Querformat erarbeitet und wollte es auch im Querformat zu Ende bringen und drucken lassen. Müller aber beharrte darauf, Hochformat zu verwenden. Es war ein ganz und gar symbolhafter Streit nach dem Motto »Wollen wir doch mal sehen, wer sich hier durchsetzt«. Ich habe dann einfach und selbstherrlich das Ganze in Querformat drucken lassen. Müller schwieg. Aber er sorgte dafür, dass mit den Handbüchern gar nicht erst gearbeitet wurde. So löste Müller diese Machtfrage.

Ein andermal gerieten wir aneinander, als es ums Thema Trainerqualifizierung ging. Mein Vorgesetzter Müller beharrte darauf, dass es für diesen Zweck ein strukturiertes Curriculum, einen festen, inhaltlich aufeinander aufbauenden, sequenziellen Lehrplan aufzustellen gelte. Ich aber meinte, es ginge doch vor allem um Lösungen für situative Problemstellungen in Führung und Zusammenarbeit, die sich nicht in ein festes Reglement pressen ließen. Sie seien vielmehr erfahrungsorientiert zu bearbeiten. Auf einer unserer Sitzungen zu diesem Thema stand ich auf und rief aufgebracht: »Sie verteilen hier Ihre Vorgaben wie ein Weihnachtsmann.« Er sagte nur: »Wir sprechen uns noch.«

Dieser Führungskonflikt führte nicht zuletzt dazu, dass ich eines Nachts von einem reißenden Fluss albträumte, in dem ich unterzugehen drohte. Eckhard Müller trieb auch auf diesem Fluss, und er wollte mich mit sich hinunterreißen. Es war ein symbolischer Traum für den Kampf der Ansätze, der Logiken in einer Organisation. Haben Menschen in Führung ihrer Organisation das Anrecht, anderen ihre Logik aufzuoktroyieren? Ganz nach der Devise Henry Fords, der gesagt hat, er baue jedes Auto nach Gusto des Kunden, Hauptsache, es sei schwarz? In der Logik industrieller Massenproduktion vielleicht ja. Aber in einer kreativen Organisation wie dem Bildungsbereich? Ganz nach dem Müller-Motto, der Sattelberger müsse das Handbuch im Hochformat drucken, und wenn nicht, verschwindet es schnell von der Bildfläche? Eher nein.

Es ist auch in diesem vergleichsweise noch harmlosen Konflikt zwischen Eckhard Müller und mir der uralte Großkonflikt in einer Organisation sichtbar: Was setzt sich durch? Organisationsraison oder Freiheitsbestreben des Einzelnen? Wie viel Freiheit ist eine Organisation bereit, den in ihr und für sie arbeitenden Menschen zu gewähren? Wie viel an Freiheitsberaubung meint sie, exekutieren zu müssen, um ihre Normen, Strukturen und Machtkonstellationen weiter erhalten zu können? Heute, im Übergang von der Industriegesellschaft zur Wissens- und Kreativökonomie, ist dieser Konflikt aktueller denn je. Wenn Unternehmen nicht aufhören, nur »ad rem« zu managen und sich zu organisieren, wenn sie also Normen, Standards, Führungsregeln als Wegweiser benutzen und sich nicht zunehmend »ad personam« orientieren, also an Begabungen, Talenten, Motivationen der Menschen, werden sie sich nicht transformieren können.

Hierarchische Organisationen leben davon, dass sie die Freiheit der Menschen beschneiden, denn sie müssen sich darauf verlassen können, dass Beschlüsse uniform und ohne zu große Abweichung von bestehenden Normen getroffen und umgesetzt werden. Die amerikanischen Begriffe »alignment« und »execution« treffen es präzise: Es handelt sich sozusagen um ein »Auf-Linie-Bringen« mit anschließender sachlicher »Hinrichtung«. Ich habe sehr früh diese Logik hierarchischer Organisationen hinterfragt – nicht zuletzt in meiner Rolle als Betroffener solcher Freiheitsbeschneidung in meinen frühen Jahren als Schüler und Student im antiautoritären Umfeld. Obwohl ich später, als ich mich in einer Machtposition befand, diese Freiheitsbeschneidung teilweise auch selbst ausgeübt habe, um zu einer reibungslosen Umsetzung zu kommen. Nichtsdestoweniger, und einmal abstrahiert von meinem eigenen Verhalten, ist es die Frage, ob wir uns solche Freiheitseinschränkungen weiterhin leisten können. Zumal im Zeitalter der Wissens- und Kreativökonomie, in dem nicht Skalierung und Effizienz die prägenden Erfolgsfaktoren sind, sondern Innovation und kreative Veränderungsfähigkeit. Müssen wir da nicht vielmehr Organisationen bauen, die ähnlich der »Open Innovation – Open Co-Creation«-Philosophie unterschiedlichste Logiken befördern und zum Tragen bringen?

Das läuft fast schon auf zwei Kulturen innerhalb einer Organisation hinaus, in der die Logik der stromlinienförmigen Exekution nicht schon auf die Logik einer dann schlechtestenfalls ebenso stromlinienförmigen Gedankenfindung und Problemlösung übertragen wird. Gute Organisationen sind nicht strukturell zweigeteilt, sondern eher kulturell zweihändig, können sozusagen – mit jeweils wechselnder Hand – in einen anderen Modus Operandi schwingen, wenn eine andere Logik nötig ist – von kreativer Manufaktur zu effizienter Umsetzungsmaschine oder umgekehrt. Mal die des Weiblichen, der Anima, mal die des Männlichen, des Animus, um mal diese beiden Begriffe aus der Analytischen Psychologie zu verwenden. Aber hierarchische Organisationen aus der Ära des Industriekapitalismus, die noch nicht verstanden haben, dass diese Ära vorüber ist, sind per definitionem Organisationen von Henry Ford. Interessant ist in diesem Zusammenhang das schon in den siebziger Jahren entstandene Konzept der »Ambidextrous Organization«, die beidhändig gleich gut und gleichzeitig Innovation und Geschäftssicherung, Exploration und Exploitation, Zukunft und Gegenwart ausbalanciert.

Sicher, Daimler und meine nächste Station, die MTU, waren in den siebziger und achtziger Jahren noch ganz im hergebrachten Industriekapitalismus verwurzelt. Aber ich habe mich schon immer als Antizipierer kommender Entwicklung verstanden. Ich hätte ja nach meiner ersten Festanstellung im Bereich der Zentralen Bildung auch sagen können: Die Bildungsarbeit bei Daimler-Benz muss sich industriegesellschaftlichen Logiken unterwerfen, und deswegen sind hierarchische Ausbildungsorganisation und Trainercurricula wichtig, und unsere Broschüre muss natürlich im Hoch- statt im Querformat gedruckt werden. Dieser Rebell, dieser Frühsensoriker in mir hat da früh gegen den Strich gebürstet. Man könnte ja sagen: Wie traurig, dass es dennoch zu solchen Konflikten kommen musste. Ich aber sage: Wie gut, dass es zu solchen Konflikten kam. Immerhin haben sie mir die Chance gegeben, später in der MTU eine Abteilung aufzubauen, in der ich überwiegend in eigener Regie Hand anlegen konnte. Kurz: Konflikte, kritische Auseinandersetzungen sind im wahrsten Sinne des Wortes Chance für Neuanfang, Neupositionierung, für kreatives Andersmachen. Das ist doch kein trauriger Zustand, sondern ein außerordentlich erfreulicher und produktiver, so man ihn denn erträgt und austrägt. Zu viele Idealisten, Talente und Hoffnungsträger lassen sich heute zu schnell einschüchtern.

Übrigens gab es im Biotop Zentrale Bildung bei Daimler für mich auch kulturelle Rettungsanker in einem zweiten, kleineren Biotop, sozusagen in einem gallischen Dorf: Gaggenau. Hans-Peter Fischer, ein Revolutionär der Bildung, war Bildungschef des Werks Gaggenau. Später dann wurde er Berater des Mercedes-Benz-Vorstands unter Helmut Werner und Autor des damals berühmten Buchs *Die Kultur der schwarzen Zahlen*. Hans-Peter, mein Freund bis heute, stellte alles auf den Kopf: Arbeit mit der Werksleitung statt nur mit dem gemeinen Volk, erfahrungsorientiert und tiefschürfend lernen statt nur durch Wissens- und Methodenvermittlung, Supervision in der Arbeits- und Führungspraxis statt Reihenschluckimpfung mittels Kursen. Solche damals bahnbrechenden Ideen verbreitete er.

Fischer praktizierte die Trainerausbildung so, wie sie mir vorschwebte. Dazu lud er mich über mehrere Jahre regelmäßig in seine »Trainer-Supervision« ein und »rettete« mich dadurch vor Eckhard Müller. Hans-Peter ist einer der ganz Großen der deutschen Bildungsarbeit. Treu, wie er war, blieb er über alle beruflichen Höhen und Tiefen bei Daimler-Benz, wurde dann aber nach neuem Machtwechsel an der Konzernspitze in den Ruhestand abgeschoben. Welch ein Verlust! Unternehmen sind mit ihren besten Leuten oft wie Vampire. Und blinde Hingabe kann schnell zum beruflichen Grab werden.

Was mich damals trieb, das habe ich erst kürzlich auf einer einzigen DIN-A4-Seite zusammengefasst wiedergefunden. In meinem letzten Jahr bei Daimler, 1981, habe ich im Urlaub und auf eigene Kosten die »National Training Laboratories« in Bethel im US-Bundesstaat Maine besucht. Die 1947 gegründeten NTL galten als die Wiege der Gruppendynamik und der Organisationsentwicklung. Unter anderem wurde dort in Trainingsgruppen (T-Groups) durch Beobachtung und Selbsterfahrung (Selbsterfahrungsgruppe, Sensitivity-Gruppe) die sonst übliche Trennung von Lehre, Forschung und Lernen durchbrochen. Die Laboratories entwickelten neue persönliche und gruppenorientierte Methoden des Lernens.

Auf diesem verkleinerten Blatt Papier nun findet sich ein Umriss meines Körpers, den einer meiner Workshop-Teilnehmer um mich, auf dem Boden auf Packpapier liegend, gezeichnet hatte. In Nabelhöhe habe ich damals auf dieses Papier geschrieben: »Ich möchte ganzheitlich sein«, und in Beinhöhe steht die Conclusio meiner Antriebsmotive: »Ich stehe für Wahrhaftigkeit, Klarheit und Gerechtigkeit, besonders was die Schwachen und die Armen in Gesellschaft und in Organisationen anbetrifft. Ich möchte dazu beitragen, die Kultur meiner Organisation humaner zu gestalten, indem ich eine Umgebung schaffe, die es Menschen ermöglicht, Ideen auszutauschen und kreative Lösungen zu finden. Dabei möchte ich sie mit meinem Enthusiasmus, meinem Herzblut und meiner Energie erfüllen. Indem ich dabei die Hilfe meiner Freunde akzeptiere, erhalte ich meine Gesundheit und Liebesfähigkeit.«

Im Jahr darauf, 1982, habe ich bei den NTL meine ersten Diversity-Workshops besucht. Prägend war, dass ein Teilnehmer jüdischen Glaubens, dessen Familie zum Teil im Konzentrationslager umgebracht worden war, den Raum stets dann verließ, wenn ich sprach. Das machte mich sehr betroffen und ärgerlich. Die Trainerin forderte mich daraufhin auf, mich zuerst hinter meinen und dann hinter den Stuhl des jüdischen Teilnehmers zu stellen und zu sagen, was in den Köpfen der Stuhlbesitzer jeweils vorging. Ein unglaublich erhellendes Erlebnis!

Von solchem Enthusiasmus erfüllt trat ich also wenig später bei der MTU an. Aber dieser Wechsel war zunächst nicht allzu glatt verlaufen. Angesichts meiner Konflikte mit Eckhard Müller war 1981 Günter Welsch, der Geschäftsführer Personal und Einkauf bei der MTU-Gruppe, gerade zur rechten Zeit gekommen. Er wollte mich von Daimler zur Münchner Tochter MTU abwerben und lockte mich mit der Position als Bildungschef mit späterer Perspektive für die gesamte MTU-Gruppe in München und Friedrichshafen. Die Motor- und Turbinen-Union, die sich später aufspaltete in MTU Aero Engines in München und MTU Friedrichshafen, zuletzt in Tognum umbenannt, hat ihre Wurzeln im frühen 20. Jahrhundert. Kerngeschäft: die Produktion von Flugzeug- und Gasturbinen in München sowie von Großdieselmotoren in Friedrichshafen.

Günter Welsch, ein Vertrauter des damaligen Vorstandsvorsitzenden der Daimler-Benz AG, Joachim Zahn, kannte und schätzte die Güte der Daimler-Bildungsarbeit und wollte die Personalarbeit bei der MTU auf Vordermann bringen. Gerne nahm ich sein Angebot an, aber diese meine Entscheidung sollte sich fürs Erste als eine Art Rohrkrepierer erweisen. Der Münchner Personaldirektor, Benno Mergenthaler, hatte sich nämlich Welschs Dekret der Ablösung seines bisherigen Bildungschefs widersetzt, und der blieb einfach in seiner bisherigen Position sitzen. Damit saß ich nun erst einmal neun Monate ohne offizielle Arbeit in einem trüben Büro im ersten Stock eines Backsteingebäudes. Damit ich angesichts dieser etwas desolaten Situation nicht gleich depressiv werden würde, begann ich, Klinken im Haus zu putzen und allen möglichen Abteilungen meine Dienste für unterschiedliche Themen der Personalentwicklung anzubieten. Etwa Bildungsbedarfsanalysen für Bereiche, Workshops zur Verbesserung der Zusammenarbeit oder Entscheidungstrainings, die ich per Lizenz durchführen durfte. Ich machte mich halt in allen Nischen nützlich, wie sie sich gerade auftaten. Gab nicht auf, obwohl mir Jürgen Pieper eine Rückkehroption in den Bildungsbereich von Daimler-Benz eröffnet hatte. Ich schrieb sogar meinen ersten großen Artikel in der renommierten Zeitschrift *Organisationsentwicklung*. Dazu muss ich noch sagen, dass ein Teil meines Daimler-Umfelds ungläubig, kritisch bis feindselig auf meinen Wechsel reagierte, da die MTU-Gruppe ja zum Teil in der Wehrtechnik engagiert war. Eine der milderen Vorhaltungen war noch: Wieso gehst du von den glänzenden Automobilen zu den dreckigen Dieselmotoren?

Monatelang also schlug ich mich recht und schlecht bei der MTU durch, bis Direktor Mergenthaler dem bisherigen Bildungschef die neu geschaffene Position »Personal-Controlling und -Reporting« übertrug. So ist das ja oft in Unternehmen: Es wird schon mal für Positionen eingestellt, für die der alte Positionsinhaber noch nicht einmal seinen Hut genommen hat, oder für die die Struktur noch gar nicht geschaffen wurde. Oder für Strukturen, die bald darauf einer Reorganisation zum Opfer fallen, womit dann auch die jeweilige Position wegfällt. Ich erhielt im Frühjahr 1983 also endlich die Stelle, in der ich für das betriebliche Bildungswesen sowie später für die Führungskräfteentwicklung der gesamten MTU-Gruppe verantwortlich zeichnete.

Neben den üblichen Aufräumarbeiten und ersten Reformen entwickelte ich ein Konzept für die künftige Bildungsarbeit der MTU München. Dieses Konzept sollte ich genau am 1. Februar 1985 dem damaligen MTU-Vorstandsvorsitzenden und Vorsitzenden des Bundesverbands der Deutschen Luft- und Raumfahrtindustrie, Ernst Zimmermann, präsentieren. Das ausgerechnet an jenem Tag, als Zimmermann frühmorgens Opfer eines Terrorattentats der RAF, der »Roten Armee Fraktion«, in seiner Wohnung in Gauting bei München wurde. Das zweite Mal, dass ich von den Schatten der eigenen Vergangenheit eingeholt wurde.

Im Unternehmen herrschte tödliche Stille. Mein Konzept habe ich niemals mehr präsentiert. Hans Dinger, Zimmermanns baldiger Nachfolger, war Friedrichshafener und der dortigen MTU-Schwester verbunden. Die gute, gemeinsame Führungskräfteentwicklung war nicht so sein Thema, das wurde es erst 1987. Ein kleines Schlaglicht auf die Verfasstheit der damaligen Deutschland AG wirft vielleicht die Grabrede, die Dinger als Zimmermanns Stellvertreter bei dessen Beerdigung hielt. In den obersten Führungsetagen der Daimler-Benz AG hieß es danach nur: Dingers Rede war doch wirklich sehr gut; also ist er auch ministrabel für die höchste Führungsposition. Daimler entsandte damals auch einen Geschäftsführer für Beteiligungen, dessen erste Amtshandlung im Einbau einer versteckten Liege in seinem Büro bestand.

Solche Maßgaben liefen meinem Verständnis von Organisation, Führungsqualität und Führungskräfteentwicklung schon damals zuwider. Ich trat 1983 meinen Posten bei der MTU mit innerem Stolz und ehrgeizig an, in meiner Außenwirkung als erfolgreicher und begabter junger Daimler-Benz-Manager eingeschätzt, unverdrossen und wie immer hoch motiviert. Früh erkannte ich, dass bei der MTU als Produktionsunternehmen die Meister- und Vorarbeiteraus- und -weiterbildung, aber auch die Werkstattzirkel und die Ausbildung der Moderatoren essenziell wichtig ist. Aber diese erste Erkenntnis führte mich auf einen zunächst recht dornigen Weg, auf dem ich die Tugenden der Bescheidenheit, der eisernen Disziplin des Dienens für die Sache lernte. Dieser Lernprozess wurde – für mich heute noch prägend – in einem eher randläufigen Ereignis manifest. Drei- bis viermal in der Woche nahm ich morgens um 6.30 Uhr die Vorbereitung der Seminare für Meister und Vorarbeiter in die Hand, während ich abends von 17 bis 20 Uhr die Ingenieurweiterbildung betreute. Morgens indessen mochten die Teilnehmer natürlich erst mal gerne einen Kaffee trinken, weswegen ich den Kantinenwirt der MTU München darum bat, uns jeweils einige Kannen mit Kaffee zuzubereiten und diese in die Seminarräume zu bringen. Diese Seminarräume allerdings waren in einem entlegenen Bereich des Werksgeländes angesiedelt. Der Kantinenwirt beschied mich nur barsch mit den Worten: »Ich bin doch kein Transporteur!« Seine Dienstleistungsbereitschaft bewegte sich nur in sehr engen Grenzen.

Was also tun? Ich besorgte mir ein Firmenfahrrad und bat die Instandhaltungsabteilung, mir einen stabilen, hölzernen Kasten für dieses Fahrrad zu bauen und überm Hinterrad zu befestigen, in dem man die großen Kaffeekannen aus der Werkskantine den einen Kilometer zum hinteren Teil des Werksgeländes in die Seminarräume befördern könnte. Gesagt, getan. So wurde ich dreimal die Woche zum Kaffeespediteur für meine Bildungsbefohlenen. Und dazu mit der Frage mancher Kollegen konfrontiert, ob solch eine Tätigkeit eigentlich eines leitenden Angestellten würdig sei. Aber sicher, sagte ich, und sage es bis heute! Führen bedeutet immer auch Dienen. Davon wird in den nächsten Kapiteln noch ausführlicher die Rede sein. Aber nur kurz noch dieses: Ich habe mir auch viele Jahre später und in Vorstandspositionen nie die Taschen von Assistenten oder sonstigen fleißigen Helfern tragen lassen, auch wenn ich dann eine Vielzahl davon zur Seite hatte. Mein Standardspruch an meine Assistenten lautete: Sie werden fürs Denken bezahlt, nicht fürs Koffertragen.

Nicht nur, aber auch aus dieser Kaffeekannendienstleistung bei der MTU heraus habe ich damals, Anfang der achtziger Jahre, die Kraft eines noch größeren Zukunftsbildes gespürt: Ich wollte die beste und fortschrittsfähigste Personalentwicklung in Deutschland aufbauen. Und ich wusste, bei der MTU könnte das gut gelingen, zumal ich da ja auf bisher ödem personalpolitischem Brachland antreten durfte, um etwas Neues zu errichten.

Zuvor galt es, noch eine kleine personaltechnische Hürde in meiner gerade mal zwei Mann inklusive mir und einer Frau großen Abteilung zu überwinden. In dieser Abteilung arbeitete neben meiner tollen Sekretärin und späteren Ausbildungsleiterin auch ein liebenswürdiger, aber leistungsschwacher Mitarbeiter, ein Einserjurist zwar, bei dem ich aber schon länger den Verdacht hegte, dass er ein Alkoholproblem haben müsse. Eines Tages meldete er sich krank, er sei zu Hause durch eine Glastür gestürzt. Seine Abwesenheit zwang mich, Einblick in seine laufenden Vorgänge zu nehmen – ein folgenschweres Unterfangen. In seinem Büro stapelten sich jahrelang nicht bearbeitete Anträge auf Weiterbildung auf dem Schreibtisch. Und aus diesem Schreibtisch, den ich in jäher Verzweiflung über diese Schlamperei aufzubrechen wagte, kullerten Schnaps- und Weinflaschen heraus. Der Werksarzt und ich boten dem Mitarbeiter an, eine Entziehungskur anzutreten, aber der lehnte das ab. Also war die Kündigung unausweichlich. Mir tat das sehr weh, weil ich eigentlich auf Einsicht von Mitarbeitern setze. Immerhin kann ich die Anzahl der von mir in 40 Jahren initiierten Kündigungen fast an einer Hand abzählen.

Mit Werner Plumeier, den ich mir als Nachfolger aussuchte, bekam ich einen guten Mitarbeiter an die Seite. Unser Dreier-, später um Brigitte Bauer erweitertes Viererteam hat dann mit externer Berater- und Trainerunterstützung die innovativsten und systematischsten Personalentwicklungsstrategien und -konzepte erarbeitet. Das war ja, seit meinem Einstieg bei Daimler, mein Credo: Unter dem jeweils Bestmöglichen wollte ich es nicht machen!

Aber diese Ambition zahlte sich aus. In meinen sieben Jahren bei der MTU in der Personal- und Organisationsentwicklung habe ich eine personalpolitische Stringenz und Höherentwicklung mitgestalten dürfen, in der eine Riesenfülle von Bildungs-, Personal- und Organisationsentwicklungsthemen nicht nur in Angriff genommen, sondern auch systematisch zusammengefügt wurden: Werkstattzirkel, lebenszyklusorientierte Personalentwicklung, Führungskräfte als Coaches in Fördernetzwerken, mehrstufige Initiativen zur Führungskräfteentwicklung mit integrierten Beobachtungssequenzen und vieles andere mehr. Das alles wurde in den neunziger Jahren zum Standard in Deutschland, war jedoch Ende der achtziger Jahre noch avantgardistisch und richtungsweisend. Und es war einerseits eingebettet in die Herausforderungen der Unternehmensentwicklung – von Strategie sprach ich damals noch selten – und andererseits in den Kontext humanistischer Potenzialentfaltung.

Diese unsere vereinten Anstrengungen mündeten in das 1989 erschienene und von meinen Teammitgliedern mitgeschriebene Buch *Innovative Personalentwicklung. Grundlagen, Konzepte, Erfahrungen.* Das schlug in der nach wie vor inhaltlich und strukturell verkrusteten Personalerszene der Deutschland AG ein wie eine Bombe. Es hatte vier Auflagen und wurde sogar Lehrbuch an Hochschulen. Alsbald, nach Erscheinen des Buchs, galt ich mit meinen innovativen Ansätzen als »Papst der Personalentwicklung«. Wer sich noch erinnert an meine Anfänge im schwäbischen Munderkingen, als meine Oma mein geliebtes rotes Schultertuch damals mit den Worten »Du wirst noch mal Papst« kommentierte, nun ja: Da war er, der Papst – allerdings im profanen Gelände der unternehmerischen Bildungsarbeit. Dass die MTU auch mit meiner Karriere ziemlich profan umging, sei an einer anderen Erfahrung illustriert.

Ich veranstaltete regelmäßige Gesprächsrunden mit den Geschäftsführern in unseren Förderprogrammen. Zu einem dieser Abende kam der Vorsitzende selbst, Hans Dinger. Er begann das Gespräch, indem er von Ausflügen mit seinem Hund berichtete. Nach einer halben Stunde war er immer noch bei diesem Thema. Meine Teilnehmer begannen, unruhig zu werden, und schauten mich auffordernd an. Nach einer guten Dreiviertelstunde unterbrach ich Dinger während einer Redepause und fragte ihn, um langsam auf unser Thema überzuleiten, was man denn für die Führung von Menschen vom Führen eines Hundes lernen kann. Dingers Hals, der allemal schon zwischen den Schultern verschwand, schwoll noch einmal an. Er schaute mich mit kaltem Blick an und fuhr fort, vom Hundeführen zu dozieren.

Zwei Monate später erhielt ich den Anruf, ich möge am Freitag um 16 Uhr in Dingers Büro kommen. Mit banger Vorahnung machte ich mich auf den Weg. In seinem Büro sagte er mir mit, nun ja, glasigen Augen, Herr Sattelberger, ich storniere Ihre Ernennung zum Hauptabteilungsleiter. Wer so provozierende Fragen stellt, ist einer oberen Führungsposition nicht würdig. Mit diesen Worten entließ er mich.

Hier war sie wieder, die berühmte Grenze, die andere errichten und befestigen und jede Grenzverletzung sanktionieren. Diese Geschichte wurde bei der MTU noch Jahre später erzählt, als Beispiel dafür, wie es einem forschen Nachwuchsmann gehen kann, wenn er die Etikette verletzt. Und die Etikette verstand sich von selbst: Ein Mächtiger erzählt seine Geschichten so lange, wie er will – auch wenn sie nicht das Allergeringste zur Wahrheitsfindung oder zum Fortschritt beitragen.

Nun denn. Das oben erwähnte Buch über Organisationsentwicklung widmete ich übrigens Günter Welsch, der mich zur MTU geholt hatte. Mit diesen einleitenden Worten: »Herrn Günter Welsch von seiner Bildungsabteilung gewidmet. Er war unser Mentor. Die Zukunft des

Unternehmens und der darin arbeitenden Menschen vor Augen, hat er Personalentwicklung mit Rat und Tat gefördert.« Kurz: Ohne Günter Welsch hätte ich wahrscheinlich im riesigen Daimler-Konzern nicht die Chance erhalten, Personalentwicklung so neu und auf regelrechtem Brachland aufzubauen. Und ohne meine Courage, unbekanntes Terrain zu betreten, ebenso wenig. Welsch brachte mir übrigens auch die preußischen Tugenden der Pünktlichkeit und Sorgfalt bei. Ich kam eines Tages fünf Minuten zu spät zur Rücksprache, wollte eilends sein Büro betreten, da sagte er: »Bleiben Sie im Türrahmen stehen, wenn Sie zu spät kommen, dann rede ich mit Ihnen auf Distanz.« Ich stand eine Stunde lang im Türrahmen.

Ein anderes Mal erhielt ich eine erzieherische Lektion in Sachen Kontrolle und Präzision. Eines Tages war ich voller Stolz, dass alle Bildungsleiter der Daimler-Benz-AG nach München kamen, um die MTU kennenzulernen, aber, noch wichtiger, um sich persönlich davon zu überzeugen, was der »Innovator Sattelberger« da so machte. Ich hatte tags zuvor den Werksschutz gebeten, die Eingangsschranken am Tag der Veranstaltung zu öffnen, sodass die Kollegen ihre Autos nicht draußen parken und den langen Weg zum Bildungsbereich zu Fuß absolvieren mussten. Am nächsten Tag, Günter Welsch war natürlich zur Begrüßung und Eröffnung eingeladen, standen wir im großen Veranstaltungssaal und harrten der Ankunft unserer Gäste. Um zehn Uhr sollte die Tagung beginnen, um 10.20 Uhr sahen wir, wie sich die ersten Bildungschefs des Konzerns im grauen Nieselregen und zu Fuß mit ihren Koffern dem Gebäude näherten. Welsch schaute mich an und fragte: »Haben Sie dem Werksschutz nicht gesagt, dass er die Teilnehmer bis vors Gebäude fahren lassen sollte?« »Aber sicher, gestern«, antwortete ich. Darauf Welsch: »Haben Sie das heute Morgen auch wiederholt?« Ich: »Nein.« Welsch: »Ihre Anweisung ist offensichtlich im Übergabeprozess der Werksschutzschichten verloren gegangen. Das, lieber Herr Sattelberger, müssen Sie bedenken: Sie hätten erstens noch einmal sicherstellen müssen, dass die neue Werksschutzschicht Bescheid weiß, und zweitens hätten Sie vorne am Firmentor stehen sollen, um die Teilnehmer zu begrüßen.«

Na toll: Ich hatte glänzen wollen, stand jetzt aber da wie ein Depp. Welschs Hinweis brannte wie Feuer auf meiner Haut. Welsch hat mich nicht nur die Disziplin der Pünktlichkeit gelehrt, indem er mich seinerzeit eine Stunde lang in der Tür seines Büros stehen ließ. Er gab mir in diesem Fall eine lehrreiche Lektion darüber, was es heißt, Qualität durchgängig durch die gesamte Prozesskette zu sichern. Aber nicht, dass die geneigten Leser denken, Welsch habe mir tagaus, tagein Lehren dieser Art verpasst, es waren in diesen sieben Jahren gerade mal eine Handvoll. Aber in ihrer von mir geschilderten Art so wirksam, dass sie bei mir für alle Zukunft nachhaltig haften blieben. Das bekräftigt auch meine Auffassung, dass wesentliche Lernprozesse und Prägungen nicht nur in frühkindlichem Alter, sondern weit ins Erwachsenenleben hinein möglich sind. Bedeutsames Lernen gerade in den späten Jahren geschieht, wenn nicht über krisenhafte Erschütterungen, meist durch Reflexion oder Hinweise wichtiger Mentoren, wie hier Günter Welsch und später Heiko Lange bei der Lufthansa es für mich waren.

Die Personalarbeit wird, je nach Kultur, alteingefahrenen Strukturen und Denkmustern von Unternehmensorganisationen oder neuen, zukunftsorientierten Anstrengungen dieser Organisationen, immer nur das Konstrukt des jeweils zugrunde liegenden Menschenbilds sein und bleiben. In meinem Buch *Innovative Personalentwicklung* habe ich diesen Grundwiderspruch im Menschenbild und im Führungsverständnis von Unternehmen so bezeichnet:

»Die Frage, ob Menschen sich entwickeln, oder noch härter: sich entwickeln lassen, ist fast eine philosophische. Hier stehen sich nach wie vor zwei Auffassungen gegenüber.

Einerseits: Er hat's.
Es gibt geborene Führer und geborene Nichtführer.
Es gibt Gute und Schlechte.
Es gibt Passende und Nicht-Passende.

Andererseits: Er wird's.
Führung ist erlernbar.
Jeder kann gut werden.
Jeder kann sich anpassen.

Unternehmen, die die erste Auffassung vertreten, setzen Priorität auf das Auswahlsystem; Unternehmen, die die zweite Auffassung bevorzugen, auf das Entwicklungssystem.
In dieser Frage plädiere ich für den goldenen Mittelweg. Entwicklungs- und Auswahlsystem können ohne wechselseitige Befruchtung jeweils nur suboptimal funktionieren. Die häufig zu findende funktionale Trennung in eine klassische Personalabteilung, die zusammen mit der Linie Auswahl betreibt, und eine Bildungs- oder Personalentwicklungsabteilung, die für die Förderung und Qualifizierung zuständig ist, scheint dysfunktional und Personalarbeit in ganzheitlichem Sinne eher einzuschränken und zu schwächen. Geistig prägend für die Arbeit von Personalleuten sollte aber der Entwicklungsgedanke sein. Denn nur durch die Entfaltung, Bewusstwerdung Veröffentlichung und Freilegung der menschlichen Potentiale wird ein Unternehmen die Zukunft meistern können.«
Das waren zwar wichtige Erkenntnisse, die damals sozusagen freudestrahlend rezipiert wurden, aber die Unternehmenspraxis ging recht unterschiedliche Wege.
In Deutschland krebste der Personalbereich in vielen Unternehmen – methodisch unterentwickelt und geschäftlich irrelevant – an der Peripherie der Organisation herum, abgekoppelt von denen, die in den Unternehmen Macht hatten und ausübten. In einigen wenigen Unternehmen entwickelten sich quasi basisdemokratisch oder entlang der Prinzipien der Organisationsentwicklung neue Unternehmenskulturen. Die waren jedoch nicht nachhaltig genug, um über die aktive Zeit des jeweiligen Machtpromotors hinaus zu überdauern.
In den USA hingegen entwickelte sich der Trend, »Human Resources Development« einseitig als Exekutionsmaschinerie der Geschäftsstrategie anzulegen. Das hat sich, Ende der achtziger Jahre beginnend,

am exzessivsten bei General Electric unter dem CEO Jack Welch gezeigt. Bei GE diente die gesamte Personal- und Organisationsentwicklung dazu, die Effizienz- und die Markteroberungsstrategie des Konzerns weiterzutreiben. Anfänglich war ich von der Geballtheit, Fokussiertheit und Topmanagementgetriebenheit des Ansatzes fasziniert. War es doch das allererste Mal, dass Leadership-Training mit Geschäft so eng verbunden wurde. Dutzende der besten Business-School-Professoren und Transformationsberater weltweit waren im GE-Unterstützungsnetzwerk. Doch gleichzeitig hegte ich eine untergründige Skepsis ob der proklamierten Allmächtigkeit dieses Ansatzes und angesichts der diktatorischen Züge dieses »Iron Jack« Welch. Mein Ideal hingegen war es, immer zwei Stränge zu verfolgen, nämlich in einer Art Matrix von Potenzialorientierung und Geschäftsentwicklung eine Synthese, zumindest aber Ausgewogenheit anzustreben. Personalentwicklung nach dem GE-Prinzip hingegen fragte lediglich danach, wie Menschen formiert, normiert, abgerichtet, sozusagen »bekehrt« oder »evangelisiert« werden können, damit sie der Geschäftsstrategie entsprechen. Die GE-Kernfrage und die vieler anderer, vor allem angelsächsischer Unternehmensadepten lautet immer gleich: Wie muss Strategie von oben nach unten kaskadiert werden, damit die Organisation reibungslos und wie geölt in die richtige Richtung marschiert? Die Kaderschmiede von GE in Crotonville, dem Managementtrainingscenter des Mischkonzerns, war damals Vorbild und Symbol für diese geölte Personalentwicklungsmaschinerie. Übrigens: Heute, mehr als zwei Jahrzehnte später, singen immer noch viele Personalleute dieses unterwürfige, am strategischen Bedarf orientierte Lied der Personalarbeit. Obwohl Strategien inzwischen meist häufiger gewechselt werden als Unterhosen.

Der andere Weg der Personalentwicklung verfolgte den Kurs, dass beiden Seiten professionell gedient werden müsse. Das war immer mein Weg gewesen. Dritte wiederum verfolgten die Richtung, das »edle« Thema Lernen vom »schnöden« Thema Karriere zu entkoppeln. Daraus entstanden dann getrennte Abteilungen einmal für Führungskräfteplanung und -entwicklung, die sich nur dem Individuum mit seinen Karrierewünschen beziehungsweise Karriereschritten im Rahmen der Nachfolgeplanung widmeten. Zum anderen gab es Trainingsabteilungen, die sich einer Förder- und Lernkultur widmeten. Meiner Überzeugung nach waren das dennoch nie Gegensätze, sie sollten in der Praxis immer gemeinsam, also integriert betrachtet werden. Doch meist hat sich der Taylorismus durchgesetzt.

Bei aller Fortentwicklung und Differenzierung der Personalentwicklung hat mich mein uraltes Thema aus frühen APO-Zeiten und Daimler-Erfahrungen nie losgelassen. Das lautete wie gesagt: Emanzipation, Freiheit und dann Selbststeuerung, gekoppelt mit dem Erzielen von Selbstbewusstheit und Mündigkeit – eben: »Life-Styling«. So wie ich es auch später wieder, 1997, in einem Beitrag für die »European Foundation for Management Development« (EFMD) mit dem Titel *Liberating Talent* schrieb. Das könnte man mit »Befreiung des Talents« oder im wahrsten Wortsinne mit »Entfesselung von Talent« übersetzen. Damit meine ich, dass selbstbewusste, unternehmerische Persönlichkeiten ihre berufliche Entwicklung selbst in die Hand nehmen müssen und es auch dürfen sollten. Das ist keine Quadratur des Kreises, sondern ein Ideal, von dem ich mich trotz aller Irrungen und Wendungen immer leiten ließ. Als eine Art Fixstern, der mir half und hilft, mich in meiner Arbeit zu justieren; stets geleitet von der Frage, wie ich zwei unterschiedliche Zielsetzungen – gute Unternehmensentwicklung hier, persönliche und berufliche Entfaltung dort – in einen balancierten Kontext bekomme. Das Interesse des Menschen, sich weiterzuentwickeln, läuft ja nicht zwingend konform mit dem Interesse einer mächtigen Organisation, sich zu erhalten. Ganz im Gegenteil, wie ich es persönlich bei der MTU und in späteren beruflichen Situationen beobachten konnte: Organisationen und ihr Werkzeug Personalentwicklung sind oft klonende Sozialisationsapparate. Gerade große Bürokratien wollen und schätzen es, die Menschen zu normieren. Und wie viele Nachwuchs- wie Führungskräfte lassen sich mit der Hoffnung auf Gold, Weihrauch und Myrrhe in Zwangsjacken stecken? Nach einer kurzen Etappe 1989 bei Mercedes-Benz in der Internationalen Vertriebsorganisation hörte ich, dass das, was schon länger gemunkelt wurde, Wirklichkeit werden sollte: Aus Daimler-Benz sollte der »integrierte Technologiekonzern« Daimler-Benz mit Weltgeltung werden, unter dem Stern sollte sich deutsche Spitzentechnologie versammeln, zu Wasser, zu Land und in der Luft. Damit verbunden war die Gründung der Daimler-Benz Aerospace AG (DASA). Das bedeutete eine große Transformationsherausforderung, was die Verschmelzung vier verschiedener, bisher teils konkurrierender Luft- und Raumfahrunternehmen anbetraf: MTU, Dornier und Telefunken Systemtechnik. Wenige Monate später kam auch noch der Rüstungskonzern Messerschmitt-Bölkow-Blohm hinzu, und damit war der mit Abstand größte Luft- und Raumfahrtkonzern Deutschlands mit 70 000 Mitarbeitern geschaffen.

Das fand ich sehr spannend, und ich warf meinen Hut in den Ring. Hartwig Knitter, designierter Personalvorstand der DASA, nominierte mich tatsächlich als seinen Mann. Doch dann erfuhr ich zufällig, dass Karl Dersch, Vertriebschef der DASA, sein Veto eingelegt habe. Warum? Weil ein Kriegsdienstverweigerer wie ich für eine solche herausragende Aufgabe charakterlich nicht geeignet sei. Bestürzt rief ich meinen Mentor Günter Welsch an und bat ihn um Rat und Hilfe. Welsch wiederum telefonierte mit Knitter und stärkte ihm den Rücken. Wenn er jetzt schon beim ersten Mal gegenüber seinem Vertriebskollegen Dersch schwach werde, dann sei das der Beginn ständiger, weiterer Versuche, ihn zum Einknicken zu bewegen.

Im DASA-Vorstand wurde diese Causa offenbar besprochen, und Jürgen Schrempp selbst übernahm es, ein abschließendes Gespräch mit mir zu führen. Schrempp war von 1989 bis 1995 ordentliches Vorstandsmitglied der Daimler-Benz AG und Vorstandsvorsitzender der Daimler-Benz Aerospace AG. 1995 wurde er Nachfolger von Edzard Reuter als Vorstandsvorsitzender der Daimler-Benz AG. Unser Gespräch fand in der neuen Konzernzentrale in Stuttgart-Möhringen statt, und zwar auf den Stufen der großen Halle. Dort hatten wir einen mehr als einstündigen Austausch, in dem ich auch offen über die politischen Überzeugungen meiner Jugendjahre und über meine Erfahrungen sowie mein Wirken bei Daimler-Benz und bei der MTU sprach, inklusive der Konflikte, die ich erlebt und ausgestanden hatte. Schrempp amüsierte sich köstlich über die Geschichte mit Hans Dingers Hund und klopfte mir anerkennend auf die Schulter. Da wusste ich, meine Anstellung bei der DASA war hiermit so gut wie besiegelt, mein Thema Kriegsdienstverweigerung war damit erledigt. Nicht zuletzt war Schrempp ja als Haudegen bekannt, und ihm hatte meine unerschrockene Art wohl imponiert. Und ich dachte: Was für ein offener, geradliniger Anführer! Dersch musste übrigens wegen Hissens der Reichskriegsflagge in seinem Garten später den Hut nehmen, wobei es ein viel zitiertes Gerücht ist, dass Schrempp so seine Bestellung zum Vertriebsvorstand der Daimler-Benz AG verhinderte.

Ich kam also zur DASA. Damals fand ich die Vision des Daimler-Vorstandsvorsitzenden Edzard Reuter vom integrierten Technologiekonzern begeisternd. Sie war ohnegleichen. Nach meinem Verständnis deutete sich hier zum allerersten Mal an, dass sich ein großes, bisheriges Automobilunternehmen komplett transformieren wollte und sollte. Im Hintergrund standen ja auch die Studien des Club of Rome, die uns schon 1972 die Endlichkeit der natürlichen Ressourcen, der fossilen Energiequellen, vorausgesagt hatten. Bereits damals lautete eine der vielen Fragen des Club of Rome: »Is there a life after car?« Der Gedanke, Industrie- und Automatisierungstechnik einer AEG, Hightech der deutschen Luft- und Raumfahrtindustrie und das Thema Mobilität durch das Auto zusammenzuführen, war ein grandioser strategischer Wurf, der als Vision genauso grandios an der Praxis gescheitert ist. Aber der Versuch war im Kern durch und durch unternehmerisch. Und Edzard Reuter war ein durch und durch mutiger Unternehmer.

Die großen Aufgaben in dieser DASA waren also, nicht nur das Unternehmenskonglomerat kulturell zu befrieden, sondern auch Unternehmertum in einer durch Cost plus-Preise der Rüstungsindustrie an das Verteidigungsministerium geprägten Welt zu entwickeln. Natürlich ging es um die strukturelle Verzahnung und schließlich darum, auf der geschäftlichen Seite synergetisch Erfolg zu erzielen.

Das war für mich als immer noch einigermaßen jungen, gerade 40 Jahre alten Menschen eine der bisher spannendsten Aufgaben. So wie damals als Austauschschüler in den USA fühlte es sich für mich an wie ein Ausbruch aus meiner alten, engen Daimler-Bildungswelt. Ich sollte mithelfen, eine neue, synergetische Kultur zu formen, die offen für transeuropäische Bündnisse sein würde. In der meine stärkste Kompetenz, nämlich Personal- und Organisationsentwicklung, als Hebel nutzen würde. Das ging weit über mein bisheriges Gesellenstück Personalentwicklung bei der MTU hinaus, hier sollte Personalentwicklung als Hebel für etwas weitaus Größeres dienen. Erstens für die Transformation dieses Konzerns von damals 70 000 Beschäftigten nach der Fusion zu einer neuen Einheit, in der sich die DASA als »Global Player« mit und gegen andere europäische Hersteller wie Aérospatiale, Matra, Dassault oder British Aerospace als relevanter Spieler behaupten wollte.

In dieses Integrationsprojekt eingebettet war als wegbegleitendes Kulturthema »Unternehmer im Unternehmen«. Das klang für mich wie die »Befreiung von Talent« – »Liberating Talent« –, das durch alte, nicht unternehmerische Strukturen und monopolistische, marktfremde Kultur verschüttet war. Die Bildung von Produktzentren aus monolithischen Strukturen heraus war Ausdruck der neuen Philosophie, die viele Mitarbeiter motiviert begrüßten. Zudem entsprach es auch dem Zeitgeist, nicht nur dezentral, sondern auch transparent und ergebnisorientiert, also profitabler zu führen.

Ich entwickelte damals mit einer sehr begabten Mitarbeiterin, Patricia Boehm-Tettelbach, ein einjähriges Unternehmerentwicklungsprogramm, durch das nicht spröde Profitcenter-Manager gefördert werden sollten, sondern echte Intrapreneure. Noch Jahre nach meinem Weggang bei der DASA fanden die Programme jedes Jahr statt. Ich wage die Behauptung, dass diese Initiative noch heute, mehr als 20 Jahre später, in vielen Unternehmen Standards setzen würde, da sie nicht nur Geschäftsverantwortliche an komplexen Echtzeitfällen strategisch herausforderte, sondern gleichzeitig Impulse für das Entwickeln der eigenen Unternehmerpersönlichkeit gab.

Das Motto »Unternehmer im Unternehmen« hatte Jürgen Schrempp ausgegeben, aber es erwies sich im Nachhinein betrachtet zu meiner großen Bestürzung nur als Phrase. Er verfolgte ja seine eigene, verborgene Agenda, auf der das Prinzip Gehorsam, ja, letztlich leibeigenes Vasallentum an oberster Stelle stand. So kann eine tolle Förderinitiative zum Alibi oder Machtinstrument verkommen. Daraus habe ich für die Zukunft meine Lehren gezogen. Ich kenne viele, nicht nur Personalbereiche, die sich bei Antritt eines neuen Vorstandsvorsitzenden ähnlich instrumentalisieren lassen. Da man sich zu Beginn für Drehbuch und Regie auf der Vorderbühne begeistert und die Regie auf der Hinterbühne schlecht erkennen kann, empfiehlt es sich, kritischen Diskurs und persönliche Reflexion – sozusagen als Antivirus – fest in der eigenen Agenda zu verankern. Und zudem auf zu euphorische Ankündigungsrhetorik und auf Huldigungen an den neuen Anführer zu verzichten.

In der weiteren praktischen Arbeit bei der DASA stand ich vor der Frage, wie wir verschiedene Organisationskulturen verzahnen konnten, ohne dass es sich als imperialistisch aufoktroyierte Übernahme ausnehmen würde. Auf der anderen Seite hieß es, den neuen Konzern aus Dornier, MTU, MBB und TST (Telefunken Systemtechnik) schneller, wendiger, unbürokratischer und vor allem kooperationsfähiger zu machen. Wir haben in der Personalentwicklung damals transnationale Kooperationsweichen gestellt. In Toulouse etwa bauten wir die »European School for Aeronautical Sales and Marketing« auf, mit der ein späterer Merger zur EADS prototypisch und für den Vertrieb schon einmal vorausgedacht wurde. Oder wir haben das »European Consortium for Advanced Training in Aerospace« gegründet. Alles dem Grundgedanken geschuldet, in der Managementausbildung europäische Kooperationsfähigkeit zu antizipieren.

Damals, Anfang der neunziger Jahre, hatte ich noch längst nicht verstanden, dass es eben diese zweite »hidden agenda«, diese Hinterbühne hinter der Rhetorik des integrierten DASA-Gebildes unter Führung von Jürgen Schrempp gab. Auf dieser seiner Agenda stand schon früh eine ganz andere Zielsetzung: Wie kann ich mich als DASA-Chef so profilieren und positionieren, damit ich eher über kurz als über lang Daimler-Benz-Vorstandsvorsitzender werde? Das war seine persönliche Agenda, die für ihn Priorität vor den eigentlichen, anhängigen, geschäftlichen Themen besaß. Für solche schremppschen Ambitionen bedurfte es natürlich keines »Unternehmers im Unternehmen«, sondern, wie gesagt, widerspruchloser Gefolgsleute. Unternehmer im Unternehmen? Im Gegenteil: Wer Widerspruch einlegte, wurde sozusagen an die Wand gestellt, also attackiert, entlassen, kaltgestellt – oder geködert. Böse Zungen behaupten, dass Teile der Personalfunktion viel Zeit darauf verwandten, nicht nur Schrempps Opfer zu verarzten, sondern auch seine Mätressen zu entsorgen.

Wie Unternehmen und ihre Personalfunktionen auf der Hinterbühne agieren, mag diese kleine Anekdote illustrieren: Mein damaliger Vorgesetzter Josef Kind, der später Direktor »Personalpolitik« bei der DASA wurde und darauf Präsident bei EADS Space Transportation, sah mein Wirken bei der DASA mit äußerstem Unbehagen. Er war ein ziemlich opportunistischer, glatt geschliffener, hochgewachsener Manager, der sich eher durch gefällig-biedere Anpassung als durch personalpolitische Innovation hervortat. Eines Tages rief mich ein Berater des Münchner Consulting-Unternehmens Roland Berger an, der unter anderen auch Kind in der DASA beriet, und lud mich zum Mittagessen ein. Ich dachte an nichts Böses und freute mich auf ein munteres Gespräch. Während des Essens eröffnete mir mein Lunchpartner, dass nicht nur er, sondern auch DASA-Manager mich eher in der Unternehmensberatung sähen, weniger in einer Linientätigkeit im Personalmanagement. Ich sei doch sehr kreativ und konzeptionell begabt, mit meinem Stil aber ecke ich leider an. Auf Nachfrage bestätigte er dann schließlich, dass ihn Kind geschickt habe, damit er mir diese Botschaft übermittle. Ich hörte das mit Interesse und dachte bei mir: Was für einen netten Vorgesetzten habe ich doch! Und wie toll ist die Feedbackkultur des Hauses! Schrempp und Knitter sprachen von guter Streitkultur, sozusagen auf der kulturellen Vorderbühne, und hintenherum wird am Stuhl gesägt und gemobbt. Schrempp konnte ohne Speichellecker nicht regieren, er zog sie heran und fütterte sie. Josef Kind ist übrigens für mich der Prototyp von Manager, der nur deswegen »Kurienkardinal« wurde, weil er in den »vatikanischen Gemächern« geräuschlos ein- und ausgehen konnte und als Briefträger fungierte.

Ob zu meiner eigenen Schande oder zu meiner eigenen Ehrenrettung: Ich habe mehrere Jahre lang bei der DASA diese Hintergrundkulisse Jürgen Schrempps in ihrer Schärfe nicht durchschaut, war sogar so etwas wie sein Kultur- und Propagandaminister. Ich habe schon verstanden, dass er damals nach noch Höherem strebte, aber das ist ja von vornherein nichts Ehrenrühriges oder etwas, das man einem karriereorientierten Aufstiegswilligen vorwerfen müsste. Ganz im Gegenteil. Aber ich habe damals eines lange nicht begriffen in Schrempps diktatorialem Management: dass er die Interessen des Unternehmens seinen eigenen, persönlichen Karriereinteressen hintangestellt hat. So etwas war in meiner idealen Organisationsentwicklungswelt zu beiderseitigem Vorteil nicht vorgesehen. Wenn eine Organisation auf den Machterhalt und auf den Machtzugewinn des Vorstandsvorsitzenden ausgerichtet wird, degeneriert sie alsbald in Richtung einer Anpassungskultur mit Höflingen, ja Speichelleckern wie am Hof Ludwigs des XIV. Und ich als Hofnarr mittendrin. Schrempp steht für mich als Prototyp des machtversessenen und gleichzeitig verführenden Konzernchefs. Wenige in der DAX-30-Welt sind in ihrer Verführungskunst so gut wie er. Ihnen fehlte und fehlt die persönliche Magie. Sie sind sozusagen nur Trockenobst.

In der Retrospektive war ich damals, Ende der achtziger, Anfang der neunziger Jahre, für Schrempp ein kleiner bis mittelgroßer Wicht, eine Art nützlicher Idiot. Eingehüllt in eine visionär-strategische Wolke vom »Integrierten Technologiekonzern« einerseits und »DASA als Global Player« andererseits habe ich versucht, mein gutes Werk am Leitmotto »Unternehmer im Unternehmen« zu verrichten. Was ja realpolitisch auch nicht schlecht war, da viele der Teilnehmenden an unseren Programmen gute Entwicklungen auch und gerade außerhalb des Konzerns einschlugen. Und die harte Integrationsarbeit war allemal zu leisten.

Erst im Laufe des Jahres 1992 habe ich auf den Fluren, in den Kaffee-
küchen immer lauter gehört: Ach der Schrempp, der handelt ja nur
aus seinen eigenen Interessen, dem geht es doch zuallerletzt um die
Innovationsfähigkeit dieses Luft- und Raumfahrtkonzerns. Dem geht
es nur darum, diese DASA schönzureden, sie den Franzosen aus-
zuliefern und, wie auch immer, geschäftliche Erfolge abzuliefern,
die ihm beim Aufstieg auf seiner ganz eigenen Karriereleiter nützlich
sind. Da hat er dann auch ganz gegen den Rat vieler Experten den
holländischen Flugzeugbauer Fokker – den er damals als sein »Love
Baby« titulierte – als ersten transnationalen Symbolkauf für dieses
neue Deutschland-DASA-Konglomerat an Land gezogen und eingekauft. Das sollte sein Meisterstück, die Eintrittskarte in die Daimler-
Spitze werden, für ihn als quasi unbezwingbaren und grandiosen Un-
ternehmenslenker. Ich war bei einem der letzten Telefonate Schrempps
vor Vertragsunterzeichnung mit dem damaligen Fokker-Chef Erik-
Jan Nederkoorn dabei. Anschließend schlug sich Schrempp auf die
Schenkel und brüllte: »It's done!«
Eine geraume Wegstrecke bin ich Schrempp gefolgt. Doch ich sah
jetzt zunehmend klarer. Ein Beispiel: In einem der von mir initiierten
»Strategischen Dialoge« bei der DASA im Frühjahr 1992 fragte ich
Schrempp: »Warum sprechen wir über uns nicht als einen Sanierungsfall, sondern bezeichnen uns stattdessen als einen erfolgreichen Global Player? Wir haben doch zu zwei Dritteln blutrote Geschäfte.« Er
schrie laut, ich solle nie mehr das Wort blutrot in den Mund nehmen.
Er führe keine Sanierungsfälle. Aber nicht nur Fokker, seine Eintrittskarte zur Daimler-Spitze, erwies sich wenige Jahre später als Milliarden-
grab. Das Muster wiederholte sich auch bei Chrysler und Mitsubishi.
Eines späteren Tages kamen dann zwei hochrangige DASA-Manager,
heute würde man sie »Top Potentials« nennen, in mein Büro. Einer
der beiden wurde kurz darauf von Schrempp befördert, dann ge-
schasst. Der andere hat noch heute eine Topposition bei Airbus Defence
inne. Auch sie Teilnehmer meiner Unternehmerentwicklungsinitia-
tive – also eigentlich Vertraute. Sie baten mich, ich möchte mich
künftig doch bitte ein wenig bremsen, nicht mehr so offenherzig re-

den und meine Kritik so klar kundtun. Wenn ich so weitermachte, verdürbe ich mir doch Geld- und Karriereperspektiven bei Daimler. Oder anders gewendet: Wenn ich nun endlich den Mund hielte und mich anpasste, könnte ich, wenn Schrempp dann bald in der Stuttgarter Daimler-Zentrale den Vorstandsvorsitz übernommen habe, eine fürstliche Belohnung erwarten.

»Wer hat euch beide denn geschickt?« Das war meine erste Frage damals. Keine Antwort. Das hat mich dann auch im Nachhinein noch schwer empört. Ich dachte, ihr beiden, ihr wart ja in einem Unternehmerprogramm, in dem wir über bewusstes Gestalten des eigenen Lebens, der persönlichen Karriere, über Werte reden und verhandeln. Und ausgerechnet ihr kommt zu mir als Unterhändler, um auch mich zum Opportunisten umzudrehen. Das hat bei mir zutiefst gebrannt in der Seele, auch lange danach noch.

Aber einem der beiden, der mich Jahre später anrief und um Rat fragte, als Schrempp ihn abgesetzt hatte, dem habe ich als Erstes gesagt: »Wir können gerne reden, aber erst sagen Sie mir, wer Sie damals geschickt hat.« Hat er dann auch eingestanden. Er sei damals aus dem engsten Umfeld Schrempps entsandt worden, um mich sozusagen zu pazifizieren. Will heißen, gewogen, gefügig zu machen, mit der Aussicht auf Gold, Weihrauch und Myrrhe.

Als ich gesehen habe, wie aus erwachsenen, klugen Menschen anpasserische Kreaturen wurden, die lieber vor einem Herrscher im Dreck liegen, sich für Geld und Karriere in diesem Schlamm nach vorne robben, hat mich das mit tiefer Verachtung erfüllt. Heute erkenne ich: Solche diktatoriale Führung kreiert zwangsläufig diese unterwürfigen Kreaturen. Unternehmen, wie gesagt, fordern immer ein gewisses Maß an Anpassung – das muss jeder vor Vertragsunterzeichnung wissen. Aber nicht in diesem diktatorischen Umfang und nicht so offen, so maß- und bedingungslos. Und wenn es von einem dann doch eingefordert wird, habe ich jede Freiheit, Nein zu sagen und für mich die entsprechenden Konsequenzen zu ziehen.

Böse Zungen behaupten, dass Schrempp über eine Art Unternehmensgeheimpolizei verfügte, die ihm half, Widersacher oder Opponenten auszumachen. Diese bösen Zungen sagen auch, dass er zum Beispiel vermeintliche Gesinnungsabweichler – etwa die frühere Assistentin des Fokker-Chefs Nederkoorn und später Schrempps Assistentin – bei einer Betriebsfeier unter Alkohol setzen und dann aushorchen ließ. Was solche alkoholisierten Zusammenkünfte anbetrifft, habe ich schon einiges am Rande miterleben müssen. Währenddessen verlor ich immer mehr den Respekt und die Ehrfurcht vor Schrempp, auch wenn er derjenige war, der mich seinerzeit zur DASA geholt hatte. Aber seine vermeintliche Größe als Führungspersönlichkeit schrumpfte für mich mit der Zeit auf ihr angemessen kleines Format.

Als wir eines Spätnachmittags in der Kellerbar des damaligen Bildungszentrums »Lämmerbuckel« der Daimler-Benz AG auf den Fildern bei Stuttgart zusammenstanden, Schrempp, einer meiner Führungskräfte und ich, diskutierten wir über drei Stunden lang das Thema: Wie steuert man ein Unternehmen? Welche Bedeutung hat dabei Profit alias Shareholder-Value? Darüber haben wir wirklich im guten Sinne gestritten. Schrempps Credo und Überzeugung war rigide: Shareholder-Value sei die einzige Steuerungsgröße eines börsennotierten Konzerns. Die Eigentümer sollten unumschränkte Macht darüber erhalten, dass aus diesem ihrem Eigentum das Maximum an Rendite herausgeholt werden könne. Ich fragte immer nur: Um welchen Preis? Und ist dieser Preis, den sehr wahrscheinlich die Beschäftigten und die Kunden zu zahlen haben, gerechtfertigt? Solche Fragen wies er schroff von sich. Das war auch eine interessante Form strategischer Dialoge: erst die Emissäre mit der Flagge der Anpassung in meinem Büro, dann ideologischer Klartext des Nachmittags in der dunklen Bierbar. Als er dann noch eine halb gare Kulturveränderungskampagne mit einem Laienschauspieler an der Spitze anstieß, war das Maß voll.

Von da an habe ich konsequent meinen Abnabelungsprozess eingeleitet und reichte, für mich äußerst schmerzhaft, meine Kündigung ein. Ich musste, ich wollte meine geliebte Firma Daimler-Benz nach fast 22 Jahren Unternehmenszugehörigkeit verlassen. Anfangs fühlte es sich an, wie wenn mein Herz herausgerissen würde. Unternehmen können einen psychisch so vereinnahmen, im guten und im schlechten Sinne so fesseln, dass man schon zu einer Art Co-Alkoholiker wird. Aber es ging für mich nicht anders.

Kurz nachdem ich meine Kündigung im Spätherbst 1993 ausgesprochen hatte, saß ich in meinem Büro, und das Telefon klingelte. Meine Sekretärin war nicht da, ich nahm also selbst ab: »Sattelberger«. Da brüllte es mir entgegen: »Du Arschloch! Was erlaubst du dir!« Dann folgte ein gewaltiger Wortschwall an Beschimpfungen auf der einen Seite und Beteuerungen auf der anderen, er, Schrempp, habe doch alles für mich getan.

Ich kam überhaupt nicht zu Wort. Da wurde Schrempp plötzlich ganz ruhig und sagte: »Warum sagst du nichts?« »Weil ich ja keine Möglichkeit habe, zu Wort zu kommen.« Darauf er: »Kann ich etwas für dich tun?« Er meinte mit dem Tun natürlich Geld, Position, Macht. Wahlweise Gold, Weihrauch, Myrrhe. Darauf ich: »Nein.« Dann er wieder: »Dann haben *Sie* eine unternehmerische Entscheidung getroffen.« Er wechselte also vom Du, mit dem er alle seine Bediensteten anzureden pflegte, zum Sie. Damit war das Kapitel DASA für mich abgeschlossen. Manfred Bischoff, zuerst Controlling-Vorstand, dann Nachfolger Schrempps im DASA-Vorstandsvorsitz, musste mit dem massiven Personalabbauprogramm Dolores dann quasi die Drecksarbeit machen, da sich Schrempp für Sanierung ja zu gut war.

Kapitel 3

1994 bis 2003: Lufthansa AG

DURCHSTARTEN AUS DEM TAL DER TRÄNEN

**Wie man ein ehemaliges Staatsunternehmen mit begeister-
ten Serviceprofis flügge macht und auch durch schwere
Branchenkrisen manövriert**

Der quälend lange Abschied von der DASA war mir sehr schwer gefallen. Aber durch meine Kündigung hatte ich mich schließlich dem
Gruppenzwang und der windschlüpfrigen Anpassung entzogen. Als
Quintessenz aus dieser Zeit möchte ich festhalten, dass es sich immer
bewährt, dass es sich immer auszahlt, der selbst definierten und damit subjektiven Linie der Wahrheit oder vielmehr der Wahrheitssuche
treu zu bleiben. Auch wenn es nach außen unpopulär und nach innen schmerzlich ist. Und mir ist bewusst geworden, dass Menschen
gut beraten sind, sich nicht zu Sklaven einer Konzernkarriere zu
machen. Am Schluss eines Lebens, auch eines Berufslebens, wird Bilanz gezogen: War ich Gefangener von erfüllten oder unerfüllten Auf-
stiegswünschen, hat mich das Unternehmen geistig kaserniert, welche
Hoffnungen und Träume habe ich auf dem Altar der Unterordnung

geopfert? Oder: Ich habe alles gegeben, doch das Unternehmen war wie ein Vampir, hat mich ausgesaugt, behandelte mich wie einen Menschen mit hündischer Loyalität. Das Modell der Konzernkarriere, das Konzept der unbedingten Loyalität, ist obsolet geworden, erstens, weil es die meisten Unternehmen in den neunziger Jahren aufkündigten, und zweitens, weil es Unternehmen unter den heutigen fragilen Bedingungen gar nicht mehr einlösen können, selbst wenn sie es wollten. Schließlich ist jeder ein Unternehmer der eigenen Talente und gewährt einem Unternehmen, das ihn gut behandelt, unter passenden Voraussetzungen ein befristetes Engagement. Mehr nicht. Für einen gewerblichen Arbeitnehmer ist so eine Herangehensweise fast unmöglich. Aber für einen guten Techniker oder Meister durchaus, erst recht für Führungskräfte. Aus abhängig Beschäftigten müssen und können selbstbewusste Talentkapitalisten werden.

In meinem Prozess der Abnabelung von der DASA wurde mir jedenfalls klar, dass ich mich aus dem engen Silo der Bildungs- und Personalentwicklungsarbeit lösen musste und breitbandiger aufzustellen hatte, um in einem Großkonzern mittelfristig die Position des Personalchefs ausfüllen zu können. Ich habe dann auch eine ganze Reihe einschlägiger Angebote bekommen, aber eben auf meinem angestammten Feld, oder hart gesagt: in meiner Nische. Inzwischen war es ja so, dass meine Bekanntheit in den fast fünf Jahren bei der DASA gewachsen war. Zudem hatte ich nach dem Standardwerk *Innovative Personalentwicklung* inzwischen, 1991, auch *Die Lernende Organisation* veröffentlicht, beides Renner der Szene. Doch bei all den Angeboten im Bereich Personalentwicklung dachte ich, das kannte ich schon und konnte ich schon. Ich wollte weiterkommen. Meine Karrierevision war jetzt Personalvorstand. Zwar bekam ich auch Angebote, die mir die Verknüpfung von Personalentwicklung und strategischer Unternehmensentwicklung ermöglicht hätten, aber die kamen für mich aus jeweils firmenspezifischen Gründen nicht infrage.

Ich bin dann 1994 dem Ruf der Lufthansa gefolgt, als Bereichsleiter Konzernführungskräfte und Personalentwicklung für die Kranichfluglinie tätig zu werden. Mit Heiko Lange, dem Lufthansa-Personalvorstand, hatte ich schon seit Jahren immer mal wieder Kontakt gehabt. Obendrein, dies nur am Rande, schickte die Lufthansa einmal ihren Betriebspsychologen aus ihrem Personalbereich zum Hineinschnuppern in unsere DASA-Welt – vordergründig wegen eines »Benchmarkings«, hintergründig zu meiner persönlichen Überprüfung. Der Besuch kam mir damals schon ein bisschen komisch vor, und wie ich später herausfand, hatte Lange diesen Experten nur entsandt, um nachzuforschen, ob der Sattelberger seine Arbeit auch ordentlich macht. Den Test bestand ich offensichtlich. Ende 1993 hatte sich Lange dann bei mir gemeldet und den Posten bei der Lufthansa angeboten. Ich nahm diese Offerte schon deswegen gerne an, weil Lange den Ruf eines substanziell und nachhaltigen Personalvorstands genoss und ich zum Zweiten aus dem engen Gehäuse Personalentwicklung herauskam und im Rahmen der Führungskräftepolitik mit wichtigen Fragen der Personalpolitik konfrontiert werden würde.

Zuvor musste ich allerdings noch den Messer- und Gabeltest beim Vorstand absolvieren, der aus Jürgen Weber, Finanzvorstand Klaus Schlede, Marketingvorstand Hemjö Klein und Heiko Lange bestand. Die Herren aßen genüsslich und stellten abwechselnd Fragen. Ich hatte behände zu antworten, aber nicht mit vollem Munde, und gleichzeitig den richtigen Gebrauch des Bestecks für die Scampi auf dem Teller zu demonstrieren. Nach den proletarischen Sitten bei Jürgen Schrempp wurde ich zum allerersten Mal mit dem Sinn von Habitus konfrontiert. Es ist das von jeglicher Professionalität losgelöste richtige Benehmen in höheren Kreisen. Auch das überstand ich wohlbehalten.

Aber zu welchem Preis? Das muss ich hier auch einmal erwähnen: Für den Wechsel zur Lufthansa verzichtete ich auf fast 20 000 D-Mark Gehalt im Jahr. Bei der DASA hatte ich zuletzt 194 000 Mark verdient, bei der Lufthansa 177 000. Heiko Lange bedauerte, mir nicht mehr anbieten zu können, aber die damaligen Entlohnungsstrukturen bei der Lufthansa ließen das leider nicht zu. Diese Differenz war damals schon eine Menge Geld. Und für einen Mann ist es noch etwas ganz besonders Gewöhnungsbedürftiges, ja fast eine Zumutung, auf Gehalt zu verzichten. Ein Mann glaubt ja, er müsse sich regelrecht für Geldentzug schämen, es fühlt sich für ihn fast an wie eine Kastration. Aber, das muss ich hinzufügen, für Geld und noch mehr Geld habe ich ohnehin nie gearbeitet. Das war dann seit meiner Berufung in den Lufthansa-Passage-Vorstand allemal Nebenprodukt – auch wenn mir der Verzicht in diesem Fall fast aus Machogründen schwerfiel.

Vom Geld einmal ganz abgesehen gehören zusätzliche »Epauletten« für viele Führungskräfte immer noch zur Standardausrüstung: die Größe von Autos und ihren Auspuffrohren, Gehaltssteigerung, Parkplatzberechtigung, englischsprachiger Supertitel, Bürogröße und -lage. Man sollte es nicht glauben, aber solche Gimmicks gehören immer noch zu den angeblich unverzichtbaren Insignien des Managermannes. René Obermann und ich haben uns später bei der Telekom die Zähne daran ausgebissen, Menschen von der Pseudowichtigkeit solcher angeblichen Machtinsignien zu überzeugen.

An der Lufthansa reizte mich aber, jenseits von Aufgaben und Chef, viel mehr, dass es wiederum ein Unternehmen in Transformation war. Weil mich eben solche Unternehmen besonders anziehen, die »nicht mehr«, aber auch »noch nicht« sind. Ich habe halt eine Nase für und eine Lust auf Transformation. Als ich zur Lufthansa kam, befand sich zumindest mein Personalbereich noch in einer Art Finanzamtsmentalität. Es waren immer solche unpopulären Sanierungsfälle, angefeindete oder kritisierte Markenfirmen, die mich anzogen, unter deren rostig gewordener Marke die gute Substanz durchschimmerte. Continental wurde als schwarze Reifenbude wahrgenommen, die DASA war eine gemiedene Rüstungsschmiede. Und als ich bei der Telekom anfing, handelte es sich um eines der am schlechtesten angesehenen Unternehmen der Republik.

Wenn es nach Veränderung riecht, dann bin ich da – wie magisch angezogen. In solchen Veränderungsprozessen kann man am meisten lernen und gestalten. Da ist Dynamik drin, da geht es nicht darum, den nächsten Zentimeter nach vorne zu schaffen, da geht es um einen echten Weitsprung. Das ist zwar schwieriger und anstrengender, aber nur so lernt man. Solche Unternehmen sind auch Prüfstände für komplexe Aufgaben. Firmen im Wandel sind nach meiner Erfahrung die besten Lernstationen, denn in exzellenter Routine lernt man nichts mehr. Im Wandel ist auch die eigene Hebelwirkung am größten, man spürt Genugtuung oder Enttäuschung am stärksten. Im Normalbetrieb bekommt man als Manager die Wirkungen ja gar nicht so mit. Ich kann mir daher nichts Schöneres und gleichzeitig Bittereres vorstellen, als im Durchlauferhitzer des Wandels zu stehen. Expansionsunternehmen sind oft nur etwas für Schönwetterkapitäne. Deswegen erbittert es mich oft so sehr, wenn ich sehe, wie junge oder erfahrene Talente sich von der Sogwirkung einer Produktmarke blenden lassen. Die Legehennenbatterien großer Automobilkonzerne zum Beispiel sind heute die Innovationskiller in Deutschland. Die Klonmaschinen großer Strategieberatungen dagegen entziehen Deutschland unternehmerisches Talent, indem sie es für ihre oftmals fragwürdigen Geschäftsmodelle verschleißen.

Bei der Lufthansa also stand die zweite Welle der Privatisierung an. Keine geringere Aufgabe, als das alte Staatsunternehmen vollends in einen erfolgreichen, privatwirtschaftlichen Konzern zu überführen. Für mich war klar, jemand, der ein Aufgabenfeld wie das meinige in einem solchen Konzern verantwortet, bekommt die große Chance. Das »Window of Opportunity« der Privatisierung gibt es nicht zu oft. Schon zu meinem Antritt in Frankfurt reifte in mir die Idee, die ich erst 1996 als Motto für meine Arbeit öffentlich formulierte: Privatisierung der Köpfe und Herzen. Das mag heute etwas komisch klingen, aber damals ging es mir eben darum, zu verdeutlichen, dass es nicht ausreicht, nur Strukturen zu privatisieren und das Unternehmen an die Börse zu bringen, sondern dass sich dafür auch Köpfe und Herzen der Beschäftigten mit neuem unternehmerischem Geist erfüllen mussten. Wenn man so will, hatte ich jetzt eine echte Chance, die DASA-Devise »Unternehmer im Unternehmen« im wahrhaftigen strategischen Kontext mit Leben erfüllen zu können.

Mein berufliches Umfeld hatte damals allerdings nur abfällige Bemerkungen zu meinem Wechsel zur seinerzeit wenig glamourösen Lufthansa auf Lager. So nach dem Motto: Was wollen Sie denn in diesem Staatsmoloch, diesem Bürokratieladen? Man muss wissen, dass das Unternehmen Anfang der neunziger Jahre geschäftlich darniederlag. Der Vorstandschef Jürgen Weber musste bei den Banken hausieren gehen, Klinken putzen und Geld einsammeln, um überhaupt noch die Angestellten bezahlen zu können. Der Kundenservice war so miserabel, dass man auf jeder Party, bei jeder Einladung in ellenlange Gespräche über Kundenmisshandlungen verwickelt wurde. Dem lahmen Kranich Lufthansa eilte ein richtig schlechter Ruf voraus.

Da also geht der stolze Thomas Sattelberger hin? Meine Freunde und Bekannten fassten es nicht. So wie übrigens zuvor bei der MTU und der DASA, später dann auch bei Conti und bei der Telekom. Es war jedes Mal das Gleiche, aber jedes Mal hat mich eben genau jener Umstand angezogen: ein angekratztes Unternehmen in Transformation. Die Wahl meiner beruflichen Stationen hat auf Anhieb nie jemand verstanden. Auch deswegen nicht, weil das Thema Transformation meist keinen Raum im Denken der Managerköpfe einnimmt. In diesen Köpfen spuken vielmehr knallige, erfolgreiche Marken, Erfolgsverwöhntheit, Status und Zugehörigkeit zu einer erfolgreichen Organisation auf Expansionskurs herum. Lieber Offizier auf Deck oder im Kasino als Drecksarbeit im Maschinenraum, sozusagen als Dieselmaschinist, verrichten zu müssen. Dieses Bild habe ich übrigens meinem 90-köpfigen Mitarbeiterteam in all den anstrengenden Jahren immer wieder vermittelt: den Stolz der Dieselmaschinisten in verölten Overalls auf ihr Werk. Deswegen habe ich geschniegelte Personalprofis anderer Firmen nie besonders wertgeschätzt. Ohne Dreck an den Händen über Personalstrategien zu säuseln, war mir immer zuwider. Das gilt auch für die Zehnders, Kienbaums, McKinseys dieser Welt, die bar jedes erprobten, persönlichen Erfahrungshintergrunds ihre HR-Konzepte verkaufen.

Wenn ich in einer Firma neu begann, bin ich übrigens immer alleine dorthin gegangen, ohne Getreue oder sonstige Gefolgsleute. Erstens, weil ich davon überzeugt war, es alleine hinzubekommen. Zweitens ist Quereinstieg nicht nur ein Risiko für einen selbst, sondern auch für diejenigen, die mitgehen. Wenn man scheitert, sind auch die Gefolgsleute stigmatisiert. Jeder Quereinstieg in ein neues Unternehmen birgt ein hohes Risiko des Scheiterns in sich. Also handelte es sich bei mir um eine Mischung aus Vertrauen in die eigene Kraft und dem Versuch, Risiken für andere zu minimieren. Obendrein hege ich eine tiefe Abneigung gegen Manager, die ihre Seilschaften hinter sich her ins neue Unternehmen ziehen wie Söldnertruppen. Ich vertraue auf die guten Leute, die ich vorfinde.

So ging ich auch allein zur Lufthansa, wo ich schon am ersten Tag ein erschütterndes Erlebnis hatte. Ich kam in ein Gebäude auf der Frankfurter Lufthansa-Basis, in dem der gesamte Gang mit zerschlissenem Linoleum bedeckt war. Auf diesem etwa 20 Meter langen Gang mit zehn Bürotüren standen Stühle an den Flurwänden, ähnlich wie beim Finanzamt. Auf diesen Stühlen saßen Führungskräfte der Lufthansa, die warteten, bis sie hineingerufen wurden. Wenn ihr Anliegen – Gehaltserhöhungen, Reiseabrechnungen, Altersvorsorge oder Ähnliches – von den unteren Bürorängen nicht erfüllt werden konnte, robbten sie sich auf den Wartestühlen langsam zu den höheren Chargen durch, bis sie irgendwann am Nachmittag bei mir landeten.

In der Mitte dieses trostlosen Gangs befand sich eine völlig verschmutzte Küche. Geld für eine Geschirrspülmaschine gab es ja nicht, und die Disziplin zur Reinigung fehlte offensichtlich. Mir ist an diesem ersten Tag klar geworden, dass meine großen Transformationsträume für eine Lufthansa erst einmal mit dem Aufräumen des eigenen Bereichs beginnen mussten. Zunächst galt es, ein tiefes Tal der Tränen zu durchwandern und im wahrsten Wortsinn erst einmal sauber zu machen. In den Büros stapelten sich Personalakten fast meterhoch. Es war keinerlei Logik und Systematik zu erkennen, es herrschte eine Personalverwaltungskultur, die sich über Jahre hinweg mit nichts anderem als mit Personalabbau befasst hatte. Die nur noch den Mangel verwaltete, und die Menschen waren davon geprägt.

Ich habe mich fatal an meine erste Zeit bei der MTU im Büro neben der Toilette zurückerinnert gefühlt. Aber diese Erinnerung wirkte zugleich tröstlich, ich hatte ja die Herausforderungen bei der MTU gut bewältigt. Aber es ist eben so: Wenn man Transformation will, kommt man auch mit Armseligkeit, mit Vergangenheit und Not, mit Dreck und Putzen in Berührung.

Apropos Putzen: Als meine Appelle, die Küche sauber zu halten, nichts fruchteten, als ich diese Küche wieder einmal vollkommen verschmutzt vorfand, habe ich mich in die Mitte des Gangs auf den schäbigen Linoleumboden gestellt und geschrien: »Die Küche sieht genauso beschissen und dreckig aus, wie hier schlecht und fehlerhaft gearbeitet wird! Die Küche ist ein Spiegelbild dessen, wie der Laden hier nicht funktioniert.« Es war der schiere Zorn über diese vernachlässigte Küche, der mich übermannt hatte. Aber mein Aufschrei wirkte sofort und umgehend.

Im Nachhinein habe ich mich durch Edgar Schein, den Organisationspsychologen am Massachusetts Institute for Technology (MIT), bestätigt gefühlt. Der hat nämlich einmal geschrieben, dass der Wutausbruch einer Führungskraft am deutlichsten darüber Auskunft gibt, wo dessen Werte liegen. Da ist auf jeden Fall eine Menge dran. Gründlichkeit, Sauberkeit, Pünktlichkeit, Korrektheit – das sind die Grundlagen betrieblichen Arbeitens. Der eine muss sich darauf verlassen können, dass der andere ordentlich arbeitet.

Wenige Monate später konfrontierte mich Jürgen Weber mit dem zweiten Teil meines Aufschreis, der die Notwendigkeit meiner Aufräumarbeiten schmerzlich belegte: »Herr Sattelberger, wenn Sie es nicht hinbekommen, dass in Ihrer Führungskräfteabteilung Verträge fehlerfrei getippt werden, dann nehme ich Ihnen die Abteilung weg.« Peinlich genug, aber darum geht es gerade in einem Serviceunternehmen. Wer von den Menschen im Service Liebe zum Detail verlangt, muss dies auch im »Innendienst« sicherstellen.

Der Linoleumboden hingegen konnte warten, er wurde erst Jahre später erneuert. Ebenso übrigens der Teppich in Webers Vorstandsbüro. Als ich diesen Raum das erste Mal betrat, irritierte mich der zerschlissene, durchgetretene Teppich, an dem schon die Fäden heraushingen. »Oh, Herr Weber«, sagte ich, »Sie brauchen aber auch einen neuen Teppich.« Darauf antwortete er: »Hier kommt so lange kein neuer Teppich rein, bis diese Fluglinie profitabel ist.« Typisch Jürgen Weber. Aber das Unternehmen war wirklich arm wie eine Kirchenmaus und musste richtig, richtig sparen. Weber war in eigenen Belangen dabei selbst Vorbild.

Auf diesem regelrechten Brachland aber ließ sich hervorragend Neues aufbauen. Man musste nichts Altes aufwendig abreißen, es stand ja kaum noch etwas. So berichtete mir zum Beispiel eines Tages mein Leiter fürs Führungskräftetraining stolz, die Lufthansa habe beim größten deutschen Wettbewerb in Sachen »Total Quality Management« den ersten Preis gewonnen. Wie konnte das sein? Als ich verwundert nachbohrte, stellte sich heraus, dass es sich lediglich um eine kleine Pilotmaßnahme handelte, die nie in der breiten Unternehmenspraxis wirksam wurde. Die hatte man nur benutzt, um zu demonstrieren, wie toll man sei. Übrigens ein Muster nicht nur vieler Personalabteilungen, die den Nachweis führen, dass sie das »Thema belegen«, es aber nicht ausfüllen.

Diese kleinen Anekdoten zeigen, welche richtig schönen Putz- und Aufräumjahre sowie Aufbaujahre ich bei der Personalarbeit der Lufthansa erleben und gestalten durfte. 1996 schließlich war das Gröbste geschafft, die Küche blieb sauber, und wir haben dann später sogar eine Spülmaschine angeschafft.

Nach diesen zwei Aufräumjahren konnte ich kreativer werden und eine Vergütungspolitik installieren, die neu und marktgerecht war. Damit hat sich, das nur nebenbei, auch mein »20 000«-Mark-Problem beim Lufthansa-Einstieg lösen lassen. Nach dem alten System gab es ein Fixgehalt und vielleicht eine kleine Sonderzahlung. Wir führten dann ein System variabler Vergütung und dazu ein Aktienoptionsprogramm ein. Das wurde immerhin vom Vermögensverwalter Union Investment als das innovativste und nachhaltigste Aktienoptionsprogramm Deutschlands ausgezeichnet, weil wir die für die Optionen entscheidende Performance der Lufthansa an die Performance der Wettbewerber Air France, British Airways, SAS, Alitalia und Austrian Airlines gekoppelt hatten. Dieser Korb an Wettbewerbern wurde dazu jedes Jahr neu gefüllt und justiert, damit man sich nicht mit maroden Wettbewerbern maß. Man konnte dazu also auch – anders als bei Programmen anderer DAX-Konzerne – direkt und unmittelbar ablesen, wie sich die Wirkung des eigenen Einsatzes für den Neuaufbau der Lufthansa in der Konkurrenzsituation mit anderen Fluggesellschaften widerspiegelte.

Es handelte sich um ein regelmäßiges, aber für die Betroffenen transparentes und nachvollziehbares Wettbewerbsbarometer. Mit einem neu geschaffenen Leistungsbeurteilungssystem, das nicht einer Rechenmaschine entstammte, sondern viel Raum für Einschätzung durch Führungskräfte gab und forderte, sowie mit einer Reform der Altersversorgung war die Arrondierung meines Fachbereichs jedenfalls erst einmal ganz gut bewältigt. Und das Vertrauen der Führungskräfte in die neue Personalpolitik gewonnen. Ich erinnere mich aber zumindest ebenso gut an die hitzigen Vollversammlungen der leitenden Angestellten, die natürlich aus der Welt der beamtenähnlichen Senioritätspolitik, sprich des Sitzfleischs kommend, die neuen Systeme kritisch beäugten. Aber mit dem ersten Jahr, in dem wir den »Wettbewerberkorb« übertrafen, war die Welt für sie im Lot. Übrigens halte ich die Begriffe »Lehmschicht« oder »Lähmschicht« für das mittlere Management gelinde gesagt für eine Unverschämtheit. Meist ist der mittlere Führungskörper Opfer schlechter Führung von ganz oben. Aber ansonsten hellwach, neugierig und motiviert, wenn erhebliche Veränderung ansteht. Das Mittelmanagement wird jedoch dann zynisch, wenn bereits die 17. Modewelle der Reorganisation über ihnen hinwegrollt.

Doch das Herzstück meines Bereichs war natürlich die Personalentwicklung. Dabei haben wir bei der Lufthansa immer großen Wert auf die direkte Kommunikation der Führungs- und Topführungskräfte mit den einfachen Menschen an der Basis gelegt. Personalentwicklung basierte für mich stets auch auf interner Kommunikationsarbeit. In den kritischen Phasen, wenn es etwa um neue Effizienzprogramme ging, fanden viele Dutzend Veranstaltungen statt, die so eine Art kommunikatives Gefäßsystem der Lufthansa bildeten. Dialog von links nach rechts, von oben nach unten und von unten nach oben und schräg hindurch lautete die Devise, womit wir uns auch in schlechten Zeiten teure Managemententwicklungsprogramme sparen konnten. Ich hatte die Devise ausgegeben, dass wir alle unsere Programme und Initiativen so bauen, dass wir sie in schweren Zeiten kostenmäßig »miniaturisieren«, sozusagen einen Ozeandampfer in viele Segelboote verwandeln konnten. Nicht nur in einer Krisenbranche wie der Luftfahrt ist schnelle Rekonfigurationsfähigkeit ein Erfolgsrezept.

Kultur-, Kommunikations- und Personalarbeit – darum ging es in diesem Unternehmen, das sich im ständigen Veränderungsprozess befand. Die Lufthansa hat in meiner Zeit ihre Sanierung erfolgreich bewältigt, die Star Alliance gegründet, drei große Effizienzprogramme gut überstanden. Das ist ein toller Erfolg in einer Branche, in der Gewinne ebenso schnell zerronnen wie gewonnen sind. In einem Unternehmen, in dem kleine Spezialgewerkschaften etwa für die Piloten oder fürs Kabinenpersonal schnell Nachholbedarf anmelden, durchsetzen und so die Personalkosten treiben, was wieder neue Effizienzprogramme nach sich zieht. Ein Teufelskreis.

In der Star Alliance, einem Zusammenschluss von 1997 mit fünf, heute 27 Fluggesellschaften, ging es ebenfalls um das Thema Effizienzsteigerung, aber auch Kundenorientierung, sei es durch gemeinsame Lounges und Terminals an Flughäfen, sei es durch gemeinsame Streckenrechte bis hin zu gemeinsamen Flotten- und Ersatzteileinkäufen. Im HR-Gremium der Star Alliance war ich der Vertreter der Lufthansa, trieb also die Internationalisierung der Personalarbeit über diese strategische Allianz mit voran. In einer solchen Allianz ist die eigene Personalentwicklung jedoch nicht unbedingt etwas, das man mit den Partnern teilt. Zumindest dann nicht, wenn man keine Fusion anstrebt. Die Star Alliance war in diesen Jahren so etwas wie eine Strukturinnovation. Die Welt um uns herum war von Fusionen und Unternehmenszukäufen (»Mergers and Acquisitions«) geprägt, oft nur mit dem Ziel, schiere Größe zu erringen und den Börsenkurs zu treiben. Die Allianzorganisation war dagegen so etwas wie eine Konföderation von Gleichberechtigten. Skaleneffekte wurden nicht durch Verschmelzung, sondern durch extreme Kooperationsfähigkeit erzielt. Eine Organisationsform, die ähnlich wie beim Continental-Modell des »loosely coupled system« durch ihre Elastizität Eintritte und Austritte einzelner Mitglieder gut verkraftet und gleichzeitig nicht die Risiken extremer Vernetzung birgt.

Fast subkutan war in den zwei Jahren der Aufräumarbeit etwas entstanden, das damals bei der MTU – zumindest in der Personalentwicklung – sieben Jahre gedauert hatte. Das ehemalige, durch und durch bürokratische Staatsunternehmen Lufthansa war für Kunden und Mitarbeiter deutlich attraktiver geworden. Auf dem Talentmarkt wurde die deutsche Airline wieder ein begehrter Arbeitgeber, und dass sie dort attraktiv war, wirkte wiederum positiv ins Unternehmen hinein. Das trug so interessante Früchte wie etwa jene, dass neue Mitarbeiter nach den ersten 100 Tagen bei der Lufthansa gebeten wurden, ihrer Geschäftsleitung Feedback zu geben über ihre Zufriedenheit, darüber, wie sie das Unternehmen erleben. Also genau umgekehrt als sonst üblich, indem Vorgesetzte den Neuen kundtun, wie sie deren Leistungen so immer beurteilen. Ich liebe rostige Marken auch deswegen, weil Polierarbeit schließlich Erfolg zeitigt.

In diesen Aufbaujahren bei der Lufthansa verfolgte ich die Idee weiter, für die ich schon bei der DASA Konzepte entwickelt hatte. Diese Idee schrieb ich sogar Schrempp einmal in eine seiner Reden hinein: die Gründung einer Unternehmensuniversität. Eines Tages, ich weiß noch genau, es war ein Donnerstag, hörte ich, dass Daimler eine Corporate University gründen wolle. Ich kannte deren Konzepte und Ideen, hatte ja selbst einmal im Daimler-Benz-Vorstand Edzard Reuter und seinen Kollegen die Kernideen vorgestellt. Schrempp hatte extra einen Professor aus den USA eingekauft, der die Schule leiten sollte: Roland Deiser. Daimlers Programme waren traditionell und noch auf Papier, unsere innovativ, selbst nach heutigen Maßstäben, und dazu alle schon in Pilotprojekten realisiert. Da rief ich sofort eine meiner engsten Vertrauten bei der Lufthansa, Rose Lipkau, an und sagte: »Liebe Frau Lipkau, wir schreiben jetzt sofort eine Vorstandsvorlage, die am kommenden Montag in der Vorstandssitzung vorgelegt wird, und zwar zur Gründung der Lufthansa School of Business.«

Das haben wir damals auf schlanken eineinhalb Schreibmaschinenseiten zusammengeschrieben. Der Vorstand hat das Vorhaben ohne Diskussionen abgesegnet, und fortan war die Lufthansa School of Business beschlossene Sache. Und das noch vor der DaimlerChrysler Corporate University. Ein kleiner Sieg des David gegen den mächtigen Goliath unter Schrempps Führung. Eitel bin ich schon auch. Aber die Lufthansa School war auch um Längen besser!

Für mich war das Thema schon immer deswegen wichtig, weil solche unternehmenseigenen Bildungs- und Veränderungsstätten – gut und über den Tellerrand hinaus gedacht – zwei hervorragende Möglichkeiten bieten: einmal das bisherige Geschäftssystem und das Geschäftsgebaren einer substanziellen Erneuerungsdiskussion zu unterziehen. Zum Zweiten geht es immer auch um die individuelle »Transformation« von Menschen: überraschende, neue Erkenntnisse über sich selbst zu gewinnen, Werte zu überprüfen oder zu stärken, ganz neue Berufs- und Lebensperspektiven für sich zu entwickeln. Kurz: um persönliche Pfingsterlebnisse.

Fehlgeleitete Bildung hingegen kann dazu beitragen, nicht nur Menschen zu klonen und ideologisch zu verseuchen, sondern auch als geistiger Katalysator für Krisen wie die letzte Finanzkrise wirksam zu werden. Wenn man, wie die MBA-Absolventen der angelsächsischen und angelsächsisch beeinflussten Business Schools, die Unternehmensführung auf rein ökonomische Dimensionen beschränkt, wenn man das große Ganze auf einen sich vermeintlich selbst regulierenden Markt reduziert, dann ist das ein Theoriegebäude, das sich fast ausschließlich an den Interessen der Shareholder orientiert. Es lässt die gesellschaftliche Rolle von Unternehmen und Managern außen vor. Manager zu sein reduziert sich dann gemäß des Prinzipal-Agent-Prinzips darauf, Agent des Eigentümers, also des oft nomadisierenden Finanzkapitals zu sein. Dieses Denken wurde Millionen MBA-Absolventen weltweit eingetrichtert und so zu einem substanziellen Vehikel von unternehmerischen Fehlentwicklungen, aber auch von Krisen. Die Führung von Unternehmen wird nicht als kollektiver Meinungsbildungsprozess und konsensorientiertes Handeln verstanden, sondern als Exekution à la John Wayne. Und es werden die falschen Antworten gegeben, weil schon die falschen Fragen gestellt wurden.

Wir brauchen mehr intellektuellen Tiefgang, um die Welt der Wirtschaft zu erfassen. Um Probleme in Unternehmen nachhaltig zu lösen, ist nicht nur Ökonomie wichtig, sondern auch Geschichte, Soziologie, Psychologie, Philosophie. Und die Reflexion der eigenen Person. In diesem Sinne habe ich übrigens auch mit Henry Mintzberg von der McGill University in Montreal schon 1993 einen Anti-MBA entwickelt, der bis heute existiert, aber noch auf den Marktdurchbruch wartet. Und daher sind Corporate Universities auch hervorragende Einrichtungen, solchen Einseitigkeiten unternehmensseits entgegenzusteuern. Dazu bedarf es aber auch der Freiräume, der Freiheitsgrade. Schade, dass viele deutsche Epigonen der Lufthansa School of Business Applaudieranstalten für Unternehmensführer, Motoren der mentalen Gleichschaltung und Standardisierungsfabriken für Managementroutinen wurden.

Die Lufthansa School of Business trug dann auch erheblich zum Erfolg des Transformationsprozesses des Kranichs bei. Einen zentralen Schwerpunkt setzten wir an der Lufthansa School deshalb auf die Organisationsentwicklung und das kluge Gestalten von Veränderungsprozessen. Nehmen wir zum Beispiel das Programm »Climb 99«, bei dem 200 Führungskräfte in die ganze Welt hinausschwärmten, um in Unternehmen unterschiedlichster Branchen und unterschiedlichster Größe Erfahrungen zu gewinnen, was sich dort an neuen Ideen und Ansätzen finden ließe, das auch für die Lufthansa interessant sein könnte. Ob Versicherungen oder Stahlunternehmen, ob Speditionen, Maschinenbauer oder das Rote Kreuz. Es war eine Riesenanstrengung, allein 30 Unternehmen weltweit zu finden, in denen jeweils sechs oder sieben Lufthanseaten für eine Woche ihre Schnupperpraxis absolvieren konnten. Das ganze Programm »Climb 99« dauerte insgesamt zehn Monate und bestand aus den Modulen Auftakt, Zwischenbilanz, Bilanz. Aber auch dieses Programm verlief auf zwei Schienen: einmal auf der Schiene, was sich durch neue Erkenntnisse zum Geschäftserfolg beitragen ließe, zum anderen natürlich auf der persönlichen Reflexions- und Entwicklungsschiene.

Wir schufen darin ein Lernarrangement mit internen und ausgewählten externen Lehr- und Coaching-Kräften, in dem es den daran teilnehmenden Lufthanseaten freigestellt war, wie, wo und auf was sie je nach Neigung und Bedarf zugreifen wollten. Großen Wert haben wir von Beginn an auch auf das Motto »Employability« gelegt, das Themen wie »Bilanz in der Lebensmitte«, »Potenzialinventar«, »Ruhestandsvorbereitung« oder »40 – was nun?« umfasste. Lebensphasenorientierte Personalarbeit, individueller Berufs- und Karrierecheck. Bis hin zum Angebot qualifizierter Berufsabschlüsse für Flugbegleiter, die oft außer Realschulzeugnissen oder Gymnasialabschlüssen keinerlei berufliche Qualifizierung mitbrachten und für den Kabinenservice in wenigen Monaten angelernt wurden. Ich habe damals für Tausende Flugbegleiter berufsbegleitend die Ausbildung zum Luftverkehrskaufmann und zum Servicekaufmann im Luftverkehr eingeführt.

Noch heute, fast 20 Jahre später, sprechen mich Flugbegleiterinnen und Flugbegleiter voller Stolz an und sagen, dass sie in meiner Zeit die Chance zum Erwerb eines Abschlusses in einem anerkannten Berufsbild genutzt haben. Letzteres war eine Neuschöpfung der Lufthansa, bei der es nun aber auch darum ging, dass Menschen in Dienstleistungsberufen ein Zertifikat erwerben können, das ihre gemeinhin als untergeordnet eingeschätzte Tätigkeit aufwertet und als wertvoll betrachtet. Auch haben wir einen am Arbeitsmarkt verwertbaren Trainingspass eingeführt, in dem wir die von einzelnen Lufthanseaten erworbenen Schlüsselqualifikationen aufgelistet haben. Solche und viele weitere Aspekte umschloss unser Geschäftsfeld »Employability«. Es umfasste einerseits die Dimension der Lebensphasenorientierung und ermöglichte andererseits die Perspektive, in der beruflichen Weiterentwicklung über ein ganzes Arbeitsleben hinweg nicht von der Lufthansa abhängig zu sein. Lebenslanges Lernen und »Employability« sind insofern zwei Seiten derselben Medaille.

Meine Idee war immer, Veränderungsarchitekturen zu bauen, die so groß werden können, dass in ihnen ein eigenes Klima entsteht und eine kritische Veränderungsmasse möglich wird. Kleine Prototypen zum Testen können später auch zu großen Architekturen ausgebaut werden. Ich habe mir einen riesengroßen Flugzeughangar vorgestellt, in dem, entkoppelt vom Klima der Außenwelt, ein eigenes Klima herrscht. Waren es seinerzeit bei Daimler 15 oder 20 Abiturienten-azubis, so ging es bei der Lufthansa um 200, 300 und mehr Menschen in einer einzigen Initiative. Da entfaltet sich natürlich schneller diese kritische Masse, zumal die Teilnehmer ihre Erfahrung auch breit im Unternehmen berichteten, in ihren Bereichen Veränderungen initi-ierten, ihre Chefs mit einbanden und sogar zu Hause in ihren Fami-lien davon erzählten. Da waren dann Tausende Menschen Mitwisser, und es fanden sich Hunderte von Mittätern. Und damit Kritische-Masse-Beschleuniger.

Hier kommen wir übrigens meiner fundamental anderen Philosophie von Personalentwicklung näher. In dieser definiere ich Unternehmen als Talentbiotope, und eben nicht als Kaderschmieden stromlinien-förmig zurechtgestutzter Aufsteiger. Unabhängig von Herkunft, Alter, Bildungsabschluss können Menschen – egal ob Flugbegleiter oder strategische Planerin – ein eigenes Klima der Veränderung erzeugen. Soweit ich das heute beurteilen kann, waren die Lufthansa und später die Telekom die einzigen großen deutschen Unternehmen, die solche weitreichenden, umfassenden Talentbiotope ermöglicht haben.

Wobei der Begriff »Personalentwicklung« inzwischen für mich einen sehr faden Beigeschmack hat, übrigens auch der Begriff »Talentma-nagement«. Menschen müssen Freiraum zur Selbstentwicklung er-halten, sie werden weder entwickelt noch gemanagt. Und sie sind erst recht kein »Personal«. Übrigens hatte ich beim Bau der Lufthansa School of Business auch immer darauf geachtet, keine Prachtschlösser für die Sonnenscheinzeit zu bauen. Ich bevorzugte, was ich »atmende Architektur« nannte. Wie gesagt: Aus großen, an Ozeandampfer er-innernde Initiativen sollten in Krisenzeiten auch viele kleine Schnell-boote, ja Segelschiffe werden können, also miniaturisierungsfähige Lernarchitekturen. Dies sollte sich bald bewähren. Bei einem großen Kostensenkungsprogramm während der Attacken der Low-Cost-Airlines konnten wir ohne Substanzverlust kleiner und später dann wieder größer werden.

Wie ich schon sagte, hatte ich es im Rahmen dieser Initiativen mit Variationen meines immer gleichen Themas zu tun, das bei der Abiturientenausbildung bei Daimler einst unter dem Rubrum »Life-Styling« firmierte. Aber so etwas kann nur innerhalb jenes »Magischen Dreiecks« mit Leben erfüllt werden, das ich jetzt skizzieren möchte.

Das Magische Dreieck habe ich mit dem Personalvorstand Heiko Lange Mitte der neunziger Jahre als Gegenpol zu der anderenorts mittlerweile einseitigen Unternehmens- und Personalpolitik entwickelt.

Das hieß, die Lufthansa dient eben nicht nur den Shareholdern, sondern Kunden, Mitarbeitern und Aktionären gleichermaßen, eingebettet in die Community, also in die Gesellschaft. Damals, in der Frühblüte des Shareholder-Kapitalismus, war das ein irritierender, geistiger Gegenpol sondergleichen für das Unternehmen Lufthansa. Das Ringen um diesen Gegenpol in Sachen Unternehmenswerte war verbunden mit harten und guten Diskursen für eine Unternehmensethik, die Balance halten sollte, statt Maß zu verlieren.

Ich bin meinem damaligen Chef heute noch zutiefst zu Dank verpflichtet, entwickelten wir doch bereits in den neunziger Jahren einen kulturpolitischen Gegenentwurf zur herrschenden Ideologie. Unternehmenspolitisch haben wir diese Versöhnungsidee – neudeutsch heißt das Stakeholder-Ansatz – vorangetrieben und damit einen geistigen Überbau für die Organisation geschaffen. Einen signifikant anderen Überbau, einen Gegenentwurf zum Regime von Mister »Profit, Profit, Profit!«, dessen Götze die Börse war.

Mister »Profit« Schrempp war ein Kind und ein Held des damaligen Zeitgeists, in dem Unternehmen und ihre Belegschaften als »Umsetzungsmaschinen« für Erfolg an der Börse und am Markt definiert wurden – ich sage: degeneriert wurden. Im Laufe der neunziger Jahre hatte der Ökonomismus in der Unternehmenssteuerung Einzug gehalten. Der Aktionär war fortan der einzig relevante Faktor, den es um jeden Preis zu bedienen galt. Das hieß: Unternehmen wurden immer besessener in ihrer Kapitalmarktabhängigkeit, ihre Gewinnmargen

EBIT und EBITDA oder vermutete Hypergewinne in der Zukunft be
einflussten den Kurs ihrer Aktien und damit ihren Börsenwert. Erfolgreiche Führer an der Spitze von Unternehmen wurden wie heroische,
siegreiche Feldherren gefeiert, erfolglose schnell vom Sockel gestoßen.
Wegbereiter für diese Entwicklung waren in den achtziger Jahren die
britische Premierministerin Margaret Thatcher und US-Präsident Ronald Reagan, die eine Revolution von oben in der Wirtschaftspolitik
einläuteten. Staatliche Kompensations-, Hilfs- und Steuerungsleis-
tungen gerieten in Misskredit. Staatliche Ordnungs- und Regulie-
rungspolitik grenzte in deren Weltsicht schon an Teufelswerk, markt-
wirtschaftliche Mechanismen hingegen wurden glorifiziert. Märkte,
insbesondere Finanzmärkte wurden dereguliert, oder, wie viele glaubten, befreit. Ganz nach Milton Friedman, der schon 1970 schrieb:
»The responsibility of business is to increase its profits.« Einer der
ganz frühen Warner vor dieser Heroisierung von Topmanagern, vor
der Reduktion ihrer Erfolgskriterien auf betriebswirtschaftliche Kenn-
ziffern, war der frühere Chef der Deutschen Bank, Alfred Herrhausen.
Schon 1972 (!) redete er der Managergilde in einem Vortrag mit dem
Titel »Über das Persönlichkeitsprofil eines Spitzenmanagers« vor der
IHK Stuttgart ins Gewissen. Da sagte Herrhausen, der später Opfer
eines Terroranschlags der RAF wurde, neben vielem anderem Be-
merkenswertem: »Der moderne Manager kann sich nicht dispensie-
ren von den großen politischen Auseinandersetzungen, dem Problem
des Umweltschutzes, der Entwicklungsländer, der Frage der Vermö-
gensverteilung, der Dringlichkeit öffentlicher Infrastrukturen, der
wachsenden Bedeutung des Staates. Er wird sich und seine Aufgabe
zu integrieren haben in die große und schwierige Anstrengung unserer Zeit: die hier immer wieder auftauchenden Konflikte nicht aus der
Welt zu schaffen, wie es alle doktrinären Ideologien von jeher erfolg-
los versprochen haben, sondern Formen für ihre honorige Austra-
gung mitzuentwickeln und vorzuleben. Nur so wird sich die kritisch
gewordene Umwelt erneut überzeugen lassen, dass Manager und
Unternehmer auch heute noch im Wechselspiel von Challenge and
Response Antworten auf die Herausforderung der Gesellschaft zu ge-

ben vermögen. Management steht unter einem dauernden Begründungszwang; an dem Tag, an dem es vergisst, dass eine Institution nicht weiter bestehen kann, wenn die Gesellschaft ihre Nützlichkeit nicht mehr empfindet oder ihr Gebaren als unsozial betrachtet, an diesem Tage wird die Institution zu sterben beginnen.«

So weit Herrhausen. Aber nicht von solchen Mahnrufen, sondern von der Fixierung auf den Profit wurde allmählich auch ein Großteil der ehemaligen »Deutschland AG« infiltriert. Deren Netz, in dem sich Kreditinstitute und marktführende Unternehmen industriepolitisch gegenseitig stützten, wurde immer stärker zerlöchert und inzwischen irreversibel aufgebrochen.

Unternehmen wurden kapitalmarktabhängiger und -besessener, der Druck des Quartalsberichtszwangs machte das operative Geschäft immer kurzfristiger, immer enger getaktet, Unternehmenskulturen immer hektischer und Betriebe immer nackter. Auch der Bereich der inneren Steuerung veränderte sich: Anstelle bilateraler Jahreszielvereinbarungen zwischen Vorgesetzten und Mitarbeitern auf Augenhöhe, wie sie die Lufthansa so lange pflegte, traten sogenannte Performance-Management-Systeme, bei denen überwiegend ökonomisch zu erreichende Zielgrößen bis in die untersten Ebenen – wie in einer militärischen Kaskade – quantifiziert und operationalisiert wurden. Kunden- und Mitarbeiterzufriedenheit, Kundenorientierung, Qualität und Innovation spielten nur noch untergeordnete Rollen im Management. Akzeptanz in der Gesellschaft und positive Beiträge für die Gesellschaft wurden unwichtig, galten bestenfalls als Modeschmuck.

Natürlich bestand in den neunziger Jahren eine wichtige Herausforderung für Topmanager darin, tatsächlich auch behäbig gewordene Unternehmensdinosaurier in schlanke und behände Wettbewerber zu transformieren. Das ist auch vielen gelungen, aber viele sind bis heute weit über das Ziel hinausgeschossen und haben dabei den langfristigen Sinn des Wirtschaftens völlig aus dem Auge verloren. Die Herausforderung der Zukunft wird sein, wieder gesunde, langfristig starke Unternehmenskulturen zu entwickeln. Integrität, Charakter und Glaubwürdigkeit müssen genauso gefördert werden wie Kreativität, Geschwindigkeit, Kostendisziplin oder Ergebnisorientierung.

Das Magische Dreieck der Lufthansa, das solche zeitgeistigen, ökonomistischen Konzepte zu überwinden trachtete, haben wir später unter den übergeordneten Begriff »ethische Unternehmensführung« gestellt. Das Dreieck sollte dabei Leitidee sein, sich bei jeder Entscheidung zu fragen: Was bedeutet das für die Kunden, was bedeutet das für die Aktionäre und was bedeutet es für die Mitarbeiter? Wer wie das Kaninchen auf die Schlange nur auf die Quartalszahlen starrt, dem gerät aus dem Blick, welche mittelfristige Negativwirkungen auf Mitarbeiter und Kundschaft exzessives Erlös- beziehungsweise Kostenmanagement entfalten kann. Schon deswegen führten wir bei der Lufthansa jährlich einen Ethik-Workshop für das oberste Management durch, dazu auch den 1. Internationalen Kongress des »European Business Ethics Network« in unserem Bildungszentrum in Seeheim. Heiko Lange war großer Treiber dieses Themas. Übrigens hatte BMW in den achtziger Jahren ein ähnliches Vorhaben gestartet. Arthur Wollert, der damalige Leiter des Personal- und Sozialwesens, konzipierte 1983 die Grundzüge der »Wertorientierten Personalpolitik« der BMW AG. Er verließ aber später das Unternehmen.

Unter Mitwirkung vieler Führungskräfte haben wir ein Dokument erarbeitet, was dieses Dreieck genau für die Lufthansa bedeuten und bewirken sollte. Zweitens haben wir daraus Führungsleitlinien entwickelt, und zum Dritten haben wir daraus Aufgabenfelder für die Lufthansa School of Business formuliert. Es waren zum Teil langwierige, heftige, engagierte Diskussionen, die auf diesem Weg zu bestreiten waren. Ich erinnere mich noch gut an sehr hitzige, aber auch konstruktive Debatten auf Versammlungen leitender Angestellter, auf Versammlungen der Betriebsräte, aber auch in den Chefrunden der Lufthansa-Gesellschaften. Es war jeweils gar nicht so einfach, die Menschen mitzunehmen auf dem neuen Kurs.

In diesem Zusammenhang entschieden Lange und ich auch, dass mögliche Kandidatinnen und Kandidaten mit Vorstandspotenzial für unsere großen Tochtergesellschaften beziehungsweise später auch für den Passage-Airline-Vorstand jeweils zu einem eintägigen Einzel-assessment zu den Doktores Schmitt und Spörli in die Schweiz gesandt wurden. Diese extrem wissenschaftlich fundierten Diagnostiker hatten in den fünfziger Jahren die Diagnosekultur etwa von ITT und IBM nach Europa gebracht und beispielsweise die alte Swissair lange zu dieser Thematik beraten. Unsererseits eine kluge Entscheidung: Half sie uns doch, weise Besetzungsentscheidungen zu treffen. Ich selbst entschied in eigener Regie, dass ich als Verabreicher des medizinischen Rezeptes diese Medizin auch als Patient genießen sollte. Das Ergebnis war ein vielseitiges Gutachten, das ich dann Heiko Lange und Jürgen Weber sandte.

Wie wichtig und wirksam ein solcher unternehmensphilosophischer Überbau – Stichwort: Magisches Dreieck – ist, habe ich einmal am Beispiel eines kunstfertigen Goldschmiedemeisters erklärt. Es macht jeweils einen großen Unterschied, ob dieser Goldschmiedemeister sein Handwerk im sowjetischen Stalinismus, in der iranischen Volksrepublik oder in der Schweiz ausübt. Mal wird sein Schmuck von Gulagwächtern für ihre Frauen gekauft, mal für die Saalausstattung bei Revolutionsfeiern, mal von einem liebenden Paar zum Hochzeitstag. Es ist also alles andere als trivial, innerhalb welchen geistigen Überbaus eine grundsätzlich gute Arbeit eingesetzt und ihr Ergebnis verwendet wird.

Beim Gedanken an den Goldschmiedemeister bin ich schon fast bei meiner nächsten beruflichen Station. Immer drängender stellte sich mir die Frage »Was mache ich nach dieser mehrjährigen Etappe?«. Ich trug mich mit dem Gedanken, ich könnte langsam reif sein für den Personalvorstand der Lufthansa. Gleichzeitig lief sich aber schon seit einigen Jahren ein enger Mitarbeiter des Personalvorstands Heiko Lange warm, machte dazu auch gute Arbeit. Das war Stefan Lauer, den ich sehr schätze. Mit Lauer habe ich mich oft ausgetauscht, und er gestand mir, dass er viel lieber Unternehmensentwicklungs- und Strategievorstand hätte werden wollen, und eben nicht Personalvorstand. Ich entgegnete ihm, ich wäre dafür aber sehr gerne Personalvorstand geworden. Da mussten wir beide lachen, hatten wir doch, jeder von uns, in ein Brot beißen müssen, das uns auf Anhieb nicht so toll schmeckte. Natürlich war ich enttäuscht, als die Entscheidung fiel, aber wir waren uns gegenseitig überhaupt nicht persönlich gram.

Aber, wie ich schon zuvor erwähnt habe, es fehlten mir nach wie vor die Erfahrungen hinsichtlich der Tarifpolitik. Bei der Lufthansa gab es nur Haustarifverträge. Vielleicht war ein unausgesprochener weiterer Grund meine ab und an zügellos erscheinende Kreativität und Innovationskraft. Wenn ich rückblickend die weitere Entwicklung der Lufthansa seit dem Jahr 2000 betrachte, wäre ich natürlich ein mutiger Personalvorstand der Lufthansa geworden, der nicht nur den kulturellen Wandel, sondern auch die nötigen disruptiven Brüche im Geschäftssystem, gerade auch in der Auseinandersetzung mit den Piloten, frühzeitig und mit harter Hand angepackt hätte. Aber damals stellten sich wohl Weber wie Lange eher eine lineare Fortentwicklung des Unternehmens und seines Geschäftes, sozusagen Management in geölten Routinen, vor. Eine Lektion für die Besetzung von Toppositionen: Oft ist nicht die genaue Passung als Schlüssel zum Erfolg ausschlaggebend, nicht immer muss das Deckelchen aufs Töpfchen passen, sondern die bewusste Diskrepanz von Managerfähigkeiten zu dem gerade aktuell gefragten Fähigkeitenset kann erfolgsentscheidend werden: »Misfit« zum Status quo, »Fit« mit der gewünschten, oft vagen Zukunft.

Ein anderer Comment fürs Topmanagement lautete: Nur wer einmal im operativen Geschäft gearbeitet hat, kann Personalvorstand werden. Also insofern gab es diese beiden Königswege, aber zum Beschreiten fehlten mir offenbar unabdingbare Voraussetzungen. Das habe ich relativ schnell begriffen und für mich abgehakt. Es war übrigens Lufthansa-Vorstandsvorsitzender Jürgen Weber persönlich, der mich 1999, an meinem 50. Geburtstag anrief, nicht nur, um mir zu gratulieren, sondern um mich auch zu fragen, ob ich mir die Position des Vorstands Produkt und Service im Bereichsvorstand der Lufthansa Passage, also dem Herzstück des Konzerns vorstellen könnte. Nicht viel später erfuhr ich dann, dass diese Idee im Skilift entstanden war, als Jürgen Weber und Heiko Lange zusammen Urlaub machten und dabei auch Personalia diskutiert haben. Leider sei ich zu beider Bedauern nicht als Personalvorstand infrage gekommen, sie wollten mich aber dennoch sehr gerne im Unternehmen halten. Da ist dann die Idee entstanden, mich zum Produkt- und Servicevorstand zu nominieren, weil das in erster Linie bedeutete, Menschen im Service zu führen. Weber sagte zu mir: »Das, was Sie in Konzepten eher theoretisch gemacht haben, können Sie jetzt vieltausendfach in der Praxis umsetzen.«

Ich war also nicht allzu enttäuscht, dass ich nicht Personalvorstand der Lufthansa werden konnte, sondern ich habe die neue Aufgabe gerne übernommen. Und das in der Überzeugung, dass nicht das Brötchen, der Lunch, der Sitz im Flugzeug das Entscheidende waren, sondern die persönliche Kundenbeziehung und damit der Serviceprofi. So konnte ich in meiner neuen Position den Beweis antreten, dass wir als Dienstleistungsunternehmen den Menschen im Service so aufwerten und wertschätzen müssen, dass er dem Kunden gegenüber authentisch – also selbstbewusst und gleichermaßen dienstleistungsorientiert – gegenübertritt. Als Servicepersönlichkeit, die den Kunden als eigentlichen »Arbeitgeber« wertschätzt und ihn schon deswegen freundlich bedient. Es ging für mich jetzt darum, 20 000 Mitarbeiterinnen und Mitarbeiter in den Kabinen- und Bodenservices zu motivieren, zu steuern und sie für noch bessere Kundenorientierung zu gewinnen. Das Gesicht der Airline dem Kunden gegenüber menschlich zu gestalten statt, wie bisher gewohnt und eingeübt, regelhaft, bürokratisch-technisch und abfertigungsorientiert. Die Kundenzufriedenheitsdaten damals waren miserabel und sprachen hinsichtlich des Veränderungsbedarfs eine deutliche Sprache.

Die Lufthansa war ein Unternehmen, das sich nach der Sanierung fast überall strukturell reformiert hatte, aber eben noch nicht in Richtung einer neuen, notwendigen, externen und internen Dienstleistungskultur und Orientierung zum Kunden. Es gab durchaus Versuche unter dem damaligen Marketingvorstand Hemjö Klein, das zu ändern, und zwar mit einer Kampagne unter dem nicht besonders glücklich gewählten Motto »Wir wollen dienen«. Dienen – das ist ein ziemlich schillernder Begriff im Deutschen. Sicher ist Dienstleistung das Kern-geschäft einer Fluggesellschaft, aber das heißt nicht automatisch, dass man dient. Dienen hat eben im Deutschen den Geruch von Servilität. Der Lufthansa-Dienstleister soll ein selbstbewusster Serviceprofi sein, der souverän und aufrechten Ganges Gastbeziehungen gestaltet und nicht als Fußabstreifer herhält. »Wir wollen dienen« – das war zwar eine löbliche, aber noch nicht zielführende Aktion gewesen.

Häufig deuten sich Veränderungen in Unternehmen mit einem ersten Aufschlag an, der nicht selten erst mal scheitert oder gar zum Rohr-krepierer wird. In sozialen und Kulturreformen ist oft das kleine oder große Scheitern im Prozess mit eingebaut. Damit muss man als Verän-derer leben. Die viel interessantere Frage ist, ob die dahintersteckende Idee überlebt, aufgegriffen und weiterverfolgt wird. Diese Idee, die Kunden besser bedienen zu wollen, war bei der Lufthansa auf jeden Fall virulent und gärte weiter. Mit vordergründigen Marketingkam-pagnen lässt sich nicht viel ausrichten. Es geht nicht um Kosmetik an der Oberfläche, sondern um veränderte Verhaltensweisen und Men-talitäten, eingebettet in eine umfassende interne Kultur der Dienst-leistung. Meine Vision damals war deshalb das weiter reichende Kon-zept »Humans as Brand«, Menschen als Markenpersönlichkeiten. In einem Dienstleistungsunternehmen wird die Marke über die Menschen geprägt, und nicht durch vermeintlich omnipotente PR-Kampagnen. Markenidentität eines Dienstleisters entsteht durch die Qualität der Kundenbeziehungen. Auf einem Kongress der EFMD auf Sardinien trug ich 1999 mein Konzept erstmals einem interessierten Publikum vor, erhielt reichlich Feedback und weitere Anregungen, sodass ich dieses Konzept immer weiter verfeinern konnte.

In einer Managementkolumne für die *Süddeutsche Zeitung* beschrieb ich anno 2000 dann meine Vision mit diesen Worten:

»Unsere Gesellschaft entwickelt sich von der Dienstleistungs- zur Er-lebnis- und Unterhaltungsökonomie. Menschen erwarten, dass Pro-dukt und Service ihr Herz und ihre Seele persönlich ansprechen ... Der Wertewandel in der neuen Ökonomie bedeutet, dass Firmen we-niger in Struktur- und Sachkapital, sondern mehr in intellektuelles und Beziehungskapital investieren müssen. Dieser Paradigmenwechsel in der Kundenbeziehung vollzieht sich vielfältig: beispielsweise von einer Attitüde der Kundeneroberung hin zur Fähigkeit der Kundenbindung, von maskulinen zu femininen Verhaltensweisen, von Kundeninformation zu Kundenkommunikation und vom technischen Produkt zum Erlebnis ... Jene 20 000 Lufthansa-Mitarbeiter, die am Boden oder in der Luft jährlich rund 200 Millionen Kundenkontakte haben, müssen die neuen Werte ganzheitlich vorleben. Dazu gehören unter anderem Reichtum an Beziehungsformen, Charme, multikulturelle Kompetenz, die Souveränität zu raschen Problemlösungen, auch in kritischen Situationen, sowie Sensibilität für Lifestyle, Genuss und Ambiente bei Essen, Trinken und Entspannen ... Die Chance, dass der verwöhnte Kunde der Lufthansa treu bleibt, erhöht sich. Und solche Markenloyalität stärkt das Unternehmen.«

Wie wird solcher Spirit zur Marke? Gewiss nicht durch oberflächenkosmetische Freundlichkeit und Uniformierung. Mitarbeiter, die eine Marke gut verkörpern, sind wie leidenschaftliche Schauspieler, die ein Skript nicht nur vorlesen, sondern die Rolle durch ihre Persönlichkeit ausfüllen. Innerhalb eines »Humans as Brand«-Konzepts muss genügend Raum für individuelle Ausgestaltung bleiben. Der Erfolg hängt keineswegs von der massenhaften Dressur der Beschäftigten ab, sondern von der Fähigkeit des Unternehmens, seine Mitarbeiter wertzuschätzen, Sinn zu vermitteln und mit ihnen in guten wie in schlechten Zeiten fair umzugehen. Glaubwürdigkeit, Beziehungsqualität und Authentizität sind analytisch schwer fassbar, doch Menschen, egal ob Kunden, Partner oder Mitarbeiter, spüren sie. Man kann beobachten, wie kluge Unternehmen zu Sinngemeinschaften aus Menschen mit ähnlichen Werten, Interessen und Einstellungen werden.

Übrigens hat diese Gedankenwelt im gleichen Jahr 1999 dazu geführt, dass ich zusammen mit Werner Then, dem damaligen Vorsitzenden des Bundes Katholischer Unternehmer, und Heinz Fischer, seinerzeit Bereichsvorstand Personal der Deutschen Bank, die Initiative »Wege zur Selbst GmbH« gründete. Sie sollte fortschrittliche Akteure am und im System Arbeit erreichen, also Personalprofis jeglicher Couleur. Ziel war es, eine Arbeitswelt und Führungskultur zu schaffen, in der jeder Einzelne wertgeschätzt und respektiert, aber auch selbstbewusst und souverän tätig sein sollte. Die Initiative mit Hunderten von Mitgliedern existiert bis heute: ein echtes Netzwerk der Freiheit.

Mit allen diesen Überzeugungen habe ich für den Lufthansa-Veränderungsprozess das sogenannte »Siebenstufige Aktionsprogramm« entwickelt, dargestellt in Form einer siebenstufigen Pyramide – also wieder in Form eines Dreiecks. Ganz oben stand Serviceexzellenz, ganz unten standen operationelle Verbesserungen der Prozesse, Kosteneffizienz in Infrastruktur und Prozessen, adäquate Produkte und so weiter. Die Pyramide wurde nach oben hin immer immaterieller. Mit der großen Zielleitidee über allem: Serviceexzellenz. Etwas Ähnliches, die Personalentwicklungspyramide, habe ich übrigens schon 1994 entwickelt, als ich bei der Lufthansa begann. Es war wiederum die Beschreibung der Lufthansa-Welt, wie ich sie in fünf oder sieben Jahren errichtet haben wollte. Solche plakativen Leitideen muss ich zur Orientierung immer im Kopf haben, diese Ideen müssen aber auch operationalisiert werden. Aber immer als bildhafte Figur und mit eingängigen Begriffen, dargestellt auf einer Seite. Also feile ich an ihnen, dann teile ich sie einem kleineren Kreis von Menschen mit, mit denen ich zusammenarbeite, dann werden sie geschärft, noch weiter verfeinert, adjustiert, bis ich sie offen vielen mitteile und an sie weitergebe und sie so als Bestandteil des Unternehmensüberbaus wirksam werden können.

Bei der Lufthansa bin ich beide Male, als Leiter »Personalentwicklung und Führungskräfte«, dann als Passage-Vorstand vor mein Führungsteam getreten und habe gesagt: »Das ist die Zukunft. Das werden wir erreichen.« Wenige Wochen nachdem ich in den Passage-Vorstand berufen worden war, fand die jährliche, große Führungskräftekonferenz meines Ressorts statt. Ich war eigentlich auf dem Feld der Lufthansa-Dienstleistungen und -Produkte ein kompletter Laie, habe nur Beobachtungen und Reflexionen angestellt und mit meinen engsten Vertrauten geteilt. Mit Dirk Liess zum Beispiel, einem Lufthansa-

Veteranen, Menschenprofi und schnell dem wichtigsten Vertrauten. Ich habe mich also vor diese 200 erprobten, wohl auch hartgesottenen Operationsführungskräfte gestellt, die erkenn- und spürbar die Frage bewegte: Was will dieser Personaler, der nichts von unserem Geschäft versteht? Oder: Oh je, wem hat Jürgen Weber hier unsere Zukunft anvertraut? Gar nicht zu reden von der Frage: Warum hat Jürgen Weber nicht mich zum Passage-Vorstand nominiert?

Ich hatte mich viele Abende auf diesen ersten Aufschlag vorbereitet. Ich wusste, das würde wieder einmal so ein existenzieller »Moment of Truth« werden, in dem Profil zu zeigen unumgänglich ist. Ich habe dann jede der sieben Pyramidenstufen detailliert erläutert, sie in einem mehr als einstündigen Vortrag meinem neuen Führungsteam erklärt: So wird sie aussehen, die neue Lufthansa-Welt. Danach vorwiegend verunsichertes Innehalten. Es nahmen nur einige wenige meinen Vortrag begeistert auf, dafür reagierten viele unsicher und etliche hochgradig irritiert. Kein Wunder, waren doch die Aufgaben etwa von Managern in der Ground Operation bisher rein technisch definiert gewesen. Wie werden Check-in- oder Boardingprozesse effizient gestaltet? Wie reduziert man Personal an den Schaltern und wird kosteneffizienter? Plötzlich kommt da jemand und spricht davon, dass sich die Dienstleister zu Markenbotschaftern des Unternehmens aufschwingen sollten. Das hat die bisherigen Glaubenssätze dieser Führungskräfte auf den Kopf gestellt. Als ich zum Beispiel kurz darauf mit zwei tüchtigen Managern aus dem Produktentwicklungsbereich, einer Kollegin und einem Kollegen, zusammensaß und sagte, unser wichtigstes »Produkt« ist immateriell, unser wichtigstes »Produkt« ist der Mensch im Service, schauten mich beide entgeistert an und dachten bei sich, da wolle einer mit seinen blöden Personalkonzepten à la »Der Mensch steht im Mittelpunkt« unser tolles Produktgeschäft umbauen. Kurz: Meine Lufthansa-Veränderungsstrategien stießen nicht unbedingt und immer auf freudige Zustimmung, sondern mussten – wie natürlich auch zu erwarten – erst allerlei mentale Hürden der Betroffenen überwinden. Doch ich hatte schon bei der MTU, der DASA und auch anfangs bei der Lufthansa gelernt, schnell Territorien zu »besetzen«, nicht ideologisch, nicht militärisch, sondern durch Führungshandeln mit guten Ideen.

Ich hatte also relativ schnell ein solches mentales Veränderungsmodell entwickelt, das sich aus einer anfänglich vagen Idee zum Ideal – fundiert durch ein Konzept – und schließlich zu einer mit Begeisterung verbreiteten Vision steigerte. Zuallererst zu meiner eigenen Begeisterung. Aber es war, auch im Nachhinein betrachtet, eine vom Umfeld zunehmend mitgetragene, richtige Idee, die sich dann durch Markenbotschafter wie ein Virus verbreitete. Das Konzept trug selbst über die desaströsen Jahre 2001, 2002 und 2003 hinweg: Anschlag auf die New Yorker Twin Towers, im Jahr darauf die in China ausgebrochene Infektionskrankheit SARS und 2003 schließlich der Ausbruch des Irakkrieges. Auch in diesen düsteren Zeiten, in denen das Luftfahrtgeschäft Jahr für Jahr extrem eingebrochen ist, konnte ich, konnten wir die Ideen kraftvoll vertreten.

Allein dieser 11. September 2001. Als wir an jenem Morgen am Rande einer Vorstandssitzung die Fernsehbilder sahen, weil uns eine Sekretärin auf die furchtbaren Ereignisse aufmerksam machte, war uns in den ersten Stunden die Tragweite des Geschehens noch überhaupt nicht bewusst. Sie ist uns erst im Laufe der Zeit wirklich klar geworden. Keiner von uns hatte die dramatischen Auswirkungen nicht nur auf den weltweiten Luftverkehr, sondern auch auf die gesamtgesellschaftliche Situation so eingeschätzt, wie sie dann wenig später eintraten. Einige Stunden später an diesem 11. September hatten wir erkannt, dass es sich hier eben nicht nur um eine Attacke auf die Twin Towers handelte, sondern um einen Anschlag auf den internationalen Luftverkehr, auf eine wesentliche Versorgungsader des internationalen Geschäfts- und Tourismusverkehrs. Die Buchungszahlen bei der Lufthansa brachen – so wie im gesamten Luftverkehr – dramatisch ein, und zwar im Schnitt um fast 30 Prozent. Und das in den darauffolgenden Monaten derart erratisch, dass jeglicher Versuch einer Vorausplanung ad absurdum geführt wurde. Kaum ein Flug war ausgebucht, mal zu 60 Prozent, mal nur zu 15 Prozent ausgelastet. Es war schlicht nichts mehr planbar. Es handelte sich um die größte Krise der

Branche nach dem Zweiten Weltkrieg, bei der sie mehr verlor, als sie in den 20 Jahren davor an Gewinnen eingeflogen hatte. Die Lufthansa produzierte täglich Verluste von fünf Millionen Euro – aufs Jahr gerechnet 1,8 Milliarden Euro. Wir im Lufthansa-Passage-Führungsgremium fanden uns wieder als Schiff auf hoher See in vollkommen dunkler Nacht, ohne Sterne, ohne Kompass. Für mich persönlich war das eine der wichtigsten Führungserfahrungen.

Diese Krisenzeit nach dem 11. September 2001 war meine bisher unternehmerischste Zeit. Ich musste ungeahnte Verantwortung übernehmen und Risiken ohne Netz und doppelten Boden eingehen, die Gefahr des Scheiterns immer vor Augen. Es galt, ein Operationsschiff in widrigen Gewässern ohne Hilfsmittel durch unbekannte Untiefen zu steuern, ohne das Vertrauen der Kunden und der Mitarbeiter zu verlieren. Ich habe damals gelernt, im Dunkel der Nacht ohne Kompass Entscheidungen zu treffen. Und ich habe damals auch zu meiner Überzeugung gefunden, dass man Führung nicht in Schönwetterzeiten lernt, sondern im Strudel, in der Krise, im Wildwasser. Schönwetterkapitäne scheitern da oft kläglich.

Ich habe damals gelernt, Menschen Antworten zu geben, wo es eigentlich keine klaren Antworten mehr gab. Wir hatten ja selbst, als Lufthansa-Verantwortliche, keine Antworten mehr. In dieser schweren Phase habe ich ebenso gelernt, strategisches Vakuum durch die eigene Person, durch überzeugende Persönlichkeit und durch Authentizität zu füllen. Wenn ich mit den Kolleginnen und Kollegen diskutierte, hatte ich anfangs das Gefühl, dass ich zwar mit ihnen sprach, aber dass sie mir offensichtlich nicht glaubten. Und ich hatte vor, viele Dutzende dieser Gesprächsrunden zu absolvieren.

Eines späten Abends in diesem Krisenszenario ist mir dann klar geworden, was die Menschen bewegte. Sie dachten, da steht einer vorne, der gut reden hat. Der Sattelberger als Topmanager kann sich ja schnell vom Acker machen und in einem weniger turbulenzgeschüttelten Unternehmen verdingen. Der eine oder andere Manager hatte sich in diesen Krisenzeiten bereits abgeseilt und die Exitoption gezogen, hat die trudelnde Lufthansa verlassen und sich in weniger volatilen Branchen verdingt. Und wir, die kleinen Angestellten, die arbeitenden Menschen, sind wieder die Dummen.

Mir war bewusst geworden, dass das der Grund war, dass die Menschen mir, uns, nicht glaubten, dass wir auf ihrer Seite standen und für sie und nicht nur für uns selbst kämpften. Da habe ich einen, wie ich heute noch finde, mutigen Beschluss gefasst. Ich stellte mich in einer dieser Versammlungen hin und sagte: Eine Exitoption werde ich nicht ziehen, ich bleibe an Bord der Lufthansa, bis die Krise überwunden sein wird. Ausstiegspläne hatte ich sowieso nicht im Kopf, aber ich hatte mich jetzt unternehmensöffentlich festgelegt. Von da an gewannen meine Gesprächsrunden eine ganz neue Qualität. Die Menschen wussten, dass ich ein solches vollmundiges Versprechen nur um den Preis öffentlicher Schande würde brechen können. Mir ist bei alledem klar geworden, dass gerade in kritischen Zeiten höchster Anspannung Menschen jeden Blick, jeden Ton, jede Regung wahrnehmen und interpretieren. Man ist quasi gläsern. Unehrlichkeit oder Versteckspiele werden gnadenlos über die fünf Sinne der Gegenüber erspürt. Echtheit, Authentizität ist das einzige Kapital, das trägt. Ich beurteile Menschen im spontanen Kontakt ja ebenso.

Nicht nur, aber auch deswegen bedeutete meine neue Aufgabe bei der Lufthansa einen enormen Komplexitätssprung. Aus meinem bisherigen Personalentwicklungsgeschäft mit vielleicht um die 100 Mitarbeiter hatte ich es nun mit 20 000 Servicebeschäftigten zu tun, also mit einer ganz neuen Dimension. Ich verhehle nicht, dass mich dieser managerielle Aspekt auch ein wenig mit Genugtuung erfüllte. Dieser Komplexitätssprung bei der Lufthansa ruft in mir Erinnerungen an den 19- und 20-jährigen Thomas Sattelberger wach, der in einer Stuttgarter Wohngemeinschaft am großen Eichentisch saß und die Verantwortlichen der Stadtteil- und Betriebsgruppen, der Schüler- und Studentenorganisationen und der Lehrlingsgruppen organisierte. Ich glaube, diese Managementqualitäten habe ich schon in meiner jugendlichen Phase als Politaktivist entwickelt und gelernt. Projekte anzuschieben und steuernd zu begleiten, das Ganze unter zeitlicher Disziplinierung, die Vernetzung und Orchestrierung von Initiativen und Kampagnen, die Moderation unterschiedlicher Interessen- und Bedürfnislagen, solche Herausforderungen habe ich schon in jungen Jahren annehmen müssen und zu bewältigen gelernt. Das Managen, behaupte ich mal, habe ich zu mehr als 50 Prozent in meiner Gymnasialzeit und danach eingeübt. Bei der USSG und dann bei der Revolutionären Jugend Deutschlands.

Mittlerweile führte ich aber den größten Bereich der Lufthansa. Dass ich dort mit meinen Veränderungsansätzen gar nicht so falschliegen sollte, erschloss sich mir auch durch ein Buch, das ich seinerzeit entdeckte: Jan Carlzons *Moments of Truth*. Carlzon war der frühere Vorstandsvorsitzende der lange Jahre sehr erfolgreichen skandinavischen Fluglinie SAS. In seinem Buch, 1992 auch auf Deutsch erschienen mit dem Titel *Alles für den Kunden*, hat Carlzon zwei Faktoren besonders hervorgehoben: Erstens, dass es die klassische Pyramide auf den Kopf zu stellen gelte, ganz so, wie ich mir das für das Servicegeschäft der Lufthansa ausgedacht hatte. In der werde, so Carlzon, der Vorstand ganz unten angesiedelt, währenddessen oben die breite Basis der Mitarbeiterinnen und Mitarbeiter im Service throne. Auf dieser umgedrehten Pyramide hat er, zweitens, die Parole vertreten: »Serve the server to serve.« Diene also als Manager, als Führungskraft, dem Dienstleister, damit er seine Dienstleistung für den Kunden erbringen kann. Nicht von ungefähr hat Carlzon die SAS damals zu einer der blühendsten und erfolgreichsten Airlines weltweit gemacht. Aber gute Führung kommt und verblüht auch wieder.

Auch das ist eine Erkenntnis aus meinen Erfahrungen über Jahrzehnte: Immer sind solche Erfolge an die Menschen gebunden, die diese Ideen entwickeln und ihnen zum Durchbruch in der gelebten Unternehmenspraxis verhelfen. Es gibt wenige Ideen, die menschenunabhängig, also unbeschädigt den Abgang ihres Initiators oder Originators über stehen.

Ein kleiner Exkurs dazu: Es war für mich zur damaligen Zeit recht betrüblich, zu verfolgen, wie die Personalarbeit der Lufthansa wieder einschlief, die ich zuvor mit aufgebaut hatte. Mein geschätzter Kollege Stefan Lauer, der ja den Posten als Personalvorstand gar nicht anstrebte, aber auszufüllen hatte, richtete sein Augenmerk schon deswegen weniger auf die »Human Resources«. Als Vorstand für das Ressort »Verbund-Airlines und Konzern-Personalpolitik« lagen ihm die Airline-Services nun mal mehr am Herzen. Die Programme liefen zwar alle weiter, die ich seinerzeit mit der Lufthansa School of Business initiiert habe. Aber der Spirit der Akteure ging mehr und mehr verloren. Man kann die schönsten Architekturen errichten, aber ohne ideeninspirierte, begeisterte Akteure hat jede soziale Innovation den treibenden Motor verloren. Und gerät unter die Räder der Vernachlässigung, wird dann früher oder später vergessen.

Einmal stand ich mit meinem Assistenten, Oliver Barthelmeh, am Fenster meines Büros, von dem aus wir auf das Gebäude hinüberblicken konnten, in dem ich seinerzeit als Leiter »Personalentwicklung und Führungskräfte« gesessen hatte. Ich sagte zu Barthelmeh: »Dort drüben geht jetzt alles langsam den Bach runter«, und dabei hatte ich wirklich Tränen in den Augen. Auf der anderen Seite entwickelte ich jetzt eine überzeugende, neue Idee, die mindestens so kraftvoll für das Unternehmen Lufthansa war, wenn nicht noch kraftvoller. Während ich mir also die Tränen aus den Augen wischte, machte ich mir klar, dass ich mit meinem »Humans as Brand«-Ansatz noch näher am eigentlichen Dienstleistungsgeschäft der Lufthansa war, und dieses damit in einem viel weiteren, unmittelbareren Kontext beeinflussen konnte.

Besichtigen wir einige der Baustellen näher, die sich mir damals auftaten. In der alten Lufthansa-Kultur galt der Servicebereich als eine Art Fußabstreifer. Die vielen Tausend Menschen, die dort tätig waren, wurden eher als blaue Ameisen betrachtet, als notwendige Begleiter der abzufertigenden Kundschaft. Die Mächtigen – neben dem Management – waren die Piloten, sie waren die Herren der Lüfte.

Schon tat sich für mich ein erstes ideologisches Schlachtfeld auf. Ich behauptete erst einmal sehr kühn: Der Kapitän – damals gab es ja noch kaum Kapitäninnen – ist der Geschäftsführer des Flugzeugs und der Herr des Cockpits. Die Purserette oder der Purser sind die Herrin oder der Herr der Kabine. Das war, wie sich vorstellen lässt, eine spannungsvoll aufgeladene Diskussion. Immer wieder wurde ich zu Kapitäns- und Kopilotenseminaren eingeladen, wo ich mit diesen »Herren der Lüfte« in den ideologischen Clinch gegangen bin über die Relevanz von Service im Flugzeug. Ich habe ihnen jedes Mal deutlich gesagt, ich erwarte von ihnen, dass sie zusammen mit den Servicekolleginnen und -kollegen die Fluggäste im Eingangsbereich des Fliegers begrüßen und sich nicht im Cockpit verschanzen. Ich selbst habe übrigens jedes Jahr im Kabinenservice mitgearbeitet, Trolleys geschoben, Essen ausgeteilt. Eine Kollegin sagte einmal: »Lassen Sie lieber die Finger vom Getränkeeingießen, ich habe Sorge, Sie verschütten zu viel. Sammeln Sie lieber das schmutzige Geschirr ein.« Service in der Kabine ist eine extrem schwierige Aufgabe: körperlich und geistig, im Überblick und im Detail, im Verhalten und im Auftritt. Jede Führungskraft eines Dienstleistungsunternehmens sollte immer mal wieder im operativen Service mitarbeiten, um dessen Komplexität zu verstehen und vor allem dessen Bedeutung für die Kundenbeziehung und Kundenbindung.

Eine zweite Großbaustelle tat sich im Passage-Vorstand selbst auf. Mein Kollege Ralf Teckentrup war verantwortlich für das Streckennetz der Lufthansa und fürs Marketing, heute ist er Vorsitzender der Condor. Er nahm regelmäßig sogenannte Co-Joint-Analysen vor, also Marktforschungen, bei denen stets herauskam, dass das wichtigste Kriterium für den Fluggast die Effizienz des Streckennetzes und der Preis seien. Das Unwichtigste war laut der teckentrupschen Analysen immer der Service. Ich konnte jetzt ja nicht gegen diese Beweisführung der Studie anargumentieren, aber ich konnte anders handeln. Zumal jetzt in seinem Ressort laut darüber nachgedacht wurde, die Ressourcenallokation und die Projektpriorisierung analog diesen Analysen vorzunehmen. Die Mathematisierung von Strategie und Unternehmensführung führt in die Irre. Analytik ist wichtig, aber der Mensch, der Kunde, ist eben kein Homo rationalis. Der managerielle Instinkt ist deshalb die andere Seite der Medaille. Und wer einmal die Gespräche von Vielfliegern anhört, die oft viele Zehntausend Euro pro Jahr fürs Fliegen ausgeben, der weiß, was sie ärgert und was sie wünschen.

So entwickelte sich der Konflikt zwischen dem Vertreter des angeblich harten Netzmanagements und dem Vertreter des angeblich weichen Themas »Humans as Brand«, personifiziert im Konflikt zwischen Teckentrup und Sattelberger. Solche Sachkonflikte wirken sich natürlich auch meist auf der personellen Ebene aus, oft auch vice versa. Meiner Ansicht nach sind sie aber erstens notwendig, zweitens oft hart und drittens nicht unerfreulich. Das Ringen um Wahrheit ist immer auch ein Ringen um ein mental und machtpolitisch abzusicherndes oder zu besetzendes Territorium. Deswegen habe ich für das Ringen um Macht und Einfluss in Vorstandsgremien immer ein intellektuell entspanntes Verhältnis gehabt, auch wenn der emotionale Clinch oft wehtat. Es gibt diese Machtkämpfe, ohne sie geht es nicht in machtbasierten Organisationen. Jegliche etwaige, medienöffentliche Aufregung über das erbitterte gegenseitige »Stühlesägen« in Unternehmensvorständen muss darauf überprüft werden, ob es sich im Kern um egozentrische, narzisstische, neurotische Ringkämpfe oder um das Ringen um die jeweils eigene Wirklichkeitsdefinition und um die daraus abgeleiteten Wege in der künftigen Unternehmensstrategie geht. Oder um beides. Gerade Letzteres ist sehr schwierig auflösbar, oft nur im harten Konflikt. Ganz anders stellt sich dies dar, wenn sich Unternehmen auf den Weg partizipativer, ja demokratischerer Führung begeben.

Als der Lufthansa-Aufsichtsrat beschloss, Mayrhuber zum Konzernvorstand, zuständig für Lufthansa-Passage, zu ernennen, war Teckentrups Bestürzung groß. Hatte er, Teckentrup, doch mit Mayrhuber in dessen vormaliger Funktion als Vorstandsvorsitzender der LH-Technik AG unerbittliche Preisverhandlungen geführt. Er kam in mein Büro und äußerte bestürzt mit Tränen in den Augen, dass Mayrhuber dann wohl das Ende seiner, Teckentrups, Karriere einleiten würde. Solidarisch munterte ich ihn auf, da ich seine Einschätzung für zu pessimistisch hielt. Wenige Tage später hörten wir anderen Mitglieder im Bereichsvorstand, dass Teckentrup – welche kühne Wendung der Dinge – Jürgen Weber vorgeschlagen hatte, ob nicht er, Teckentrup, zur Entlastung Mayrhubers zusätzlich die Rolle des Koordinators im Passage-Vorstand übernehmen sollte. Egal ob man es als tollkühnen Schachzug Teckentrups oder als Chuzpe wertet, ich machte meine Kollegenvorstände mobil, und wir baten Weber um ein Gespräch. In diesem Gespräch sagten wir ihm einmütig, dass wir von Herrn Teckentrup koordiniert nicht tätig sein wollten und diesen Vorschlag entschieden ablehnten. Der *Touristik Report* von Heiner Berninger, die damals geschwätzigste Gazette in der Tourismus-branche, veröffentlichte kurz darauf einen Beitrag, in dem er von der »erfolgreichen« Rebellion dreier Passage-Vorstände berichtete. Mein Verhältnis zu Teckentrup hat sich natürlich nie mehr eingerenkt. Los-gelöst vom konkreten Fall zeigt sich aber auch, welche Dynamik das Ringen um Macht und Machtstrukturen annehmen kann.

All dessen eingedenk, war es eines meiner wichtigsten Anliegen, als neuer Bereichsvorstand das Vertrauen meiner 200 Führungskräfte zu gewinnen, die noch in einer anderen Lufthansa-Welt zu Rang und Würden gekommen waren. Ich hatte damals zwei gestandene Recken – den Leiter des Kabinenservice, Guido Gärtner, und den Leiter der Bodenservices, Thomas Nagel – an der Seite. Der eine An-fang 50, der andere Mitte 50. Etablierte, erfahrene Führungskräfte, die schon unter dem früheren Lufthansa-Vorstandsvorsitzenden Heinz Ruhnau gedient hatten. Altvordere also, die schon viele Vorge-setzte haben kommen und gehen sehen, die schon viele Irrungen und Wirrungen im Konzern beobachten konnten und überstanden ha-ben.

Bei diesen beiden Recken habe ich etwas gemacht, das mir auch spä-ter bei Continental und bei der Telekom hilfreich war. Ich habe diesen beiden vordergründigen Vertretern der alten Zeit unumschränktes Vertrauen entgegengebracht. Oft sind Menschen im Kern viel offener, kreativer und optimistischer, als die oft dicke Schale signalisiert. So war es auch bei Thomas Nagel und Guido Gärtner. Mir hatte man prophezeit, dass es mit den beiden unlösbare Konflikte geben würde. Ich dagegen habe ihnen gesagt, dass ich sie in ihrer Position respek-tiere und wertschätze. Und ich habe ihnen zugehört in der Überzeu-gung, dass in so gestandenen Führungskräften eine gehörige Portion

Weisheit und Erfahrung versammelt ist. Sie kennen die Fallstricke der Organisation, sie wissen, wer einem als Nächstes in die Suppe spucken könnte. Sie testen Vorhaben gnadenlos auf Machbarkeit. Das heißt nicht, dass ich diesen erfahrenen Unternehmensmanagern in jedem Punkt, in jeder Hinsicht in ihren Einschätzungen gefolgt wäre. Aber mithilfe ihrer Einschätzung sieht man die jeweils spezifische Gemengelage im Unternehmen viel klarer.

Hinter meinem Vorgehen stand erst mein Instinkt, später das Wissen, dass man nicht nur mit denen arbeiten kann, die ebenso leidenschaftlich gerne verändern wollen. Mit einem solchen selektiven Kurs entfremdet man sich systematisch von den anderen und verliert viele, die bisher einem anderen Realitätsentwurf huldigten. Erst wenn es gelingt, einen guten Teil der Skeptiker, der Konservativen und der Garanten der bisherigen Funktionstüchtigkeit des Systems zu gewinnen, erst dann sind Veränderungen des gesamten Systems möglich.

Das übrigens hat in mir auch die Überzeugung gestärkt, dass ich – wie schon zuvor erwähnt – nie mit bisherigen Getreuen im Huckepack eine neue Aufgabe angepackt habe. Ich habe immer gesagt: Ich arbeite mit denjenigen, die ich vorfinde. Und: Nagel, Gärtner und ich wurden innerhalb kurzer Zeit enge Vertraute. Dasjenige, das ich vorfinde, ist ja per se nicht schlecht, es hat ja durch Höhen und Tiefen bis ins Jetzt überdauert. Wenn ich also gestandene Manager, die die Vergangenheit mitgestaltet haben, für meinen neuen Kurs gewinne, dann kann sich der Erfolg erst recht einstellen.

Dabei besteht selbstredend immer das Risiko, dass einem einer dieser alten Managerrecken, die den jetzt eigenen Posten vielleicht auch gerne innegehabt hätten und deswegen verschnupft sind, das Messer nach Brutus-Art in den Rücken rammt. Nach meinen Erfahrungen ist das aber die eher unwahrscheinlichere Variante. Jedenfalls dann, wenn diese Manager erkennen können, dass man sie als neuer Vorgesetzter wirklich wertschätzt. Und dass man ihnen nicht noch zusätzlich eins auf die Mütze gibt, wenn sie schon bei einer Neubesetzung im Management übergangen wurden. Ihnen also nicht auch noch zu verstehen gibt, man selbst sei halt der Bessere. Das ist man ja sowieso nicht zwangsläufig, das muss sich im eigenen Wirken erst mit der Zeit beweisen. Obendrein lässt sich nie der Letztbeweis antreten, ob die Wahl des anderen Aspiranten nicht auch eine gute Wahl gewesen wäre. Es handelt sich bei solchen Topbesetzungen häufig um Entscheidungen in der Größenordnung 51 gegen 49 Prozent, bei denen nahezu Unsichtbares, letztlich Unwägbares den letzten Ausschlag gibt.

Mit dieser Vertrauensstrategie gelang es nun, trotz meiner Eigenheiten und kühnen Ideen, in meinem Leitungsgremium bei der Lufthansa und danach ohne zu große Auseinandersetzungen zu agieren. Manche meiner Vorstandskollegen haben kurz nach Amtsantritt etliche Vertreter des alten Systems »aufgehängt«, manchmal auch nur symbolisch, um nach dem Modell Nordkorea Führungsanspruch zu dokumentieren. Ich finde das schäbig, ja fast dumm. Ich habe mich in drei Vorstandspositionen im Verlauf von 14 Jahren von gerade mal einer Handvoll Topleuten getrennt. Daraus leite ich kein allgemeingültiges Rezept ab, wage aber die These, dass die Erfolgswahrscheinlichkeit bei meinem Vorgehen höher ist. Wenn man also nicht mit loyalen Truppen aus der vertrauteren Vergangenheit in eine neue Firma einmarschiert, sondern mit den Menschen arbeitet, die man vorfindet, und dort Loyalität neu schafft. Es ist in der Unternehmenslandschaft zu beobachten gewesen und weiterhin zu beobachten, wie solche fremden Truppen unter einem neuen Führer in ein Unternehmen stürmen, erst einmal Köpfe rollen lassen, also die »Gegner« im neuen Unternehmen nach allen Regeln der manageriellen Kriegskunst eliminieren. Das nimmt sich nicht selten wie ein militärischer Putsch aus, und nicht wie eine organische Neubesetzung. Dass solche Vorgehensweise für mich nie infrage kam, erklärt sich vielleicht auch durch meine ganz frühen Erfahrungen mit den engstirnig-dogmatischen Maoisten des KAB.

Zurück zum Lufthansa-Alltagsgeschäft der neunziger Jahre. Diejenigen, die meine neue Servicestrategie mit großer Freude aufgenommen haben, waren, kein Wunder, die Flugbegleiter, die gleichzeitig Managementaufgaben wie etwa Teamflugbegleiter, Team-Purser oder

Teamleiter im Servicebereich wahrnahmen. Sie sahen wir als Botschafter, als Missionare für die neue Kundenorientierung. Der Prozess begann erst einmal damit, dass wir den bisherigen Begriff des Flugbegleiters durch die neue Bezeichnung des Service-Professionals ersetzten. Wie schon in der oben erwähnten umgekehrten Pyramide skizziert. Dass wir zudem die Qualifikation dieser Service-Professionals in jedweder Form erweiterten, sei es durch Weinseminare oder durch Rollenspiele, wie First-Class-Kunden »ticken« und wie man sie noch zuvorkommender bedienen kann. Zudem haben wir, wie weiter oben schon erwähnt, ein neues Berufsbild kreiert: Servicekaufmann im Luftverkehr, ein anerkannter berufsbegleitender Berufsabschluss für Tausende Flugbegleiterinnen und Flugbegleiter, die einst mit wehenden Fahnen von der Realschule oder dem Gymnasium ohne Ausbildung zur Lufthansa gingen, um sich dort für den Kabinenservice anlernen zu lassen.

Wir haben vor dem Hintergrund der großen Wachstumsstrategie der Flotte Ende der neunziger Jahre zudem die Karrieremöglichkeiten fürs Kabinenpersonal ausgebaut. Und, nicht zu vergessen, wir haben auch in schlimmsten Zeiten, 2001, im Jahr des »Nine Eleven«-Einbruchs, 48 Millionen Euro für neue Uniformen unserer Flugbegleiterinnen und Flugbegleiter aufgewendet. Nicht nur Motivation, Kompetenz und Berufsbild, auch die äußere »Hülle« sollte auf den neuesten und modernsten Stand gebracht werden. Ich persönlich habe, dies nur am Rande, die »Pillbox« als Kopfbedeckung für die Flugbegleiterinnen durchgesetzt. Einfach deswegen, weil ich fand, dass eine Dame mit Hut sehr elegant und einnehmend wirkt. Leider tragen viel zu wenige Kolleginnen bis heute die Pillbox. Für die männlichen Flugbegleiter hätte ich mir auch eine schöne Uniformmütze gewünscht, aber damit konnte ich mich leider nicht durchsetzen. Mit den neuen Uniformen haben wir neue Trainingseinheiten eingeführt: Wie zieht man sich stilvoll an, wie bindet man die neuen Krawatten gut, wie bindet man das Halstuch – kurz: Wie bekommen wir in das immer etwas heikle Thema Uniformiertheit noch eine persönliche Note hineingewoben? Neben der Persönlichkeit in Uniform!

Das Ganze haben wir mit einem großen »Employer Branding«-Konzept verbunden, mit dem wir auch an ungewöhnlichen Stellen – Bushaltestellen, Schwulendiskotheken oder bekannten Modehäusern – für den Service-Professional bei der Lufthansa aufmerksam machen wollten. Das mit dem steten Hinweis darauf, wie wertvoll die Dienstleistung für die Marke und für die Persönlichkeit der Lufthansa ist. Zu Beginn meiner Tätigkeit als Bereichsvorstand »Produkt und Service« hatte ich ja gesagt, wir müssen den bisher Branchenbesten, die Swissair, bei der Servicequalität schlagen. Als wir dann – zumindest in der First Class – so gut waren wie die Swissair, gab es die gar nicht mehr. Sie war mittlerweile bankrott und wurde später, nach mehreren Eigentümerwechseln, von der Lufthansa übernommen.

Wir haben im Laufe meiner Tätigkeit als Bereichsvorstand noch viele weitere Initiativen ergriffen, bis hin zur Steuerung der Servicequalität durch Kundenbefragungen auf vielen Routen. Dazu haben wir Zirkel gebildet, damit die Mitarbeiterinnen und Mitarbeiter an vorderster Kundenfront Lösungen für deren Probleme erarbeiten konnten. Und wir haben mit »Cosmic« ein IT-System eingeführt, durch das die Serviceprofis unmittelbar Störungen, Irregularitäten und sonstige Probleme beim Service, aber auch Verbesserungsvorschläge eingeben konnten. Natürlich waren die Service-Professionals frühzeitig in alle Initiativen zur Neuentwicklung von Produkten und Prozessen eingebunden. Damit hatten wir ein umfassendes sensorisches Netzwerk für die Anliegen unserer 20 000 Service-Professionals geschaffen. Wenn man so will, haben wir unsere Servicebeschäftigten »empowert«, um ihren Beitrag zur Service- und Produktexzellenz zu leisten.

Echte Servicekultur ist ein fein gesponnenes Gewebe aus Können, Sinn, Motivation, Handwerkszeug und technischer Infrastruktur. Aber auch aus Führung, Wertschätzung und Beteiligung. Es ist, wie viele erfolgreiche Serviceunternehmen belegen, ein vieljähriges Weben an dieser Textur, das Serviceunternehmen wirklich kundenorientiert, gut und groß macht.

Aber auch andere Aktivitäten waren gefordert. Dutzende Male habe ich Fluggäste angerufen, die physisch oder psychisch handgreiflich gegenüber Service-Professionals geworden waren. Einmal bat ich ein Vorstandsmitglied einer renommierten Bank, doch künftig lieber mit einer Konkurrenz-Airline zu fliegen und sich dort auszutoben. Ich ließ meinen Assistenten aber auch alle Kundenbeschwerden, die an mich gerichtet waren, persönlich recherchieren, und ich antwortete auf jede persönlich. Übrigens habe ich durch diese Recherchearbeit die allerbesten Einblicke in die »Katakomben der Operation« bekommen. So sind wir auch morgens um fünf Uhr aufs Vorfeld gefahren, um bei den ankommenden USA-Fliegern zu checken, warum die Gepäckstücke der First-Class-Gäste nicht als erste verladen und aufs Band gebracht wurden.

Das alles hat sich ausgezahlt. Jahr für Jahr haben wir die Zufriedenheit unserer Kunden durch neutrale Agenturen abfragen lassen, und Jahr für Jahr stieg diese Zufriedenheit mit unserer Service-Performance signifikant weiter an.

Vorstandsvorsitzender Jürgen Weber stand dem Servicethema übrigens sehr nahe. Erstens, weil er viel unterwegs war mit Lufthansa-Maschinen, meistens von seinem Wohnsitz Hamburg nach Frankfurt und zurück. Er kannte das Geschäft in der Luft und am Boden allemal aus dem Effeff. Eines Tages rief mich Weber an und sagte: »Wem gehören die Bordkartenautomaten?« Ich erwiderte: »Dem Hersteller, wir haben sie geleast.« Er wieder: »Wem gehören die Bordkartenautomaten?« Ich wieder: »Der Firma soundso.« Weber stellte die Frage zum dritten Mal, bis mir die Erleuchtung kam und ich antwortete: »Mir.« Dann forderte Weber, ich solle dafür sorgen, dass die Automaten am Flughafen Hamburg und an allen anderen nicht ständig defekt seien. Ich muss dazusagen, dass ich eigentlich der Vater der neuen Generation der Bordkartenautomaten war. Ich habe sie mit der Vorgabe eingeführt: Ich bin der dümmstmögliche Fluggast. Sorgt dafür, dass diese Automaten inklusive Sitzplatzwahl so funktionieren, dass auch ich sie bedienen kann! Nun lagen aber offenbar Defekte in Hülle und Fülle vor, und das an allen Flughäfen. Ich habe dann ungelogen eineinhalb Jahr lang mit meinen Teams sowie mit den Dutzenden Lieferanten und Sublieferanten jede zweite Woche eine dreibis vierstündige Sitzung anberaumt, um die Prozess-, Produkt- und Systemfehler sowie Vertragslücken zu beheben. Es war qualvoll für alle Akteure, es handelte sich um einen technischen wie administrativen Dschungelkampf ohnegleichen, den ich, auf dem Fachgebiet Laie, mit Druck, Drohungen und Nachfassen und mit fast militärischer Disziplin ausfocht. Denn der Kunde litt ja. Die Komplexität einer Airline-IT-Infrastruktur ist unglaublich. Aber Servicequalität drückt sich eben auch in der Zuverlässigkeit der IT-Systeme und der technischen Infrastruktur aus. Nach geschlagenen eineinhalb Jahren konnte ich Jürgen Weber dann endlich Vollzug melden. Er lächelte und bedankte sich kurz. In diesen Jahren erwarb ich mir offenbar den Ruf, zwei Seiten zu repräsentieren: Bulldozer für sorgfältigste Organisation und Champion für gute Menschenarbeit im Service.

Ein ähnlich wachsames Auge auf den Service hielt übrigens auch Wolfgang Mayrhuber. Er tüftelte höchstselbst an Lösungen, wie man in den Ablagen über den vorderen Flugzeugplätzen mehr Raum für das Gepäck der Vielflieger schaffen könnte. Diese waren nämlich meist voll mit Feuerlöschern, Koffern der Mitarbeiter, Erste-Hilfe-Ausrüstung, Defibrillatoren und Ähnlichem. Mayrhuber persönlich hat dann unterschiedliche Flugzeugtypen inspiziert und Unterbringungsmöglichkeiten ausfindig gemacht, wo sich diese Gerätschaften anderweitig verstauen ließen.

Unter dem späteren Lufthansa-Chef Christoph Franz zog dann allerdings wieder der Schlendrian diesbezüglich ein. Ich erinnere mich, wie ich in meiner Zeit als Telekom-Vorstand als Vielflieger eine ganze Batterie an Beschwerden gesammelt hatte. Franz war der einzige Lufthansa-Vorstand, den man nicht unter einer der möglichen E-Mail-Kombinationen erreichen konnte. Ich war so verärgert, dass ich mit dem Gedanken spielte, als ehemaliger Produkt- und Serviceprofi der Lufthansa dem *Spiegel* ein Interview dazu zu geben. Der Pressesprecher der Lufthansa vermittelte schließlich ein Telefonat mit Franz, aber der kannte sich mit meinen Anliegen gar nicht aus. Unter Topkunden wurde immer belächelt, dass Franz innereuropäisch offenbar wenig mit der Lufthansa, sondern meist mit der Swissair flog, also von Lufthansas Servicedefiziten nicht viel verstehen konnte. Sein Wohnsitz befand sich nämlich in Zürich.

Im Nachhinein betrachtet waren die Lufthansa-Jahre für mich eine sehr bewegende, schöne, überaus lehrreiche Zeit. Mich noch einmal an die Notstands- und Krisenjahre 2001, 2002 und 2003 erinnernd, waren das sogar richtig gute Jahre, in denen die Zufriedenheit unserer Kunden mit dem »empowerten« Servicepersonal signifikant anstieg.

Unterm Strich bleibt mir, noch einmal auf »Nine Eleven« rekurrierend, eine ganz wichtige, prägende Erkenntnis. Wenn ich an diese existenzielle Krise zurückdenke, dann hat sich bei mir in meinen Lufthansa-Jahren noch eine weitere Überzeugung herausgebildet: Menschen schauen durch dich hindurch; sie schauen darauf, wie du deine Hände bewegst, sie blicken in deine Augen, sie versuchen, aus jeder nonverbalen Geste Schlüsse zu ziehen, wie es um deine Aufrichtigkeit und Standfestigkeit bestellt ist. Da hatte ich verstanden, dass nicht nur in Krisensituationen, sondern immer und stets der gesamte Mensch, Thomas Sattelberger, mit Körper, Geist und Seele gefordert ist. Das war für mich ein Schlüsselerlebnis bei der Lufthansa.

Ein zweites Schlüsselerlebnis bestand darin, dass der Krankheitsstand im Unternehmen in eben diesen Krisenjahren nach den Terroranschlägen mit Flugzeugen auf einzelnen Routen auf bis zu 30 Prozent angestiegen war. Diese Quote beträgt im Durchschnitt der Unternehmen um die vier Prozent, im Dienstleistungsgeschäft aufgrund starker psychischer Belastung etwas mehr. Was war los bei uns? Natürlich war los, dass gerade für die Mitarbeiterinnen und Mitarbeiter die Angst vor den Gefahren und Risiken wuchs, die Flüge generell und in eher unsichere Weltgegenden bedeuten konnten. Wenn etwa die Tochter oder der Enkel am nächsten Morgen für einen Flug nach Tripolis eingeteilt war, haben Mutter oder Opa gesagt: Um Himmels willen, das ist doch viel zu gefährlich!

Nach »Nine Eleven« hatte das Flugpersonal Angst, so wie die potenziellen Fluggäste Angst hatten, einen Flug anzutreten. Im habituellen Duktus eines Topmanagers versuchte ich, meine Führungscrew erst einmal recht rigide zu instruieren, und sagte: »Dann weisen Sie Ihre

Leute doch auf ihren Arbeitsvertrag mit seinen darin enthaltenen Pflichten der Arbeitserbringung hin.« Darauf sagten meine leitenden Kabinenmanagerinnen, zu 90 Prozent Frauen, ganz einfach: »Nein, machen wir nicht. Damit würde sich das Problem der Krankmeldungen nur noch verschärfen.« »Was soll denn diese Widerrede«, meinte ich, »natürlich machen Sie das!« Aber die Kolleginnen haben vehement Widerstand geleistet. Ich: »Was also machen Sie dann?« »Wir rufen jede und jeden vor Antritt des Dienstes an«, antworteten sie. »Dann müssen Sie ja jeden Tag Tausende von Telefonaten tätigen.« »Ja«, meinten sie, »das haben wir schon vorbereitet.« Daraufhin hat das gesamte Kabinenmanagement tagelang fast rund um die Uhr telefoniert, den Stewards und Stewardessen gut zugehört und zugeredet, und sie haben es innerhalb von zwei bis drei Wochen geschafft, die Krankenstandsquote wieder auf passable Größenordnungen zu reduzieren.

Für mich war diese Aktion eine einzigartige Erfahrung. Nicht nur, weil ich mit diesem geballten, kollektiven Nein auf meine Anweisungen konfrontiert wurde. Dieses Nein hat auch meine manageriell eingeübten Routinen infrage gestellt. Und schließlich haben diese – weit in der Mehrzahl – Managerinnen mit einer Robustheit und Zielstrebigkeit und ganz anderen Routinen das Krankenstandsproblem in den Griff bekommen, wie ich mir das anfangs überhaupt nicht habe vorstellen können. Diese Erfahrung, so viel darf ich schon einmal vorwegnehmen, hat mich bei meinen späteren Überlegungen hinsichtlich der Frauenquote bei der Telekom mitgeprägt.

Es waren, alles in allem und noch einmal, extrem harte Zeiten für die Lufthansa. Das Unternehmen machte damals wegen des schwer eingebrochenen Geschäfts wie gesagt täglich fünf Millionen Euro Verlust. Dennoch hatten Wolfgang Mayrhuber, damals als Vorstandsmitglied der Lufthansa für das Ressort Passage mein Chef, und ich besprochen, für einen dreistelligen Millionenbetrag das First-Class-Terminal am Frankfurter Flughafen zu bauen. Das war ein klares Bekenntnis dafür, dass die Lufthansa den Anspruch vertrat, Premium-Carrier zu sein. Mayrhuber fragte mich, wie ich das sähe, ob wir angesichts der niederschmetternden Geschäftslage das First-Class-Terminal wirklich weiterverfolgen sollten. Ich antwortete, Herr Mayrhuber, gerade jetzt in der Krise zeige sich, ob wir unserer Überzeugung treu bleiben oder uns von den widrigen Umständen in die Knie zwingen lassen wollten. »Lassen Sie uns das Projekt umsetzen.« Dass sich diese Strategie der bedingungslosen Kundenorientierung auszahlte, dokumentieren die Geschäftszahlen aus dem Jahre 2003, einem der erfolgreichsten der Lufthansa.

Bei der Bewältigung der Krise hat aber immer jenes Magische Dreieck, das ich seinerzeit mit Heiko Lange entwickelt hatte, eine ganz wichtige Rolle gespielt. Wir haben daraus abgeleitet, dass wir in dieser schweren Krise den Menschen, den Mitarbeitern genauso wie allen anderen Unternehmensbeteiligten verpflichtet sind. Außerdem lautete unser zweites Credo, dass der Luftverkehr Zukunft habe und dass wir mittel- und nicht kurzfristig denken wollen. Deswegen würden wir, wenn der Aufschwung einsetzen würde, schnell wieder qualifizierte, motivierte Menschen im Kundenservice brauchen.

Man muss sehen, dass wir nach »Nine Eleven« 30 Prozent Personal zu viel an Bord hatten. Flugzeugüberkapazitäten kann man schnell mal in der Wüste Arizonas abstellen. Menschen nicht. Im Übrigen war die Lufthansa damals eines der ersten Unternehmen in Deutschland, in dem angesichts der Krise nicht nur die einfachen Mitarbeiter, sondern auch sämtliche Führungskräfte bis in den Vorstand hinein Verzicht geleistet haben. Wir griffen bezogen auf die Personalkosten auf den gesamten Handwerkskasten der Kapazitätsreduktion beziehungsweise der Flexibilisierungsinstrumente zurück: Einstellungsstopp, Zwangsurlaub, massiver Abbau von Überstunden, um kurzarbeitsfähig zu werden. Für das Kabinenpersonal wurde zudem erstmals Kurzarbeit eingeführt. Die damaligen Arbeitszeitkorridore im fliegerischen Bereich von 70 bis 90 Blockstunden wurden an die Untergrenze gefahren. Hunderte von Mitarbeitern wandelten ihre Vollzeitstellen in Teilzeitstellen um, und wer ein mehrjähriges Sabbatical einlegen wollte, erhielt eine Rückkehrgarantie. Dies erbrachte jedoch erst zu zwei Dritteln den Umfang der nötigen Einsparungen. In har-

ten Verhandlungen einigten sich die Sozialpartner darauf, den Tarifvertrag für das Boden- und Kabinenpersonal um sieben Monate von
14 auf 21 Monate zu verlängern. Die für das Cockpitpersonal vereinbarte Vergütungserhöhung verschob sich für ein Jahr. Da die Treppe
von Verzicht und Opfer in der Krise von oben nach unten gekehrt
wurde, verzichtete der Lufthansa-Vorstand auf zehn Prozent der Fix-
vergütung zusätzlich, der variable Anteil der Vorstandsbezüge war eh
schon weggefallen. Führungskräfte und außertarifliche Mitarbeiter
erklärten sich ebenfalls zu einer Reduzierung ihrer Festbezüge um
vier bis sieben Prozent für ein halbes Jahr bereit. Damit war das dritte
Drittel der geplanten Einsparungen erreicht. Alles in allem konnte
die Lufthansa dadurch ihre Personalkosten zeitlich befristet um rund
30 Prozent senken und die Personalkapazitäten weitgehend an die
Kundennachfrage anpassen. Aber vor allem konnten wir Massenentlassungen gut ausgebildeter und motivierter Service-Professionals
vermeiden. Ebenso gelang es uns, die zwei weiteren, kurz aufeinander
folgenden Krisenschübe durch die SARS-Epidemie anno 2002 und
durch den Irakkrieg 2003 zu verarbeiten. Auch in diesen Krisenzeiten für die Luftfahrt waren die Geschäfte erneut um 15 bis 25 Prozent
eingebrochen.

Dabei lagen wir mit einer Hypothese richtig. Wir setzten auf eine U-
förmige Entwicklung der Krise, nicht auf einen V- oder L-förmigen
Verlauf. Weder rechneten wir mit einer kurzen »Frostperiode« noch
mit einer strukturellen, sehr langen »Eiszeit«, sondern mit einem längeren »Wintereinbruch«.

Wie war es möglich, in so kurzer Zeit und in einer so konzentriert-
disziplinierten Aktion zwei Drittel der benötigten Flexibilität zu erzielen? Voraussetzung für unser schnelles Handeln war, dass wir einen
möglichen, krisenbedingten Einbruch schon antizipiert hatten. 1999,
über zwei Jahre vor dem 11. September, hatten wir die Revision be-
auftragt, die damals vorhandene Elastizität der Beschäftigung beziehungsweise des Systems Arbeit bei abruptem Markteinbruch zu
prüfen. Das Ergebnis war, dass wir damals die Fähigkeit hatten, maximal zehn Prozent Produktionseinbruch durch die klassischen Per-

sonalinstrumente relativ rasch zu beherrschen. Das Schlüsselwort für den Erfolg heißt antizipierende Konsequenz. Das bedeutet, erstens die personalpolitischen Voraussetzungen für einen 25-prozentigen Einbruch der Geschäfte schrittweise zu schaffen. Zweitens einen Plan zu entwickeln, wie das in 100 Tagen zu schaffen sein würde, und drittens hieß es, das alles unter Ausschluss betriebsbedingter Kündigungen zu gestalten. Eine wieder einsetzende Erholung, egal ob nach V-, L- oder U-förmigem Krisenverlauf, sollte möglichst mit einer vorhandenen, servicekompetenten Dienstleistungscrew bewältigt werden.

Atmende Strukturen, sowohl flexible der Organisation als auch Beschäftigungsformen bei den Mitarbeitern, sind das Rückgrat krisenrobuster, agiler und wetterfester Unternehmen. Atmende Organisationen passen sich nach oben wie nach unten sich dramatisch verändernden Marktbedingungen besser an und können – wenn vorher die passenden Strukturbedingungen geschaffen wurden – idealerweise einen kurzfristigen Einbruch, aber auch ein Nachfragewachstum von je bis zu 30 Prozent verkraften. Das ist allerdings eine in der Krise lediglich notwendige, aber nicht hinreichende Bedingung. In der Dramatik einer Krise sind die schnellstmögliche Reaktion sowie eine drastisch erhöhte Anpassungsgeschwindigkeit gefragt. Nicht nur, um die Kosten so schnell wie möglich zu senken, sondern auch, um rasch Wachstumschancen auszuschöpfen. Oder, um es einmal poetisch zu formulieren: »Gleichzeitig den Drachen töten und die Prinzessin erobern.«

Entscheidungen, die in diesen Fällen zu treffen sind, erfordern Beherztheit, Disziplin und das persönliche »In-der-Arena-Stehen« der Führungskräfte. Ich erinnere mich noch bestens, wie wir in den Leitungsrunden meines Ressorts über Monate hinweg wöchentlich und mit Namenslisten den Abbau von Überstunden und Urlaub Zehntausender Mitarbeiterinnen und Mitarbeiter kontrollierten, um die Möglichkeiten auszuschöpfen, auch Kurzarbeit zu beantragen.

Um ein moralisches Dilemma kam ich allerdings nicht herum: In den Verhandlungen mit den Gewerkschaften in Sachen Gehaltsverzicht gab es eine Phase, in der sie auf stur schalteten. In meinem Ressort hatten wir einige Tausend junge Flugbegleiterinnen und Flugbegleiter in der Probezeit oder in Ausbildung. Ich stellte mich vor meinen Führungskreis und sagte, wenn die Gewerkschaften nicht nachgeben, dann muss ich die Entscheidung forcieren, diesen jungen Menschen zu kündigen. Wenn sie nämlich in Kürze fest angestellt an Bord kommen, werden sie ein weiterer Teil des Problems, das wir gerade zu lösen versuchen. Ohne Gehaltsverzicht für eine gewisse Zeit ist an Neueinstellungen nicht zu denken.

Da schauten mich meine Führungskräfte total entgeistert, ja bestürzt an. Wie kam ausgerechnet ich, der Vorkämpfer für Service-Professionals, auf eine solche Idee? Sicher steht Serviceexzellenz nach wie vor über allem, sagte ich. Aber das Geschäftssystem muss wirtschaftlich reüssieren können, mit Service ohne Profitabilität reiten wir ein totes Pferd. Diese ernst gemeinte und von mir kraftvoll vertretene Haltung sprach sich auch bei den Gewerkschaften herum und trug dazu bei, eine Einigung herbeizuführen. Die Drohung wirkte schon deswegen, weil man wusste, dass ich nicht mit rhetorischen Pappkameraden spielte, sondern weil ich es ernst meinte. Hätten die Gewerkschaften weiter auf stur geschaltet, hätte ich dem Vorstand den Beschluss vorgelegt, die jungen, angehenden Lufthanseaten tatsächlich nicht einzustellen – auch wenn meine Serviceseele geblutet hätte. Sobald man bestimmte Optionen ins Feld führt, muss man auch dazu bereit sein, sie zu ziehen. Das hat mit Seriosität sowohl beim Verhandlungspoker als auch bei der Unternehmensführung zu tun. Das schließt aber auch die Notwenigkeit mit ein, für sich selbst die Optionen radikal bis an die Wurzeln durchzudeklinieren. Und vor allem die Frage für sich zu beantworten: Was wäre meine Ultima Ratio? In solchen existenziellen Situationen fühle ich mich kurzzeitig wie aus dem All auf meine Welt blickend und dann die Entscheidung treffend: »Völlig losgelöst von der Erde …«. Der Song von Peter Schilling über »Major Tom« erinnert mich an solche ultimativen Entscheidungen, die ich bisher im Geschäft zu treffen hatte. Es waren nicht viele, aber eben echte Dilemmata. Und ganz gewiss nichts für Schönwetterkapitäne.

Im Rückblick betrachtet litten Daimler und die DASA unter dem Despotismus und Größenwahn Jürgen Schrempps, in Koalition der Aufsichtsratsvorsitzende Rolf Breuer, der mit Schrempp fraternisierte, und Schrempp selbst, der mit der Arbeitnehmerbank im Aufsichtsrat und betrieblichen Arbeitnehmervertretern fraternisierte. Die Lufthansa litt ab 1994 an dem antagonistischen Konflikt insbesondere des Cockpitpersonals mit der Kranichführung. Natürlich sind die Höhe der Personalkosten und ihre Atmungsfähigkeit sowie bewegliche Produktionsplattformen unabdingbar, um die Verletzlichkeit des Geschäftssystems durch marktfremde Faktoren, aber auch durch die Attacken der easyJets und Ryanairs und heute zusätzlich durch die Airlines aus dem Nahen Osten zu kompensieren. Gleichzeitig wollen Menschen ihre – auch unter schwierigen Bedingungen – erworbenen Besitzstände schützen. Neben anderen Gründen war die Star Alliance der erste kluge Schachzug, um organisch wachsen oder schrumpfen zu können. Die Gründung anderer deutscher oder nicht deutscher Produktionsplattformen – von der Lufthansa Express bis zur Lufthansa Italia – war dagegen von wirklichem Erfolg gekrönt. Auch die von mir mitgetriebene Gründung internationaler Flugbegleiterbasen und ausgelagerte Bodenverkehrsbetriebe hoben nie richtig ab. Beides wurde in den Tarifauseinandersetzungen leider nur als Drohkulisse benutzt und gegen mäßige Lohnprozentzugeständnisse wieder einkassiert oder unter der Wucht der Pilotenstreiks zurückgenommen beziehungsweise zur Stagnation verurteilt. Die Piloten mit ihrer Gewerkschaft konnten uns immer wieder erpressen, oder wir scheuten den ultimativen Konflikt.

Amerikanische Airlines haben die Gnade des »Chapter 11«, durch welche Gesetzgebung sie sich der Verbindlichkeiten und Zusagen auch im Personalbereich entledigen können, für einen entschlackten Neubeginn genutzt. Allerdings um den Preis, dass inneramerikanische Flüge wie die Abfertigung in innerstädtischen Verkehrsbetrieben funktionieren, die Interkontinentalflüge hingegen wie Grubes Bahn AG. Die Lufthansa steht – wenn die Befriedung der fliegenden Belegschaft nicht gelingt und die Fraktionierung in machtvolle, kleine Spezialgewerkschaften nicht beendet wird – vor Konflikten nach dem Muster der griechischen Tragödie. Und dieses Spiel geht schon seit 20 Jahren so, die Zahl der Handlungsoptionen wird geringer, ebenso die Courage und Durchhaltekraft bei Konflikten. Zu oft schon hat sich das leidige Spiel wiederholt: Drohkulisse mit einer alternativen Produktplattform, Antwort mit Streik, dann Kompromisslösung mit Zugeständnissen der Beschäftigten bei den geforderten Lohnprozenten, aber gleichzeitigem Zurückziehen der vom Lufthansa-Vorstand angedrohten strukturellen Alternative. Es ist meine feste Überzeugung, dass dieses wiederholte Zurückweichen vor disruptiven Entscheidungen auch mit der Angst vor den unbekannten Folgen solcher Entscheidungen zu tun hat. Und oft stellt man sich in solchen existenziellen Situationen nur das Schlimmste als Konsequenz vor, nicht mittlere oder gar gute Ausgänge. Also lieber ein Schrecken ohne Ende als ein Ende mit ungewissem Ausgang.

Der ehemalige US-Präsident Ronald Reagan hat seine ständige Machtprobe mit den Fluglotsen seinerzeit dadurch gelöst, dass er nach langen Streiks allen kündigte und die Flugsicherung des zivilen Luftfahrtverkehrs militärischem Personal übertrug. Das ist natürlich nicht übersetzbar auf heutige, gar auf deutsche Verhältnisse. Aber das Prinzip wird klar: Eine solche Machtprobe muss aufgenommen und durchgestanden werden, bei gleichzeitiger Einschränkung der Rechte von Spezialgewerkschaften.

Persönlich sehe ich derzeit nur noch einen großen Knall und einen Neuanfang oder quälendes Durchwursteln, ja sogar Siechtum auf die Lufthansa zukommen. Ich kann Carsten Spohr, dem heutigen Vorstandsvorsitzenden, nur alles Gute und eine so harte wie glückliche Hand wünschen. Ich stellte Spohr 1993, als die Lufthansa vorübergehend einen Einstellungsstopp für Piloten verhängte, nach bestandenem Assessment-Center in die zentrale Nachwuchsgruppe der DASA ein, und wenige Monate später wurde er nach seinem Eintritt bei der Lufthansa Leiter des Personalmarketings in meinem Bereich. In dieser Aufgabe lud er Jürgen Weber zu einer Hochschulveranstaltung ein und wurde kurz darauf zu meiner Freude Webers Assistent. Heute steht er an der Spitze der Lufthansa. Er sagt noch heute, dass er zwei große Mentoren hatte, Jürgen Weber und mich.

Für die Lufthansa indessen waren in den Jahren 2002 und 2003 solche eben geschilderten Probleme überlagert von den damaligen Notständen und dem tiefen Aufatmen, dass die Krise ohne Massenentlassungen bewältigt worden war. Und wie gesagt, vom Geschäftserfolg her war 2002 passabel, 2003 wurde sogar ein Spitzenjahr.

Im Herbst 2002 erhielt ich den Anruf eines der Topheadhunter der Republik, der mich fragte, ob ich mir vorstellen könnte, als Personalvorstand zum Autozulieferer Continental zu kommen. Das heißt, den Namen Conti erwähnte er nicht sofort, sondern sprach nur von »einem Unternehmen, das gute Chancen hat, wieder in den DAX 30 aufzurücken«. Ich kannte die Continental AG insofern etwas näher, als ich mit deren früherem Personalentwicklungschef Wolf Dieter Gogoll, einem klugen Veränderungsmanager, in meinen DASA- und ersten Lufthansa-Jahren intensiven Austausch pflegte. Ich war interessiert. Mein Interesse war nicht nur dadurch begründet, dass ich in meinen fast zehn Jahren bei der Lufthansa wichtige Weichen gestellt und wirklich schöne Erfolge erzielt hatte, sondern weil meine – ich nenne sie mal innere Sensorik – nun signalisierte, es sei jetzt Schluss mit dieser Etappe. Bei Continental, so die neue Aussicht, könnte ich endlich jene Position erklimmen, die ich schon seit Jahren angestrebt hatte: Personalvorstand in einem großen Konzern.

Kapitel 4

2003 bis 2007: Continental AG

AN FORDERNDSTER FRONT: ARBEIT AM EFFIZIENZLIMIT

Vom Mittreiber des ökonomischen Zeitgeistes und der Globalisierung beim Hannoveraner Automobilzulieferer zum Ausbrecher aus verengter Wagenburglogik

Bevor ich meinen Vorstandsvertrag bei der Continental AG in Hannover unterschreiben konnte, durchlief ich erst einmal das übliche Prozedere. Mein erster Gesprächspartner war Manfred Wennemer, der damalige Vorstandsvorsitzende von Conti. Der übrigens, dies nur am Rande, ausgerechnet am 11. September 2001, dem Tag der Terroranschläge auf New York, auf einer dramatischen Aufsichtsratssitzung der Continental AG installiert worden war.

Danach sprach ich mit Ulrich Weiss, bis 1998 Deutsche-Bank-Vorstand und damals Conti-Aufsichtsrat. Vor allem ging es in diesem Gespräch ausführlich über seine favorisierten Schwerpunktthemen Menschen und Führung. Es gibt übrigens kaum Aufsichtsräte in Deutschland, die mit dem Thema Personal und Führung etwas am Hut haben, geschweige denn es von der professionellen Seite her beherrschen. Die überwiegende Mehrzahl der Aufseher ist im operativen Geschäft, in der Technologie oder im Finanzwesen verankert. Ich sprach also sehr lange mit dem sehr kundigen Ulrich Weiss, darauf folgte wiederum ein ausführliches Gespräch mit Wennemer. Zum Schluss interviewte mich der Aufsichtsratsvorsitzende Hubertus von Grünberg – und das sage und schreibe ganze vier Stunden lang. Danach erst war der Weg für Gespräche mit der Arbeitnehmerbank des Aufsichtsrats frei.

Dieses Vier-Stunden-Gespräch mit Grünberg war in zweierlei Hinsicht interessant. Erstens hatte ich den letzten Flieger von Hannover zurück nach München gebucht, aber wegen des langen Gesprächs mit Hubertus von Grünberg versäumt. Dabei hatte ich den Zeitpuffer vermeintlich schon sehr großzügig definiert. Aber wer rechnet damit, dass sich ein Aufsichtsratsvorsitzender Zeit für ein Vier-Stunden-Gespräch mit einem Vorstandskandidaten nimmt? Zudem hatte von Grünberg einige meiner Bücher wenn vielleicht nicht gelesen, so doch offenbar intensiv durchgeblättert. Das heißt, wir haben uns mindestens die Hälfte dieser vier Stunden über Unternehmenskultur und personalphilosophische Fragestellungen unterhalten. Hubertus von Grünberg ist ja der Typus des draufgängerischen, ostpreußischen Junkers und gleichzeitig des Intellektuellen. Nicht nur einer mit intellektuellem Anstrich, sondern von echtem Intellekt. Somit führten wir ein richtig spannendes Gespräch, an dessen Ende mir dennoch nicht recht klar war, zu welchem Ergebnis von Grünberg hinsichtlich meiner Nominierung als Personalvorstand gekommen sein mochte. Erst als mich etwas später die Einladung seitens der Arbeitnehmerbank im Aufsichtsrat erreichte, wusste ich, dass es jetzt ernst wird, dass ich mich in der allerengsten Auswahl befand.

Tatsächlich haben mir sowohl Wennemer als auch von Grünberg intensiv auf den Zahn gefühlt und nachgebohrt, ob mir auch bewusst sei, dass es in der Automobilzulieferbranche im Kern ums Managen von Effizienz und Kosten gehe, zumal in einem börsennotierten Konzern wie der Continental AG. In Stiftungsunternehmen der Zulieferbranche wie Bosch oder ZF Friedrichshafen konnte und kann das

Geschäft naturgemäß etwas weniger effizienzgetrieben angegangen werden – aber auch nur bis zu den Grenzen, da die Verluste beginnen, in den einzelnen Geschäften den Gewinn aufzusaugen. Wie es zum Beispiel Bosch mit seiner Solarsparte erging, die das Unternehmen 2013 aufgab. Von Grünberg erforschte noch dazu, ob ich Sinn und Kraft besäße für größere Unternehmensunterfangen wie »M&A«, also Fusionen und Zukäufe. Hatte ich.

So oder so, Manfred Wennemer war jedenfalls der forderndste und anstrengendste Vorstandsvorsitzende, den ich als Vorstandsmitglied je erlebt habe. Er huldigte einer Unternehmensphilosophie, die hochminimalistisch war, was sein Verständnis von der Rolle einer Hauptverwaltung und deren Zentralfunktionen betraf. Overhead-, also Verwaltungsstrukturen mussten so reduziert sein, dass sie nicht üppige Dienste anbieten oder sich gar anderen Unternehmenseinheiten aufdrängen konnten, sondern wurden so karg gehalten, dass sie selbst um Hilfe baten. Sein unerbittlicher Fokus lag auf den Profitcentern, die möglichst autark handeln sollten. Wennemer war ein entschiedener Gegner des Synergieprinzips. Man könnte sein Idealbild einer Organisation systemtheoretisch betrachtet als ein »loosely coupled system« bezeichnen. In diesem System sind die einzelnen Teile nur locker miteinander verknüpft, sodass sie ohne große Konzernsteuerung autonom wachsen konnten, aber auch im Falle einer Gefahr oder Attacke nicht das Gesamtsystem zu infizieren vermochten.

In einem organisational-sozialdarwinistischen Sinne kann ein Subsystem ohne zu große Gefährdung für den Rest des Systems entweder krank alleine seinem Schicksal überlassen oder krank wie gesund abgetrennt und verkauft werden. Gleichzeitig ist in diesem Verbund jedes Teil auch einzeln überlebensfähig, sodass es im Falle einer Attacke auf andere Teile des Systems oder aufs Gesamtsystem nicht substanziell in seiner Einzelexistenz bedroht ist. Und: Kleine Einheiten lassen sich gut von einer minimalistisch geprägten Zentrale mittels betriebswirtschaftlicher Leistungskennzahlen (KPI: Key Performance Indicator), Budgets und Investitionspolitik steuern. Unternehmenskulturell war diese gelebte Philosophie autonomer Geschäftseinheiten gekoppelt mit dem Zelebrieren der Unternehmerpersönlichkeiten – natürlich dezentral agierend und nicht heroisch an der Konzernspitze thronend. Das »loosely coupled system« wird an der Spitze eher durch »suddle leadership«, fokussierte Aufmerksamkeit und wenige gemeinsame Werte zusammengehalten. Insgesamt handelt es sich also um ein valides Organisationskonzept. Anstrengung hin oder her, ich zolle Manfred Wennemer größte Hochachtung, mit welcher Konsequenz er diese Organisationsform durchgesteuert hat. Noch heute höre ich, dass diese Organisationslogik nach wie vor geradezu zur DNA von Continental gehört. Und ich bin fest davon überzeugt, dass diese Philosophie entscheidend dazu beigetragen hat, die Erschütterungen im Zusammenhang mit der Übernahme von Conti durch die Schaeffler-Gruppe und die Erschütterungen durch die Weltfinanzkrise recht gut abzufedern und schließlich zu bewältigen.

Gleichzeitig war Wennemer aber auch ein radikaler Portfoliomanager. Er hat die zwei Dutzend verschiedener Geschäftszweige der Continental AG immer in die altvertraute Boston-Consulting-Matrix integriert: »Sell it, fix it, close it or grow it.« Die einzelnen Geschäftszweige überwachte er auch sehr autokratisch, führte sie aber, mit einer Ausnahme, der Lkw-Reifensparte, nicht operativ. Wennemer war praktisch der Oberkontrolleur der Geschäfte, und darin extrem konsequent. Sein Credo lautete: Sozial ist, was die Wettbewerbsfähigkeit des Unternehmens sichert, und zwar dauerhaft. Um auch künftig Erfolg zu haben und in einem schärferen Wettbewerb weiterhin Aufträge sichern zu können, müsse Continental seine Kosten ständig auf den Prüfstand stellen, um nicht irgendwann als »Tochtergesellschaft eines chinesischen Konzerns« zu enden. Später die Unternehmensphilosophien von Peter F. Drucker und Milton Friedman vergleichend bin ich bei Friedman gelandet: »The business of business is business.« Das war Wennemers Credo.

Die Conti-Kultur erzeugte bei den Betroffenen, zuallererst bei den Managern, zwar auch Furcht, zugleich aber höchste Anspannung und Spitzenleistung, Wachsamkeit und Agilität. Alle wussten, sie mussten hohe Performance-Standards abliefern, aber alle hatten zugleich auch große Freiheit, den Weg herauszufinden, wie ihnen das am besten gelang. Das alles klingt nach zwar anspruchsvollen, aber stabilen Verhältnissen. Wo also lag bei Conti die Transformationsherausforderung, die ich ja stets suchte?

Sie lag im Geschäftssystem. Automobilhersteller, die zum Beispiel Kostensenkungsprogramme von 20 Prozent über fünf Jahre hinweg auflegen oder die vertraglich mehrprozentige, jährliche Preisanpassungen nach unten von ihren Zulieferern verlangen, zwingen ein Unternehmen wie Continental natürlich zu höchster Kosteneffizienz. Jeglichem Aufkeimen von Opulenz, Verschwendung, Üppigkeit ist sofort und rigoros Einhalt zu gebieten. Eine noch wichtigere Konsequenz: Die Hersteller zwingen mit dieser Strategie die Zulieferer auch zur Globalisierung, also dazu, in jenen Ländern zu produzieren, wo Effizienzpotenziale gehoben werden können. Deutschland als Exportnation war schon immer dicht am Kunden mit internationalen Vertriebs- und Aftersales-Strukturen. Neu waren indes internationale Plattformen – sowohl in der Produktion als auch in der Entwicklung –, auch und gerade unabhängig von den ebenfalls internationalisierten Kundenstrukturen, wie sie Conti vorantrieb.

Continental war mit Sicherheit einer der Vorreiter der Globalisierungsbewegung der gesamten deutschen Wirtschaft. Wir hatten nicht nur weltweit mehr als 120 Produktionsstätten, wir verfügten auch über Entwicklungszentren quer über den Globus. Das war für viele in Deutschland damals noch ein Novum, während US-Kraftpakete wie Motorola, IBM oder General Electric schon länger hochkarätige Entwicklungszentren in aller Welt eingerichtet hatten. In Deutschland war man damals noch in der Abwehrschlacht gegen solche Tendenzen gefangen: Das gehe gar nicht, da die Qualität zum Beispiel rumänischer Entwickler signifikant geringer sei als die Qualität deutscher Ingenieure. Entwicklung made in Germany sei von vornherein überlegen. Das stimmt so natürlich nicht, auch wenn es im Ausland zunächst Lernkurven zu durchlaufen galt. Aber mit kluger Führungs- und Personalentwicklungspolitik kann man den Aufholprozess nicht nur von Fabriken, sondern auch von Entwicklungszentren signifikant beschleunigen. Ich selbst habe beim Aufbau des Entwicklungszentrums Sibiu in Rumänien mit eigenen Augen gesehen und durch eigenes Handanlegen dafür gesorgt, dass solche Lernkurven verkürzt wurden. Übrigens auch mithilfe einer eigenen, lokalen Continental University. Doch dazu später mehr. Und inzwischen hat China ja beispielsweise gezeigt, dass es zum »Maschinenhaus« der Welt werden kann oder gar schon geworden ist.

Für mich als Conti-Personalvorstand bedeutete das also auch durchgängige Globalisierung der Personalarbeit und umfassende Unterstützung der Conti-Globalisierungsstrategie durch Personalarbeit. Mein Kollege Alan Hippe, damals Finanzvorstand, heute Vorstand beim Schweizer Pharmakonzern Roche, sagte mir eines Abends: »Wissen Sie, Herr Sattelberger, wir als Conti befinden uns in Deutschland eigentlich an der Spitze der Globalisierungsbewegung.« Das hatte ich in der Schärfe noch nicht gesehen. Aber Hippe hat natürlich gewusst, wovon er sprach, hatte er doch als Finanzvorstand stets die internationale Wertschöpfung vollständig im Blick.

Personalarbeit bei Conti fand also nicht nur im Zähler eines mathematischen Bruches statt, sondern vor allem im Nenner. Was meine ich damit? Meine Arbeit drehte sich nicht nur um vergleichsweise weiche Themen wie Arbeitgeberimage, Qualifizierung, Kulturentwicklung, Arbeitssicherheit, Talentmanagement und Ähnliches. Wennemer interessierte sich für die Zählerseite der Personalarbeit naturgemäß eher weniger. Im Nenner stehen hingegen Größen wie Rationalisierung, Effizienzsteigerung, Produktivität, Offshoring, Outsourcing. Übrigens Themen, mit denen auch viele Personaler nicht viel anfangen können, da sie sich auf die »Psychologiethemen« der Personalarbeit kaprizieren. Durch die Arbeit an diesen Nennergrößen erwuchsen mir aber neue und große Gestaltungsmöglichkeiten, die auch meinen Ruf als Effizienzmanager und harter Verhandlungsprofi begründeten.

Bei der Lufthansa war die Personalarbeit im Nenner eher selektiv, projektgebunden, etwa bei Kostensenkungsprogrammen, oder disruptiv getrieben durch die Krise nach dem 11. September 2001. Aber bei Continental ging es um eine dauerhaft globale Effizienzstrategie, um einen permanenten Prozess in einem Geschäftssystem, wie ich es in dieser Konsequenz bisher noch nicht erlebt hatte. Die Börsen schrien nach Effizienz, honorierten »Erfolge« in Form steiler Entwicklungen der Aktienkurse nach oben. Wir waren Getriebene und Treiber in einem. Getriebene insofern, als es die Conti-Aufnahme in den DAX 30 ständig zu legitimieren galt; und Treiber insofern, als es galt, Conti zum Börsenstar aufsteigen zu lassen. Während ich bei der Lufthansa mit der Personal- und Servicearbeit dem Zeitgeist oft vorauseilte, war ich bei Conti exzessiver Treiber des herrschenden Zeitgeists. Strukturen, Abläufe, Personal – alles unterlag dem globalen Effizienzgebot. So war ich in diesen Jahren – geprägt und prägend – weit überwiegend auf der Schiene dieser lebenserhaltenden Effizienzstrategie für die Continental AG unterwegs. Da muss man sich im Personalmanagement jenseits der Unterstützung beim Aufbau neuer Produktionsplattformen hinsichtlich der Fabrikauslastung, der Produktivität, der Arbeitszeitverteilung und Flexibilität einiges einfallen lassen.

Das Prinzip der »atmenden Fabrik« war für mich damals ein Schlüsselthema, entscheidend für die Wettbewerbsfähigkeit der Standorte in Deutschland, aber auch weltweit. Leih- und Zeitarbeit, Arbeitszeitkonten, Überstundenmanagement, Krankenstand, Outsourcing, Modularisierung der Produktion, Werkverträge – sämtliche Zahnräder einer flexiblen Produktion mussten ineinandergreifen.

Geprägt durch meine Conti-Zeiten und wissend, dass Deutschland auch künftig wieder Schlechtwetterzeiten erleben wird, stehe ich deshalb den ganzen Regulierungsaktivitäten der gegenwärtigen Großen Koalition auf dem Arbeitsmarkt – von der Rente mit 63 über Regulierung von Leih- und Zeitarbeit bis zum Mindestlohn – extrem skeptisch gegenüber. Das gesamte Atmungspotenzial deutscher Unternehmen, die in der Weltwirtschaftskrise 2007/08 zur Krisenbewältigung beitrugen, wird systematisch eingeschnürt. Das dürfte schon bald ein bitteres Erwachen geben! Ideologisch abgesichert werden diese Regulierungen durch den Begriff des »Normalarbeitsverhältnisses«. Das aber ist eine Schimäre und ein Flexibilitätskiller. Es suggeriert nämlich, dass andere Beschäftigungsformen »atypisch«

und »anormal« sind, was aber weder den Realitäten in vielen Volkswirtschaften dieser Welt entspricht noch den Bedürfnislagen vieler Menschen. Es handelt sich – wieder mal – um einen typischen, regulierungswütigen Sonderweg im erfolgsverwöhnten Deutschland.

Eine andere Frage ist, wie man mit Missbrauch flexibler Arbeitsformen umgeht, wie es zum Beispiel die inzwischen untergegangene Drogeriemarktkette Schlecker exzessiv betrieben hat. Oder wie man in der Medienbranche Praktikanten behandelt oder in Schlachtereien rumänische Arbeitskolonnen zu Hungerlöhnen beschäftigt. Da aber Appelle an den Anstand einzelner Unternehmen und Branchen nichts fruchteten, holte man den deutschen Vorschlaghammer der Regulierung heraus, ohne die bestehende Gesetzeslage im Umgang mit Verstößen voll auszunutzen. Der Standort Deutschland gerät zunehmend in eine Sandwichposition zwischen hohen Arbeitskosten und Unbeweglichkeit. Früher konnten die Flexibilitätspuffer das Arbeitskostenniveau noch teilweise kompensieren. Zurück zu Continental. Die atmende Struktur dort stand auf vier Säulen:

Arbeitszeitstrukturelle Reservoire durch Arbeitszeitkonten bis zu 240 Stunden mit etwa einem Jahr Aufbauzeit und Langzeit- beziehungsweise Lebensarbeitszeitkonten. In Summe könnte damit – bei beständigem Aufbau – eine Reserve von bis zu 18 Wochen aufgebaut oder, praktisch gesagt, bis zu zwei Jahre lang in einer Vier-Tage-Woche gearbeitet werden. Damit könnte ein Produktionsrückgang von 20 Prozent aufgefangen werden. Das ist idealtypisch gerechnet, aber es gab in der Wirtschaftskrise 2007/08 Mittelständler, die genau so hochelegant über die Runden gekommen sind. Und für die mittelständisch geführte Continental AG war es ein wichtiger Puffer.

Von uns verhandelte tarifpolitische Flexibilitätsreservoire, also Arbeitszeitkorridore im tarifpolitischen Rahmen der chemischen Industrie, die die Reduktion von Vergütung und simultan dazu Erhöhung, Gleichstand oder Absenkung von Arbeitszeit ermöglichten. Diese Vorgehensweise ist später unter dem Begriff Öffnungsklausel bundesweit bekannt geworden. Einige unserer kleineren Geschäfte wurden dadurch wieder profitabel, einige verlängerten ihr Überleben um fünf, sechs oder sieben Jahre.

Flexible Beschäftigungsverhältnisse: Neben der Stammbelegschaft mit unbefristeten Kontrakten gab es befristete Beschäftigung, Leih- beziehungsweise Zeitarbeit sowie freie Mitarbeiter. Ich selbst habe aufgrund des enorm zyklischen Verhaltens der Automobilzulieferbranche und meiner Lufthansa-Erfahrung höchsten Wert darauf gelegt, dass ein signifikanter Anteil der Beschäftigung in unseren Werken flexibel und rasch zu reduzieren war. Gleichzeitig aber auch darauf, dass kulturell alles getan wurde, um eine Zwei-Klassen-Gesellschaft zu vermeiden. Gemeinsame Schulungen, gemeinsame Kantinen, gemeinsame Betriebsversammlungen. Das war ein hoher Anspruch, aber getrieben durch den Willen, immer noch besser zu werden.

Standardisierung der Prozesse und der damit verbundenen Mitarbeiterqualifikation: Ein aggressives Prozessstandardisierungsprogramm trug dazu bei, dass jeder Teil des globalen Netzwerks die gleiche Mindeststufe an Qualität, Konsistenz und Zuverlässigkeit lieferte, die unseren internen wie auch den kundengetriebenen Zertifizierungsstandards entsprach. Das betraf natürlich auch Training und Personalentwicklung in den Fabriken, die möglichst auf weltweit standardisierten Prozessen und Qualitätskriterien fußen sollten. Je standardisierter diese Prozesse rund um den Globus herum sind, desto schneller ist das Unternehmen in der Lage, lokale Produktionsausfälle an anderen Orten zu kompensieren. Wenn Aus- und Weiterbildung der Mitarbeiter einheitlichen Qualifizierungsstandards und -prozessen folgt, können Experten und Fachteams, ja ganze Belegschaftsteile im Fall einer akuten Problemsituation mühelos ohne große Einarbeitung beziehungsweise mit optimierten Lernkurven an wechselnden Standorten eingesetzt werden – sei es für den Anlaufprozess (»Ramp-up«) neuer Einheiten, sei es für den subsidiären Ausgleich im Produktions- oder Entwicklungsverbund.

Ein herausragendes Thema waren für mich und meine Teams in den Divisionen von Conti die Arbeitszeiten. Im Rahmen der Metalltarifverträge galt die 35-Stunden-Woche, im Rahmen der Chemietarifverträge, denen Conti ebenso unterlag, galt die 37,5-Stunden-Woche – beides viel zu produktivitätsmindernd und zu kostspielig für Produktionsbetriebe in Deutschland. Mit dem hohen Arbeitskostenanteil, beispielsweise in der Reifenproduktion. Werk für Werk sind wir also seinerzeit durchgegangen, haben gegen Standorterhaltungs- oder Investitionszusagen die Arbeitszeiten auf bis zu 40 Stunden ohne Lohnausgleich erhöht beziehungsweise die Öffnungsklauseln in den Chemietarifverträgen angewandt, unter zum Teil heftigen Auseinandersetzungen mit dem Sozialpartner.

In der betriebswirtschaftlichen Kostenrechnung gibt es ja die sogenannte Lohnkostenarbitrage, also den Lohnkostenvorteil in einem günstiger produzierenden Land. Beträgt dieser Vorteil 20 Prozent und mehr, dann ist die Entscheidung eigentlich klar, dass unter diesen günstigeren Voraussetzungen dort produziert werden sollte – korrekte Investitionsrechnung und -ressourcen vorausgesetzt. Wenn es aber gelingt, den Lohnkostennachteil in diesem Fall der deutschen Standorte signifikant zu verringern, dann ist es nicht besonders klug, solche Strukturentscheidungen übereilt zu treffen. Mit Offshoring, dem Aufbau neuer Fabriken in anderen Ländern, sind natürlich auch neue Risiken verbunden: hohe Fluktuation, Anlaufschwierigkeiten etwa oder auch Überziehungskosten bei Investitionen und vieles andere mehr.

Für mich galt immer eine Faustregel: 20 Prozent Arbitrage ist gerade noch erträglich oder durch Marke und Image zumutbar. Zehn Prozent werden durch höhere Qualität und Flexibilität erzielt. Zusammen mit 15 Prozent höherer Produktivität durch Arbeitszeitverlängerung in den deutschen Standorten ist das eine probate Mixtur für Standortsicherung. Damit lässt sich gegenüber einem internationalen Standort, der 45 bis 50 Prozent günstiger ist, argumentieren. Ich bin noch heute sehr zufrieden, dass die allermeisten deutschen Reifenwerke von Conti immer noch existieren. Standortsicherung setzt oft Opfer voraus, das wollen nur viele gar nicht hören. Die Populisten in einer Wohlstands- und Wohlfahrtskultur verschweigen, dass eine Volkswirtschaft auch unter Kostengesichtspunkten wettbewerbsfähig sein muss. Das sind zwar für Laien schwer verständliche betriebswirtschaftliche Betrachtungen, aber für Conti waren es überlebenswichtige. Und sie werden es insbesondere für die industrielle Fertigung in diesem Lande in Zukunft wieder werden – trotz der derzeitigen Wirtschaftskraft des Exportchampions Deutschland, der EU-Lokomotive. Aber für wie lange noch?

Effizienz ist erfolgsentscheidend: Um einen Überblick über die weltweit mehr als 120 Conti-Standorte im globalen Wettbewerb zu gewinnen, habe ich damals ein Novum eingeführt, die sogenannten Arbeitskostencockpits. Wir haben also die Arbeitskosten und die Produktivitäten sämtlicher Werke und Einheiten weltweit erfasst und zentral ausgewertet. Wir konnten dadurch betriebswirtschaftlich präventiv steuern oder bei mangelhafter Performance »Reparaturen«, also effizienzsteigernde Maßnahmen vornehmen, bis die Produktivitätsbenchmarks erreicht waren.

War das eine tolle Aufgabe? Eher nein. War es eine fordernde, notwendige Aufgabe? Aber sicher! Conti hat mich zutiefst in die Betriebswirtschaft des Personalwesens zurückgebracht. Das gesamte Conti-Geschäft wurde ja Tag für Tag betriebswirtschaftlich durchdekliniert.

Dennoch fand ich auch damals in Hannover Mittel und Wege, die Zählerseite der Personalarbeit nicht aus den Augen verlieren zu müssen. Eines Tages hörte Wennemer davon, dass ich eine Continental-Universität in Cuautla, Mexiko, gegründet hatte und eine in Manila plane. Da fragte er mich, was ich denn da triebe, »das haben wir im Vorstand doch gar nicht entschieden«. Darauf ich: »Das entscheiden doch die lokalen Einheiten im Rahmen ihrer Verantwortung.« »Aha«, meinte Wennemer, »aber haben die denn das Budget dafür?« Natürlich, meinte ich, die betreffenden Ländergesellschaften widmen erst einmal ihre Budgets für Training klug um, und ansonsten ist es deren Entscheidung, welchen Personalaufwendungen sie Priorität einräumen. Wennemer schaute mich etwas verdutzt an. »Herr Wennemer«, sagte ich, »Sie wissen doch, dass ich schon bei der DASA eine Corporate University geplant hatte und dass ich sie bei der Lufthansa voll verwirklicht habe. Bei Conti macht das auf zentraler Konzernebene keinen Sinn, also werden wir eine Menge von lokalen Continental-Universitäten gründen. Die Verantwortung dafür liegt bei den jeweiligen Ländereinheiten.« Wennemer war also mit den eigenen Waffen geschlagen. Eine Glaskathedrale wie beim Lufthansa-Stammsitz in Frankfurt zu errichten, war in der Conti-Struktur nicht möglich, ihr aber auch nicht angemessen. Als Vision hatte ich jetzt eine virtuelle, globale Conti-Uni vor Augen, mit vielen »Dorfkirchen« statt einer einzigen Kathedrale in Rom beziehungsweise Hannover, und dies in allen Regionen der Continental-Welt.

Beispielsweise haben wir in einem Werk in Mexiko den Schwerpunkt darauf gelegt, angelernten Arbeiterinnen einen Schulabschluss und dazu einen ersten Berufsabschluss zu ermöglichen. In einem unserer rumänischen Entwicklungsstandorte gab es im Rahmen der Angebotspalette eine Kooperation mit einer der besten Universitäten des Landes bei Master-Studiengängen für Ingenieure. Auf den Philippinen haben wir auch Bachelor-Studiengänge für Arbeiter angeboten, als Voraussetzung für eine Vorarbeitertätigkeit. Ja, in manchen Ländern haben wir sogar Alphabetisierungskurse durchgeführt. So konnte jede Landesgesellschaft Arbeitgeberimage, Personalmarketing, Qualifizierungsbedarf und Karrierewege maßgeschneidert miteinander verknüpfen, und das Ganze eingebettet in die attraktive Hülle der Continental-Universität. Es handelte sich ja nicht zuletzt auch um einen wichtigen Aspekt der Arbeitgeberattraktivität, wodurch wir hohen Fluktuationen der Beschäftigten etwa in China oder in Osteuropa entgegenwirken konnten. Ein Thema, das weit über normal übliche Skill-Entwicklung, betriebliche Karrieresysteme und Qualifizierung hinausging. Eben ein »schillernder Überbau«, mit dem sich bei Continental viel verknüpfen ließ und der Menschen zur Innovation animierte. Ich erinnere mich noch gut daran, wie zehn mexikanische Conti-Personalprofis, die ebenso viele Werke repräsentierten, mit mir in Mexiko-Stadt zwei Tage lang die Continental University Mexico als virtuellen Überbau für die zehn realen Werkswelten von der Idee her skizzierten und dann umsetzten.

Das also waren meine kleinen oder größeren »Fluchten« auf die Zählerseite der Conti-Personalarbeit, mein Ausweg aus der minimalistischen Zentralphilosophie Wennemers. Prachtgebilde wie die Lufthansa School of Business waren auf Continental nicht übertragbar. Mit großer Genugtuung habe ich meinem Engagement in Sachen Corporate Universities auch bei Conti Bahn gebrochen, aber das macht zugleich deutlich, dass es selbst unter der Effizienzlogik des Geschäfts möglich ist, gute Talentarbeit zu fördern. Übrigens habe ich in Deutschland dann höchstpersönlich und gegen den Widerstand etlicher Industrie- und Handelskammern den neuen Ausbildungsberuf »Fachkraft für Kunststoff- und Kautschuktechnologie« für talentierte und motivierte, aber zuvor nur angelernte Reifenarbeiter eingeführt. So wie seinerzeit beim Lufthansa-Kabinenpersonal etwa das Berufsbild des Luftverkehrskaufmanns und des Servicekaufmanns im Luftverkehr.

Dieser neue Ausbildungsberuf war Teil einer größeren Initiative. Zusammen mit Holmer Struck, dem begabten und erfahrenen Personalchef der Conti-Division Contitech, feilten wir an Konzepten, die sowohl in den ersten Qualifikationstarifvertrag mit der IG BCE als auch in die erste umsetzungsorientierte Continental-Betriebsvereinbarung zur Weiterbildung mündeten. Bald darauf hatten wir auch das damals noch unterbelichtete Thema Demografie auf der Agenda. Wir entwickelten 2005/06 das »demografische Mosaik« personalpolitischer Bausteine von Ergonomie über Gesundheitsprävention bis zu demografieorientierter Führung. Jahre später – ich war schon bei der Telekom – fand ich Strucks und meine Handschrift im Tarifvertrag Demografie der Chemieindustrie wieder. Eine späte Freude, aber auch ein Beleg dafür, wie fortschrittlich die Sozialpartner in der Chemiebranche arbeitspolitische Themen angingen, ganz im Gegensatz zu ver.di, die meist um Jahre verspätet die Zeichen der Zeit zu erkennen beginnt, zuvor aber erst mal fortschrittliche Entwicklungen blockiert.

Ein zweites großes Thema, das mich umtrieb, war die Verbesserung der Arbeitskulturen und der Arbeitsqualität in den Betriebsstätten des Konzerns. Ich hatte schnell erkannt, dass der extreme Fokus auf Effizienz oft ungute Konsequenzen auf Führungsverhalten, Gesundheitsmanagement, Arbeitssicherheit und Kooperation mit sich bringt. Um mir darüber einen Überblick zu verschaffen und gegebenenfalls für Abhilfe zu sorgen, habe ich jedes Jahr persönlich 30 bis 40 Standorte in der Conti-Welt besucht – es war einer der reiseintensivsten Jobs meiner gesamten Laufbahn. Stets dauerten meine Besuche ein bis eineinhalb Tage. Die sahen dann so aus: Morgens um sieben Uhr Treffen mit dem Werksleiter, gegen acht Uhr Gespräch mit der oder dem Personalverantwortlichen, zehn Uhr Gesprächsrunden mit gewerblichen Beschäftigten, meist so 20 bis 40 an der Zahl. Danach Gesprächsrunde mit Nachwuchskräften, gefolgt vom Meeting mit dem Führungsteam der Fabrik, danach wieder mit Werksleiter und dem Personalteam. Dann war es meistens sechs Uhr abends. Ich nannte mein System: »Die vier Fenster der Fabrik«. Eines hieß Effizienz und Produktivität, ein zweites hieß Führung und Kultur, das dritte Personalentwicklung und Qualifizierung und das vierte hieß Gesundheits- und Arbeitsschutz. Diese vier Bereiche habe ich jeweils vorab systematisch analysiert inklusive der mir ebenfalls vorab gelieferten Zahlenwerke.

In den Gesprächsrunden vor Ort mit Mitarbeitern stellte ich nur offengebliebene Fragen und hörte aufmerksam zu, versuchte, auch das wahrzunehmen, was nicht angesprochen oder ausgesprochen wurde. Wenn ich Probleme sah oder Fragen hatte, diskutierte ich die mit allen Beteiligten in den verschiedenen Runden, sodass ich am Ende des Tages ein komplettes, 360-Grad-Feedback zum Zustand des Unternehmens hatte. Darauf konnte ich dann mit Personalverantwortlichen und Geschäftsleitung meine Befunde besprechen und Änderungen anregen. Inklusive schriftlichem Protokoll und Maßnahmenplan.

Keine Frage, dass das dem einen oder anderen auch missfiel. Ein österreichischer Werksleiter des rumänischen Standorts Timișoara dachte, er könnte mich ignorieren, und reagierte auf keine meiner

Anregungen und Hinweise. Dabei war in den Gesprächsrunden mit den Arbeiterinnen und Arbeitern offenbar geworden, wie rücksichtslos er das Werk managte als Adept einer typisch deutsch-österreichischen Philosophie, nach der sich Leiter von Einheiten gerieren, als ob sie ein Fürstentum besäßen. Daraufhin erhöhte ich meine Besuchsfrequenz in Timişoara und erklärte diesem Werksleiter ultimativ, dass ich von Wennemer seine Abberufung fordern würde. Damit er sich mich künftig vom Leib halten konnte, installierte er einen neuen, kompetenten Personalleiter, der die Aktionsprogramme umsetzte. Na ja!

Ein anderer Werksleiter in Guadalajara, Mexiko, verhielt sich so diktatorisch, dass die kommunistische Gewerkschaft immer mehr Anhänger um sich scharte. Oft telefonierte ich nachts von meiner Wohnung in Hannover, um aktuelle Konflikte zu deeskalieren, ja ich führte auf diesem Wege sogar Tarifverhandlungen mit Mexiko. Schließlich wurde dieser Werksleiter abberufen. Es war jedes Mal, nicht nur in diesem Fall, ein monatelanger Überzeugungskampf mit Kollegen im operativen Geschäft, bis sie endlich zustimmten, dass der menschliche Preis für schlechte Mitarbeiterführung bei gleichzeitiger Zielerreichung einfach zu hoch war. Zumal schlechte Führung in unseren internationalen Fabriken am Ende entweder in Arbeitskonflikten oder im Aufbau radikaler Gewerkschaften mündete. Schlechte Führung, schlechte Arbeitsmoral und Konflikte gehen Hand in Hand. Da darf man sich von den Augenblickserfolgen rein effizienzgetriebener Führung nicht blenden lassen, wie es viele operativ Verantwortliche aber nach wie vor tun.

Meine Maßnahmenpläne reichten zum Teil bis hinunter in die Toiletten des jeweiligen Werks, die ich nicht selten in ähnlich desolatem Zustand vorgefunden habe wie seinerseits die Küche im Frankfurter Lufthansa-Zentralgebäude: Klodeckel zerbrochen oder gar nicht vorhanden, Toilettenpapierrollenhalter defekt und ohne Papier (»weil das ja immer von den Mitarbeitern gestohlen wird«), von vorhandener oder gar funktionstüchtiger Klobürste und allgemeiner Verschmutzung gar nicht erst zu reden. Keine Frage, auch die besucherfreundliche Wiederherstellung der »Örtchen« bekam in den seinerzeitigen Maßnahmenkatalogen der Conti-Werke ihren nicht unwichtigen Rang. Menschenwürde und Respekt beginnen ganz unten und mit manchmal unsäglicher Kleinarbeit. Wobei zwischen der schwarzen Gummi- und Kautschukwelt und der weißen Elektronikwelt im Conti-Konzern in dieser Hinsicht auch Hygienewelten klafften.

Manchmal habe ich mich bei solchen Küchen- oder Toiletteninspektionen gefühlt wie seinerzeit bei der MTU, als ich die Kaffeekannen im umgebauten Fahrrad zu den Seminarräumen transportierte. Aber Führen heißt eben nicht nur in dieser Hinsicht Dienen. Führen heißt auch, den Miststall zu säubern, weniger den geschäftlichen, vielmehr den unternehmenskulturellen. Wer von außen gerufen wird, quasi als Topquereinsteiger, der erlebt oft sein blaues Wunder, wenn er erstmals in den Stall hineinriecht. Da entlarven sich die blumigen Positionsbeschreibungen der Headhunter nicht selten als potemkinsches Dorf: Personalbereiche, die zwei Jahrzehnte moderner Entwicklung verschlafen haben, Führungskulturen, die den Mief von Altherrensofas ausstrahlen, Vorstandsvorsitzende, die zum Selbstschutz Teile der Realität ausklammern. Die Personalarbeit bei Continental war am Anfang – wie bei der Lufthansa und später bei der Telekom – vorsintflutlich. Personalleute machen ja oft Programme, mit denen sie Kulturarbeit vorspiegeln, aber mit denen sie möglicherweise zuerst für sich selbst eine rosarote Parallelwelt zimmern. Und Vorstandsvorsitzende richten sich ihr betriebswirtschaftliches Wohnzimmer ein, ohne auf die Reinigung der Keller- und Abstellräume, Toiletten, Spinde und Hinterhöfe auch nur eine Sekunde zu verschwenden. Ich bin überzeugt, dass Manfred Wennemer während seiner Conti-Ägide noch nie einen Umkleideraum oder eine Toilette seiner Reifenfabriken gesehen hatte. Und trotzdem: Der Börsenkurs stieg unter seiner Vorstandsverantwortung in ungeahnte Höhen. Warum? Weil Investoren und Analysten diese Katakomben der Unternehmenswelt schon gleich gar nicht interessieren.

Das ist einer der Gründe, warum ich der reinen Betriebswirtschaft zutiefst misstraue. Man kann Betriebe bewirtschaften, ohne sie wirklich gesehen zu haben. Man kann übrigens Betriebe auch besichtigen, ohne sie wirklich zu sehen. Extrem technisch gemanagte Unternehmen haben oft keine Sensorik für die Psychologik eines Unternehmens. Sie verwechseln Rationalität mit Kultur.

Durch alle diese Anstrengungen, auch meine persönlichen Interventionen, habe ich gelernt, mit sehr flacher Organisationsstruktur keine schlechteren Resultate zu erzielen, als wenn ich einen großen Stabsapparat im Hintergrund zur Verfügung gehabt hätte. So etwas gab es ja, wie gesagt, bei Continental mit ihrer skelettierten Zentralorganisation nicht. Insofern hat mich Conti gelehrt, sozusagen aus der Garage heraus, mit minimalen Ressourcen dennoch erfolgreich zu sein. Aber, das will ich nicht verhehlen, es war sehr, sehr kräftezehrend. Der extreme Fokus auf das Arbeiten im Nenner, ein permanenter Prozess, der nie aufhört. Da sieht man manchmal kein Licht am Ende des Tunnels. Gar nicht davon zu reden, dass das auch menschlich belastend ist. Schon deswegen hege ich eine tiefe Sympathie für gute Werksleiter, die unter der Fuchtel der Effizienzlogik versuchen müssen, tagtäglich durch gute Führung das Beste aus ihrem Job zu machen. Kein unbedingt nur freudvolles Geschäft.

Mein unerschütterlicher Optimismus ermöglichte es mir in diesen Zeiten, die Wege zu finden, auch noch eine Continental-Universität in Manila zu gründen. Oder für ein gutes Hochschulmarketing in den USA zu sorgen. Oder eine Berufsausbildung in Schanghai zu organisieren. Das waren jeweils große Kraftanstrengungen, jenseits der Effizienzlogik. Ich bin in diesen Conti-Jahren, und das wohl nicht von ungefähr, recht asketisch geworden. Oft habe ich das Büro in der Vahrenwalder Straße erst gegen elf Uhr abends verlassen. In Hannover gibt es ja viele Kioske, ähnlich wie im Ruhrgebiet, und der eine oder andere auf meinem Heimweg hatte noch offen. Dann kaufte ich mir ein »BiFi« nebst trockener Semmel vom Tage, das musste als Abendessen reichen.

Manfred Wennemer hat währenddessen extrem aufmerksam und direktiv verfolgt, was seine »nicht produktiven Bereiche« sich so immer hatten einfallen lassen. Das Finanzressort, das Personalressort, die Presse- und Öffentlichkeitsarbeit, das waren im Gegensatz zu den Ressorts an der unmittelbaren Wertschöpfungsfront der Produktion für ihn – so hat er das auch ironisch lächelnd betriebsöffentlich erklärt – bloße Gemeinkostenverursacher. Aber auch die anderen Personalkostenverursacher interessierten ihn, und sei es deswegen, um durch symbolisches Management Finger in Wunden legen zu können. So hat sich Wennemer zum Beispiel von allen Divisionen die Listen der Flüge kommen lassen, die die Führungskräfte unternommen hatten.

Von den jeweiligen internen oder externen Reisestellenbeschäftigten ließ er sich immer daneben aufschreiben, was die billigste Alternative für jeden einzelnen Flug gewesen wäre. Auch wenn die Führungskraft dadurch Stunden länger auf irgendwelchen Flughäfen dieser Welt auf den Anschlussflug hätte warten müssen. Ich habe Wennemer einmal in einem längeren Gespräch mühsam abgerungen, diese Reisepreiskontrolle doch bitte künftig der Verantwortung seiner Vorstandskollegen zu überlassen. Das hat er dann auch vorübergehend befolgt. Aber ich ertappte ihn dann doch wieder, als mir ein Beschäftigter der Hannoveraner Reisestelle zuraunte, Herr Wennemer habe die Listen erneut angefordert. Er konnte es einfach nicht lassen.

Ich persönlich habe Kontrolle immer geschätzt, gerade in komplexen Strukturen, in denen Verantwortung anonymisiert oder kollektiviert wird. Doch ich habe gleichzeitig meinen obersten Führungskräften vertraut, dass sie in solchen Routineprozessen nach einem ersten Hinweis meinerseits ihrer Verantwortung gerecht wurden. Die Grenze zwischen Kontrolle und Misstrauen ist sehr fließend. Was bei Manfred Wennemer nur Symbolpolitik bedeutete oder seinem Kontrolltrieb geschuldet war, diese Grenzziehungen waren für den Beobachter ebenso wenig erkennbar.

Wir kamen damals in der Conti-Hauptverwaltung jährlich zu einem Meeting zusammen, bei dem die Zentralvorstände ihre Budgets zu vertreten hatten. Da wurde auch schon mal über 480 Euro debattiert. Oder dass eine halbe Stelle nur dann genehmigt würde, wenn jede der vier Divisionen 25 Prozent davon übernähme. Diese 25 Prozent der halben Stelle bewegten sich im 6000-Euro-Bereich, aufs Jahr gerechnet! Das waren jene berühmt-berüchtigten Tribunale, in denen die Kollegen aus dem operativen Geschäft mit einer klammheimlichen Freude oder auch voller Mitgefühl dasaßen und feststellten, dass es den Zentralvorständen Sattelberger und Hippe auch nicht besser ging als ihnen an ihrer effizienzgetriebenen Wertschöpfungsbasis.

Dem gnadenlosen Effizienzwettbewerb hätte man nur entkommen können, wenn man eine technologisch starke Position aufzubauen vermocht hätte. Auf unseren Strategiesitzungen haben wir uns immer wieder gefragt: Können wir für Conti ein Produkt oder eine unkopierbare Systemtechnologie finden, die uns bei den Herstellern unersetzbar macht? Ähnlich wie zum Beispiel Bosch. Das gelang aber zu meiner Zeit nicht in dem Maße, wie es nötig gewesen wäre, auch nicht durch den Zukauf der Telematics-Division von Motorola.

Wennemer aber, so unbequem er war, handelte in jeder Hinsicht sehr konsequent. Es gab bei Conti zum Beispiel auch keinen Chefstrategen. Wir Vorstandsmitglieder haben uns zweimal im Jahr zwei bis drei Tage lang zu Strategieklausuren zurückgezogen, um die Gesamtstrategie des Unternehmens zu diskutieren. Bei Wennemer habe ich, allen Anstrengungen zum Trotz, etwas Wichtiges gelernt: Man darf sein Gehirn nicht outsourcen. Als ich mehrfach kritisierte, dass die alte Teves und die damalige Division Continental Automotive Systems noch ihre alten Farben im Firmenauftritt und damit auch im Arbeitgeberauftritt führten und nicht das wunderschöne schwarze Conti-Pferdchen, eingebettet in den gelben Ring benutzten, sagte Wennemer zu mir als seinem Personalchef: »Dann entwickeln Sie die Lösung.« Man muss wissen, dass Wennemer weit mehr vom Vertrieb hielt als vom kostenträchtigen Marketing. Ich arbeitete sechs Wochen an dieser zusätzlichen Hausaufgabe, wofür sonst mehrere Hunderttausend Euro für eigens für diese Aufgabe engagierte Berater hätten aufgewendet werden müssen. Schließlich war ich der Vater der Conti-Marke außerhalb der beiden Reifendivisionen. Und hatte zudem die Grundlage für das geschaffen, was man heute »Employer Branding« nennt, den Aufbau der attraktiven Arbeitgebermarke Continental: »Are you auto-motivated?«

Nicht von ungefähr ließ Wennemer, der in jungen Berufsjahren selbst einmal Berater gewesen war, auch keine Unternehmens- oder sonstige Berater über die Continental-Schwelle treten, das war republikweit bekannt. Das heißt nein, höflichkeitshalber gewährte er jedem Berater einen Antrittsbesuch, aber engagiert hat er nie einen. Nicht nur hat er vehement die Strategie der Dezentralität und des Empowerments der Divisionen bei hoher finanztechnischer Steuerung von oben vertreten, sondern er hat auch ebenso vehement das Prinzip der Autarkie verfolgt. Das Unternehmen sollte lebensfähig sein und bleiben, möglichst ohne jegliche fremde Hilfe. Im Grunde finde ich diese Philosophie und die Konsequenz, mit der Manfred Wennemer sie verfolgte, bewundernswert. Ich habe damals intensivst gelernt und in den Folgejahren beibehalten, dass ein Unternehmen und seine Entscheider alles tun müssen, um ihr Gehirn nicht an Berater auszulagern, sondern auf die Kraft ihrer eigenen Analytik und Initiative zu vertrauen. So etwas gibt Selbstbewusstsein, fordert die eigenen Talente heraus und vermeidet inzestuöse Abhängigkeiten von Beratern beziehungsweise die Herausbildung beratungssüchtiger Managementkulturen. Ich selbst habe Berater – bis auf einen Fall – nur eingeladen, um ihre schönen PowerPoint-Charts abzukupfern. Mit Quellenangabe natürlich!

Noch eine kurze Vorwegnahme aus dem folgenden Kapitel über meine Telekom-Jahre. Da möchte ich an dieser Stelle schon einmal etwas über das Beraterwesen loswerden. Dass meine Nachfolgerin Marion Schick bei der Telekom dann noch in meinen letzten Wochen im Konzern ohne mein Wissen die sattsam bekannte Unternehmensberatung McKinsey engagierte, ist Ausdruck dieser Beratersucht, die ja nicht zuletzt die eigene Urteilsfähigkeit verkümmern lässt. Ich habe sie alle schon in meinem Berufsleben kennengelernt – die Roland Bergers, McKinseys, Boston Consultings, Kienbaums, Mercers. Ihre jeweils einzelnen Vertreter waren überwiegend angenehme Persönlichkeiten. In ihren Rollen für ihre Auftraggeber mussten sie allerdings kurzfristige Erfolge versprechen, jeweils abhängig von grassierenden Modewellen und sich somit anheischig machen, die Gehirne hoch bezahlter Unternehmensmanager substituieren zu können. Das waren, das sind immer noch zeitgenössische Rasputins, also selbst ernannte Geist- und Wunderheiler der Wirtschaftswelt. Wie schade, dass sich so viele junge, gut ausgebildete Menschen mit unternehmerischen Fähigkeiten von diesen falschen »Wahrsagern« anheuern lassen.

Aber zurück zu Manfred Wennemer. Er war ein richtig guter Unternehmensmanager und von Grund auf ehrlicher Mensch im knallharten Geschäftssystem eines Automobilzulieferers. Aber von Menschen und Unternehmenskultur verstand er dennoch nichts.

Nicht rein zufällig ist Wennemer deswegen auch vom *manager magazin* zum »Manager des Jahres« 2004 gekürt worden. Im Magazin stand damals zu lesen:

»Dem Mann ist in Hannover ein Meisterstück gelungen. In nur drei Jahren hat Wennemer:

- *einen beeindruckenden Turnaround hingelegt, aus einem Jahresfehlbetrag von 258 Millionen Euro (2001) wurde ein operativer Gewinn von voraussichtlich mehr als einer Milliarde Euro in diesem Jahr;*
- *die Schulden von 2,6 Milliarden Euro auf 1,1 Milliarden Euro gedrückt;*
- *den Aktienkurs des Pneukonzerns mehr als verdreifacht – und das, obwohl es gleichzeitig mit den meisten anderen Industriewerten abwärts ging;*
- *die Firma im vergangenen Jahr in die höchste deutsche Börsenliga, den Dax, zurückgeführt – ein Kunststück, das bisher kein zweites Unternehmen schaffte;*
- *den Konzern durch den Kauf des Hamburger Gummispezialisten Phoenix strategisch neu formiert. Die Akquisition senkt die Abhängigkeit vom konjunkturanfälligen Autogeschäft.*
- *Kein Wunder, dass Conti-Aufsichtsratschef Hubertus von Grünberg (62) schwärmt: ›Der Mann ist ein Glück für die Firma.‹«*

Eine durch und durch verdiente Auszeichnung, wie ich finde. Aber leider wissen die erfahrenen Kenner der Szene, dass nicht wenige »Manager des Jahres« nicht viel später böse gestürzt sind. Weil eben in jedem Supererfolg der Keim des Misserfolgs steckt. Wennemer verließ die Continental AG dann im August 2008, nachdem er sich dem Übernahmekampf durch die Schaeffler-Gruppe vehement entgegengestellt hatte.

In jedem konsequenten Verfolgen einer Idee, wie ich es ja am eigenen Leib in meiner Schülerzeit erlebt habe, kann auch ein Zuviel des Guten stecken, ein Übermaß an Konsequenz. Bei Conti war dieser Punkt 2005 mit der geplanten, folgenschweren Schließung des Lkw-Reifenwerks in Stöcken erreicht. Ein bitterer Beschluss, schließlich war das Traditionswerk die Keimzelle des Unternehmens. Wir Manager arbeiten in der Regel mit Zahlen, und tatsächlich sprach in der kühlen, effizienzgetriebenen industriellen Logik nichts für Hannover und alles für die Verlagerung der Produktion nach Osteuropa.

Konzernchef Wennemer, genauso wie auch ich, blendeten zwar nicht aus, wie bitter unsere Entscheidung für die Arbeiter in Stöcken war. Wir unterschätzten aber, welche kommunikativen Wirkungen in der Öffentlichkeit und auf unseren guten Ruf diese Entscheidung haben könnte. Monatelange Massendemonstrationen und -proteste im gesamten Conti-Konzern, verbunden mit immer stärkerer medialer und politischer Kritik an unserer Politik, waren die Antwort. Großkunden erwogen schon, ihre Bestellungen zurückzuziehen. Auch die Hannoveraner Bevölkerung bezog zunehmend Stellung gegen Conti. Wir wurden langsam zu Vaterlandsverrätern abgestempelt, die unpatriotisch und herzlos wie Nomaden die Weltkugel nach billigem Arbeitskräftepotenzial absuchten. Kurz: Das Conti-Management wurde als Speerspitze des globalen Turbokapitalismus gebrandmarkt. Und das im Kontext einer chemischen Industrie, die vorbildhaft auf das Modell der Sozialpartnerschaft setzte. Ich war inzwischen im Bundesvorstand des Bundesarbeitgeberverbands Chemie, in welchem ich nicht unerfolgreich auch die Interessen der Mittelständler gegenüber denen der Goliaths wie BASF und Bayer vertrat. Eines Tages fuhr Eggert

Voscherau, Personalvorstand der BASF und Präsident des BAVC, nur wegen mir von Ludwigshafen nach Hannover, um mit mir die »problematische« Politik Contis und meine Rolle dabei zu diskutieren. Erste Keime des Zweifels waren in mir gesät.

Wir indessen hatten letztlich immer nur ökonomische Antworten auf die moralischen Fragen der Beschäftigten und der Öffentlichkeit gegeben. Die Conti-Hauptverwaltung wurde wegen der zunehmenden Empörung »draußen« zur Wagenburg, aus der heraus wir ständig die Kostenargumente repetierten. Die Medien, die Öffentlichkeit, entgegneten nach wie vor mit ihren Moralargumenten. Kein Wunder angesichts einer zunehmend sensiblen und wachen Gesellschaft Mitte des letzten Jahrzehnts. Ganz Deutschland befand sich mittlerweile im Globalisierungsschub, dessen Vorreiter die Continental AG war. Dieser Globalisierungsschub führte nicht zuletzt zu einer großen und weitverbreiteten Angst, dass Deutschland seine industrielle Basis via Outsourcing und Offshoring verlieren könnte.

Stöcken also. Auch ich folgte damals der hannoverschen Wagenburglogik und hatte nichts anderes auf Lager, als der Öffentlichkeit und den Mitarbeitern in diesem Konflikt auf moralische Fragen mit rein ökonomischen Argumenten und Antworten zu begegnen. Ich hielt Vorträge im Lions Club Hannover oder an der Hannoveraner Uni und spürte immer stärker, dass meine Argumentation die Menschen nicht erreichte. Irgendwann wurde mir klar, dass das so nicht funktionieren konnte, dass ich mich auf einer falschen Spur befand. Es gab ja neben der Effizienzlogik noch eine Morallogik, eine Reputationslogik. Die hatte ich mittlerweile vollkommen ausgeblendet und unverdrossen das Hohelied der Ökonomie gesungen. Das war ja auch nicht ganz falsch, es war aber nicht die ganze Wahrheit. Ich habe nicht gesehen, dass Conti als Teil einer umfassenden Gesellschaft zwar so argumentieren kann, aber wenn die Gesellschaft eine andere Logik hat, muss man dieser anderen Logik ebenfalls Raum geben. Und könnte dann am Ende zu einer besseren, für alle Beteiligten zufriedenstellenden Lösung kommen als der zunächst aus dem Konzern heraus angestrebten.

Inzwischen befand ich mich in schwierigen Verhandlungen mit Betriebsrat und IG BCE darüber, wie die geplante Schließung vonstattengehen sollte, über die Schließung generell, über mögliche Optionen bei Schließung wie Sozialplänen, über Alternativen für die Beschäftigten bei Conti an anderen Standorten und ähnliche Themen. Mitten in diese Verhandlungen hinein platzte ein Anruf. Konzernchef Wennemer, der seit 2005 neben seinem Vorstandsvorsitz auch für das Reifengeschäft verantwortlich war, habe die Halbierung der Produktionsplanung im Werk Stöcken angekündigt. Schon hatten sich die gewerkschaftlichen Vertrauensleute des Werkes versammelt und planten, die Ein- und Ausfahrten zu blockieren, also die Fabrik Stöcken zu besetzen.

Darauf rief ich Wennemer an, den ich meiner Erinnerung nach im Auto erreichte. Ich sagte: »Herr Wennemer, was haben Sie denn da gemacht?« »Wieso, was?«, fragte er verblüfft. »Sie haben Produktionskürzungen verkündet.« »Ja sicher, ist doch auch richtig so, die Nachfrage geht zurück.« »Aber ich verhandle hier gerade mit Gewerkschaft und Betriebsrat über die Schließung des Werks Stöcken, und das mit offenem Ausgang«, erregte ich mich. »Ja und?«, so Wennemer. Ich wieder: »Herr Wennemer, Sie gefährden die gesamten Verhandlungen. Wir haben hier Feuer unterm Dach in Stöcken.« Dann platzte mir der Kragen, da Wennemer offenbar uneinsichtig bei seinem eingeschlagenen Kurs der Produktionskürzung bleiben wollte. Ich wurde laut: »Ich mache so nicht weiter. Jetzt verhandle ich auf eigenes Risiko weiter und informiere Sie über die Ergebnisse ohne vorherige Abstimmung. Ansonsten suchen Sie sich doch einen anderen Clown, und ich suche mir einen anderen Zirkus.« Plötzlich wurde Wennemer ganz ruhig. Ich glaube, so und dazu noch so laut hatte mit ihm schon lange niemand gesprochen, wenn überhaupt je.

Ich legte auf, setzte mich ins Auto und fuhr hinaus nach Stöcken. Dort saßen und standen schon die 300 Vertrauensleute beieinander, der Saal kochte, ich schwitzte in meinem Anzug und stellte mich auf die Bühne. Ohne Absprache mit Wennemer versicherte ich: »Gehen Sie davon aus, dass die Produktionskürzung so nicht stattfindet.« Ein

Brüllen und Aufschreien, ein Brodeln der Masse. Obwohl ich das sechs- oder siebenmal wiederholte, die Leute waren ungläubig. Zu übermächtig war Wennemers Schatten. Ich fuhr hartnäckig fort: »Wir verhandeln weiter über die Zukunft des Werkes Stöcken, und ich stehe für das Verhandlungsergebnis gerade. Die Produktionskürzung – Schluss, aus, Amen – findet nicht statt.« Auch wenn ich meinen Kopf verwettete, mir war jetzt ultimativ klar, dass ich es im Zweifelsfall auf einen Showdown mit Wennemer ankommen lassen würde.

Meine Entschiedenheit musste wie ein Donnerschlag gewirkt haben. Man glaubte mir, und wir verhandelten weiter. Schließlich haben wir eine Lösung gefunden, die fast 100 Prozent der Beschäftigten entweder wieder in Arbeit und Brot oder in den Ruhestand gebracht hat, und das über eine komplett andersartige Konstruktion einer Beschäftigungsgesellschaft. Bis diese stand, hat es länger als ein Jahr gedauert, zumal wir auch noch mehrjährige Berufsausbildungen für angelernte Reifenarbeiter angeboten haben. Wir riefen eine richtige, eine echte mehrjährige Qualifizierungs- und Beschäftigungsgesellschaft ins Leben. Nicht nur eine Pro-forma-Einrichtung, von denen es viele gab und gibt, und die gerade mal dazu dienen, das »Sterben« der Belegschaft lediglich um ein Jahr zu verlängern.

Über diesen Stöcken-Konflikt hätte ich durchaus stürzen, also meinen Vorstandsjob verlieren könnten. Es stand Spitz auf Knopf. Ich malte mir den »worst case« aus: Mit 57 ohne Job dazustehen, das ließe sich vielleicht noch verkraften. Aber es drohte auch der Verlust meiner Reputation. Ich wusste ja, wie DAX-Kommunikationsmaschinen funktionieren können. Ich hatte Furcht, meinen guten Namen zu verlieren, doch die Alternative wäre ein Schrecken ohne Ende gewesen.

Meine damaligen Erfahrungen erinnern mich an einschlägige Studien Karl Weicks. Er war der Frage nachgegangen, warum es uns allen als Zöglingen bestimmter Ideologien und Überzeugungen so schwerfällt, eingeschliffene Denk- und Handlungsmuster abzulegen. Wir vertrauen auf sie, um Sinn und Steuerung unserer komplexen Realität zu ermöglichen. Sie sind Rahmengeber unseres Weltbildes und damit unserer Identität. Weick untersuchte zum Beispiel das Verhalten von Feuerwehrmännern, die bei Waldbränden umkamen: Hätten sie ihre schwere Ausrüstung abgelegt, wären sie leicht und schnell genug gewesen, um sich in Sicherheit zu bringen. »Drop your tools« war Weicks Lehre für Menschen und Organisationen, die im Wandel stehen. In Sachen Stöcken hatten wir bei Conti immer nur ökonomische, betriebswirtschaftliche Antworten auf moralische Fragen gegeben – bis ich mich selbst ermächtigte, meine »Tools« zu »droppen«, also die scheinbar alternativlosen, zu mir gehörigen Werkzeuge der betriebswirtschaftlichen Rationalität fallen zu lassen zugunsten einer erweiterten Perspektive auf die moralische Dimension der Mitbeteiligten am Konflikt.

Alles in allem, es war damals eine kühne, eine waghalsige Zeit, diese vier Jahre bei der Continental AG. Aber ich hatte mich, wenn auch erst spät, vom Rockzipfel meines mächtigen Vorstandsvorsitzenden gelöst und wieder zu mir selbst gefunden. Im Konflikt mit Wennemer gelang mir der Befreiungsschlag. Durch den löste ich mich nach langem Ringen mit mir selbst nicht nur aus meiner ökonomistisch verengten Perspektive, sondern emanzipierte mich aus der Hannoveraner Wagenburg, holte mir wieder eine gehörige Portion Handlungssouveränität zurück.

Hubertus von Grünberg indessen hatte schon frühzeitig gesehen, dass dieser Arbeitskonflikt in Stöcken aus dem Ruder zu laufen drohte. Er hat mir dann später einmal gesagt: »Lieber Herr Sattelberger, ich weiß schon, dass Sie sich mit Ihrer Arbeit nicht viele Freunde machen. Aber Sie können davon ausgehen, dass, wenn es hart auf hart kommt, ich bei der Frage Ihrer Vertragsverlängerung als Aufsichtsratsvorsitzender meine Zweitstimme ziehen werde.« Der Aufsichtsratchef einer Aktiengesellschaft hat ja zwei Stimmen, um bei einer Pattsituation im Gremium eine Entscheidung herbeiführen zu können, außer der Vertreter der leitenden Angestellten im Aufsichtsrat würde mit der Anteilseignerbank stimmen, falls die Arbeitnehmerbank ansonsten geschlossen ablehnt.

So weit musste von Grünberg jedoch gar nicht gehen. Ende 2006 war es, da rief mich Jürgen Mülder an, ein Grandseigneur in der Personalberaterbranche. Ob ich mir inzwischen nicht doch vorstellen könne, Personalvorstand bei der Deutschen Telekom zu werden. Das Unternehmen formiere sich immerhin unter dem neuen, jungen Vorstandschef René Obermann ganz neu. Jetzt werde vieles anders in diesem Konzern, den ich Monate zuvor noch als »Schlangennest« bezeichnet hatte. Damals schon hatte Mülder einmal bei mir nachgehorcht, ob ich für diese Position bei der Telekom zu gewinnen sei. Seinerzeit war noch Kai-Uwe Ricke Konzernchef, und ein Nachfolger für den ausscheidenden Personalvorstand Klinkhammer wurde gesucht. Zu der Zeit hatte ich Mülder aber beschieden: »Das kommt für mich nicht infrage.«

Dazu muss man wissen, dass es seinerzeit – also vor der Anfrage an mich – einige Kandidaten gab, die für die Nachfolge Heinz Klinkhammers gehandelt wurden. Eine Kandidatin war Regine Büttner, Ehefrau des Post-Aufsichtsrates und ver.di-Vorstandsmitglieds Rolf Büttner. Sie arbeitete bis 2004 als Managerin für Personalentwicklung bei der Geschäftskundensparte T-Systems, absolvierte dann ein Auslandsstudium in den USA. Vonseiten der Betriebsräte schlug ihr massive Kritik entgegen, sie könne von ihrer fachlichen Kompetenz und ihrer persönlichen Autorität Heinz Klinkhammer nicht das Wasser reichen, hieß es. Sie erfuhr eine bittere, öffentliche Blamage, indem etwa die *Süddeutsche Zeitung* Daten und Ergebnisse aus einem ihrer Assessment-Center-Teilnahmen veröffentlichte. So gelangte ein Telekom-internes Stärken- und Schwächenprofil in die Öffentlichkeit, das Regine Büttners Fähigkeiten als Managerin in Zweifel zog und sie wohl zum Rückzug bewog. Gespeist wurden die Indiskretionen natürlich von gewissen Einflüsterern aus dem Umfeld des nach wie vor politikdominierten Telekom-Konzerns. Immerhin hält der Bund noch 14,5 Prozent am Telekom-Aktienkapital und die staatliche KfW-Bank weitere 17,4 Prozent.

Wer immer es war, woher auch immer es kam, die Klinkhammer-Nachfolge uferte zum medialen Hauen und Stechen aus. Das öffentliche Hinrichten möglicher Vorstandskandidaten für die Telekom empfand ich damals jedenfalls als höchst verwerflich, eben als ein Schlangennest.

Jetzt aber, Ende 2006, war Obermann am Ruder. Mülder sagte simpel: »Sie können gar nicht Nein sagen, ohne René Obermann erst einmal kennenzulernen.« Was ich dann auch tat.

Kapitel 5

2007 bis 2012: Deutsche Telekom AG
DIE BESTEIGUNG DES »NANGA PARBAT«

Wie man mithilft, einen Konzern aus einer absolut verfahrenen Situation zu steuern und dazu auch noch die übrige DAX-Welt mit einer verbindlichen Frauenquote überrollt

Der neue Telekom-Vorstandsvorsitzende René Obermann war damals, 2007, erst wenige Monate im Amt und mit seinen 43 Jahren noch relativ jung für einen deutschen Vorstandsvorsitzenden. In unserem ersten, eineinhalb Stunden dauernden Kennenlerngespräch in Bonn entwickelten wir beide schnell einen sehr guten Draht füreinander. Auf der einen Seite waren wir uns einig, dass bei der Telekom alle jenen Gaben und Fertigkeiten gefordert waren, die ich bei Conti in den schweren Arbeitskonflikten erworben hatte. Denn es war absehbar, dass der Telekommunikationskonzern auf eine große Auseinandersetzung mit der Gewerkschaft zusteuerte, wofür es jemanden als Personalvorstand bräuchte, der einen solchen Konflikt nicht opportunistisch, kompromisslerisch oder gar ängstlich angeht, sondern ihn auch risikofreudig und furchtlos auszutragen imstande ist.

Angesichts der Produktivitäts- und Arbeitskostensituation der Telekom in Deutschland war es kein Wunder, dass da zwei Tanker heftig aufeinander zusteuerten. Die Aufgabe, das Unternehmen in Deutschland wieder wettbewerbsfähig zu machen, glich dem Zerschlagen eines gordischen Knotens: Kundenunzufriedenheit wegen miserablen Service, intransparente Geschäftsorganisation, kundenfeindliche Prozesse, Personalüberhänge ohnegleichen, total überdrehte Lohn- und Gehaltsstrukturen, enttäuschte und frustrierte Belegschaft, eine mächtige Gewerkschaft ver.di, die im Kern aus der alten Postgewerkschaft stammte und Veränderungen ablehnte, sowie alte Seilschaften im Unternehmen. Das war die wenig erfreuliche Ausgangslage. Außerdem, auch da stimmte ich mit René Obermann völlig überein, ging es bei der Telekom um eine Kulturveränderung geradezu herkulischen Ausmaßes: hin zu einem modernen, aufgeschlossenen Unternehmen, in dem die Mitarbeiter nach Meriten und Leistung und nicht nach Alter und Unternehmenszugehörigkeit beurteilt und bezahlt werden. In dem Menschen im Service wertgeschätzt werden, damit sie gute Arbeit leisten können. In dem eine Mehrheit aufgeschlossen für Wandel nicht nur der Kultur, sondern auch der Strukturen und damit der Innovationskraft und -dynamiken ist. In der Mitte unseres Gesprächs hatte ich mich entschieden: Mit René Obermann als CEO bin ich dabei!

Herausfordernde Aufgaben warteten hier auf den neuen Personalverantwortlichen. Mir kam dabei zupass, dass ich inzwischen Erfahrungen und Stärken auf beiden Feldern gewonnen hatte, die es zu beackern galt: einmal das der Effizienz, auf der bei Continental das Hauptaugenmerk lag, zum anderen das einer neuen Kultur, wie seinerzeit bei der Lufthansa.

Kurz: Mein Gespräch mit Obermann war durch und durch erfreulich und berührte sogar schon jene Feinheit, wie wir Hubertus von Grünberg elegant in meinen möglichen Unternehmenswechsel einbinden könnten. Grünberg war nicht nur Aufsichtsratsvorsitzender meines damaligen Arbeitgebers Continental, sondern saß zugleich auch im Kontrollgremium der Telekom. Hier schien sich für Obermann und mich eine Sollbruchstelle größeren Ausmaßes abzuzeichnen, zumal sich von Grünberg mir gegenüber dahin gehend geäußert hatte, er wolle sich notfalls qua Zweitstimme für eine weitere Amtszeit meinerseits bei Conti starkmachen. Obendrein ist es immer ein eher unerquickliches Thema, wenn ein Aufsichtsratsvorsitzender einen Vorstand an ein anderes Unternehmen verliert, das er ebenfalls kontrolliert. Und schließlich bestand in von Grünbergs Doppelfunktion die erhöhte Gefahr, dass sich die Zahl der Mitwisser meiner Wechselabsichten möglicherweise deutlich erhöhen könnte, da von Grünberg bei Conti in der Pflicht zum Handeln stand. Wir wussten, dass der Bestellungsprozess eines Personalvorstands und Arbeitsdirektors für die Telekom ein Staatsakt sondergleichen ist. Sollte eine angestrebte Bestellung zu früh bekannt werden, könnten sich alle möglichen Gegner formieren und hinterrücks unvorteilhaft Stimmung machen oder nach vorne hin offen obstruieren. So wie es den möglichen Kandidaten für die Klinkhammer-Nachfolge im Jahr zuvor passiert war.

Ein paar Wochen später hatte ich die Gelegenheit, mit dem damaligen Aufsichtsratsvorsitzenden der Telekom und zugleich Vorstandsvorsitzenden der Deutschen Post AG, Klaus Zumwinkel, ein längeres Gespräch zu führen. Auch das fiel sehr angenehm aus. Zumwinkel lernte ich als ehrenwerten, geradlinigen und sehr konsequenten Menschen kennen. Wir saßen in einem der obersten Stockwerke des Bonner Post Tower zusammen, und schon nach wenigen Minuten wurden mir die heimlichen Machtverhältnisse offenbart. Zumwinkel führte mich an eines der Fenster und zeigte hinunter: »Das kleine Gebäude da unten, das ist der Konzernsitz der Telekom«, er schmunzelte dabei ein wenig. Diese Geste symbolisiert das leicht eifersüchtige Verhältnis der beiden historisch verbundenen und staatsbeeinflussten Schwestergesellschaften, von denen jede versucht, etwas stärker und besser zu sein als die andere.

Zumwinkel und ich sprachen dann ausgiebig über die immens hohen Faktorkosten, aber auch Faktormenge, also Personalüberhänge bei der Telekom, die wie ein Pfropf im Hals des Unternehmens steckten und es in seiner Weiterentwicklung hemmten. Dieses drängendste Problem, da waren Zumwinkel und ich uns einig, musste alsbald gelöst werden. Es war uns beiden unausgesprochen klar, dass das ohne einen größeren Arbeitskonflikt nicht abgehen konnte. Einen Konflikt weit größeren Ausmaßes, als ich es bei den schwierigen Restrukturierungen bei der Lufthansa erlebte oder bei dem Ringen um längere Arbeitszeiten in den deutschen Continental-Werken.

Wie Klaus Zumwinkel im Laufe unseres Gesprächs beiläufig erwähnte, hatte er sich schon bei seinem Freund Jürgen Weber über mich erkundigt, der sich, so Zumwinkel, sehr anerkennend über meine Arbeit in den zehn Lufthansa-Jahren geäußert hatte. Dazu muss man wissen, dass sich Vorstandsbestellungen in DAX-30-Unternehmen meist in einem sehr engen, persönlichen Netzwerk abspielen. In diesem Referenzsystem wird bei Freunden oder bei Freunden von Freunden nachgehorcht, welche Art Signale sie über einen bestimmten Kandidaten aussenden. So hatte sich zum Beispiel Manfred Bischoff, seinerzeit Chairman der EADS, zu meiner DASA-Zeit deren Finanzvorstand, gegenüber Manfred Wennemer eher negativ über mich geäußert. Hatte ich mich doch mit dem damaligen DASA-Vorstandsvorsitzenden Jürgen Schrempp angelegt. Eine Auseinandersetzung, die ich mit etwas jugendlichem Ungestüm ausgefochten und die bei den Beteiligten im Unternehmen sicher auch die eine oder andere Wunde hinterlassen hatte. So betrachtet ist dieses Referenzsystem eines der Überbleibsel der alten Deutschland AG wie auch konstitutives Element der neokorporatistischen Struktur. Es unterscheidet sich signifikant vom angelsächsischen Board-Besetzungssystem, das seilschaftsunabhängig und offener funktioniert, also größere Unabhängigkeit in der Personalauswahl sicherstellt. Die deutschen Gepflogenheiten, auch wenn sie mir zugutekamen, zeigen dennoch die Beschränktheit dieses Systems auf.

So stand in meinem Gespräch mit Klaus Zumwinkel ebenfalls die Frage im Raum, wie Hubertus von Grünberg meinen möglichen Wechsel aufnehmen würde. Immerhin machte da ein DAX-Konzern einem anderen den Personalvorstand abspenstig, und der Aufsichtsratsvorsitzende des einen Unternehmens saß zugleich im Aufsichtsrat des anderen Unternehmens, das sozusagen die »Beute« erhalten sollte.

Unterdessen war es Frühjahr 2007 geworden, ich informierte von Grünberg, dass ich hinsichtlich des Wechsels zur Telekom vor einer ernsthaften Entscheidung stünde.

Am Vormittag jenes Apriltages, an dessen Nachmittag ich in den Urlaub nach Arizona fliegen wollte, hatte ich mit von Grünberg ein mehrstündiges Gespräch, in dem er mir die Vorteile und Perspektiven einer Weiterarbeit bei Conti in glühenden Farben schilderte. Mir Gestaltungschancen aufzeigte, die er in der Unternehmensentwicklung sah, etwa die Übernahme von Siemens-VDO, die als Option schon im Raum stand. Conti suchte ja ein größeres Akquisitionsobjekt, womit für einen Personalvorstand immer die spannende Thematik der Due Diligence und der Integration verbunden ist. So versuchte mich der Aufsichtsratsvorsitzende Hubertus von Grünberg zu binden, nicht ohne auf die nur schwer zu verändernde Kultur der Telekom hinzuweisen. Schließlich stehe bei dem Kommunikationsunternehmen die gleiche, harte Restrukturierungsarbeit an, die ich bei Conti gerade betriebe, aber in deutlich veränderungsresistenterem Umfeld. Es war ein sehr eingehendes, differenziertes Gespräch. Schließlich war es für mich aber zuallererst eine Persönlichkeitswahl, die gegen Wennemer und für Obermann ausfiel.

Ich sah in Obermann eine andere Art von Vorstandsvorsitzenden, einen, der auch von seiner Biografie her Unternehmertalente gezeigt hatte, noch dazu aus nicht akademischem Elternhaus stammte. Ein Selfmademan im besten Sinne, der nicht in die Kategorie der aus dem Großbürgertum stammenden, abhängig beschäftigten Manager der Deutschland AG passte. Für mich der richtige Sparringspartner, dazu auf gleicher philosophischer Schwingungsfrequenz. Ich war mir sicher, mit Obermann an der Spitze im Vorstandsteam der Telekom eine Menge bewegen und bewirken zu können.

Die Telekom, das war mir von vornherein klar, würde sozusagen mein »Nanga Parbat« werden, mein persönlicher, schwierigster Achttausender. Last, but not least galt für die Telekom das Gleiche wie seinerzeit für die Lufthansa und Continental: Auch die Telekom war ein Unternehmen im Transformationsprozess. Das Zerschlagen dieses oben schon erwähnten gordischen Knotens, das Lösen des immensen Personalkostenpfropfens, das hat mich bei der Telekom schon enorm fasziniert. Stattdessen hätte ich bei Continental, so dachte ich – von der Schaeffler-Übernahme damals natürlich noch nichts ahnend –, durchaus noch eine zweite, gute Runde als Personalvorstand in einem wahrscheinlich deutlich vergrößerten Konzern drehen können, um dann ehrenvoll und mit besten Wünschen versehen in den Ruhestand verabschiedet zu werden.

Da hat mich allerdings der Achttausender in Bonn erheblich mehr gereizt. Schließlich handelte es sich bei der Telekom ähnlich wie bei der Lufthansa, aber ganz anders als bei Conti, um ein extrem politisches Unternehmen. Im Gegensatz zur Lufthansa, die als ehemaliges Staatsunternehmen schon weitgehend privatisiert war, übte die Bundesregierung bei der Telekom noch erheblichen Einfluss aus, es wurde jede Entwicklung des Konzerns sofort politisch bewertet und entsprechend medial aufgebauscht. Da ich mich aber immer auch zugleich als politischer Manager gesehen habe, rechnete ich mir eine gute Chance aus, diese Eigenschaft bei der Telekom zu voller Blüte reifen lassen zu können. Bildungspolitisch, arbeitsmarktpolitisch, sozialpolitisch, tarifpolitisch, in der guten Tradition von Richard Osswald bei Daimler, Heiko Lange bei der Lufthansa und Peter Hartz bei Volkswagen, den ich sehr schätze.

Trotz Hubertus von Grünbergs Überredungskünsten mit Engelszungen spürte ich im Laufe unseres Telefonats, dass ich innerlich schon zur Telekom übergewechselt war. Für meine persönliche Entwicklung erschien mir nicht nur die Besteigung dieses »Nanga Parbat« mit René Obermann zusammen äußerst reizvoll. Später kam auch meine Motivation hinzu, diese Erfahrung für die Phase nach meinem Ausscheiden als aktiver Wirtschaftsmanager zu nutzen. Tatsächlich habe ich für mich nie ausgeschlossen, nach meinen vielen Jahren als Wirtschaftsmanager wieder zurück in die Politik zu gehen, die mich ja schon als Schüler gefesselt und beschäftigt hatte. Da sollte wieder etwas Neues beginnen, aber kein Ruhestand, sondern etwas, das mir Freude machen und mich faszinieren würde. Da würde sich mithilfe der Telekom und all ihren politischen Dimensionen eine andere Brücke in die nächste Lebensphase überschreiten lassen, als das mit Continental möglich gewesen wäre. Egal ob als »One-Dollar-Man« oder als Politiker im Hauptberuf. Wie dem auch sei, von Grünberg hat meine Entscheidung nicht nur akzeptiert, sondern auch honorig begleitet. Auch indem er später in der entscheidenden Aufsichtsratssitzung meine Leistung würdigte.

So begann ich also im Urlaub in Arizona, den Vertrag mit der Telekom zu verhandeln, mit Joachim Kayser, Zumwinkels Mann für derlei einschlägige Aufgaben. Zumwinkel übrigens, das muss ich an dieser Stelle noch erwähnen, hatte mir größte Diskretion für diese Findungsphase zwischen dem Wechsel von Conti zur Telekom zugesichert, mir versprochen, dass nichts nach außen dringen würde. Dieses Versprechen hat er, aufrichtig und geradlinig, wie er ist, auch exzellent eingehalten.

Die Vertragsverhandlungen gestalteten sich sehr flüssig. Ich bin ja sowieso kein Mensch, der um Kommastellen feilscht. Wenn mir ein Verhandlungspartner signalisiert, dass jetzt eine Grenze erreicht ist, respektiere ich das, treibe es nicht bis zum Exzess. Schließlich weiß ich als Personalprofi gut, dass die Art, wie jemand verhandelt, als Maßstab dafür dienen kann, ob man schließlich auch den Richtigen oder die Richtige ausgewählt hat. Nicht von ungefähr scheitern manche großen Besetzungen am Stil des Verhandelns, wenn einer etwa zu hoch pokert und damit besondere Exzentrik an den Tag legt. Joachim Kayser, so erfuhr ich später, äußerte Zumwinkel gegenüber einmal, diese Verhandlungen mit mir seien eine seiner angenehmsten Vertragsverhandlungen gewesen.

Zu den bezifferbaren Größen dieser Vertragsverhandlungen muss ich sagen, dass ich mich zwar immer über großzügige Vorstandsvergütungen zumal in DAX-Konzernen gefreut habe. So verdiente ich bei der Telekom, wie ja in den Geschäftsberichten nachzulesen ist, 1,8 Millionen Euro im Jahr. Die lagen allerdings im DAX-30-Ranking im unteren Drittel, was mich aber nie weiter beschäftigt hat. Ich schätze gutes Einkommen zwar sehr, aber wegen des Geldes arbeite ich, allemal seit meinem Wechsel von der DASA zur Lufthansa, nicht. Meine Aktienoptionen von Continental wurden zudem passabel bewertet und eingepreist.

Meine Vertragsverhandlungen waren also so weit beendet, doch die entscheidende Telekom-Aufsichtsratssitzung fand erst am 2. Mai, also eine Woche später statt, der Vertrag mit der Telekom war noch nicht unterschrieben. In dieser Zwischenzeit, am 24. April 2007, fand die Hauptversammlung der Continental AG statt. Auf dieser nun fragte ein Aktionär bereits danach, was es mit den Gerüchten auf sich habe, dass Thomas Sattelberger Conti verlassen würde. Das hatte nämlich das *manager magazin* schon vorab am 20. April 2007, wenn auch eher spekulativ, in die Welt gesetzt.

Das *manager magazin* hatte offenbar gehört, dass ich »Aufsichtsrats-quellen zufolge« als Aspirant für den Telekom-Vorstandsposten gehandelt würde. Journalisten fragen dann gewöhnlich erst einmal bei der Presseabteilung der Telekom nach. Ich ging davon aus, dass der Kommunikationschef der Telekom, Philipp Schindera, klug mit Obermann und Zumwinkel zusammen entschieden hatte: Bevor wir dementieren und das *manager magazin* weiterbohren lassen, und das mit ungewissem Ausgang an Berichterstattung, legen wir lieber eine positive Spur. Also lieber eine Flucht nach vorne, aber dafür in enger Abstimmung mit dem *manager magazin* einen Beitrag mit für mich positiver Tonalität. So las sich das Ganze seinerzeit dann auch. So weit jedenfalls meine erfahrungsgesättigte Vermutung; genau recherchiert habe ich diesen Vorgang im Nachhinein aber nie.

Zurück in die letzten Apriltage des Jahres 2007. Noch schwebte ich eine Woche lang sozusagen zwischen Baum und Borke in vertragslosem Zustand, meine mögliche Bestellung bei der Telekom konnte erst eine Woche später auf der entscheidenden Aufsichtsratssitzung erfolgen. Währenddessen liefen aber hausintern schon die Verhandlungen um meinen Aufhebungsvertrag nach vier Jahren und zwei Monaten bei Conti. Manfred Wennemer, der Sparfuchs, nutzte indes meinen vertragslosen Zustand mit der Telekom gnadenlos aus, um meine vertraglich festgelegten Pensionsansprüche aus dem Conti-Vorstandsvertrag herunterzuhandeln. Ich aber war darauf angewiesen, mich gütlich mit meinem demnächst Ex-Arbeitgeber zu einigen. Wenn das nicht gelänge, wie würde sich dann Hubertus von Grünberg in der Telekom-Aufsichtsratssitzung über mich äußern? Würde er für mich stimmen, wenn es zuvor zu Reibereien um meinen Aufhebungsvertrag gekommen wäre? An seinem positiven Votum war nicht nur mir, daran war auch Zumwinkel und Obermann sehr gelegen. Gleichzeitig verhandelte ich mit Conti über meine vorzeitige Vertragsauflösung ohne die Zusage seitens der Telekom. Da kann man im ungünstigsten Fall schon durch die Ritze fallen.

Solcherart sind die Szenarien, die sich, der breiten Öffentlichkeit verborgen, stets auf den Hinterbühnen der Vorstandsbesetzungen abspielen. Wennemer gegenüber habe ich übrigens einige Zeit später, als ich mit einer kleinen Feier bei Continental verabschiedet wurde, im Klartext verdeutlicht, dass ich es nicht als die feine Art erachtet hätte, wie er meine heikle Situation zwischen Conti und der Telekom genutzt habe, um meine Pensionsansprüche herunterzuhandeln. Er reagierte ausweichend.

Ebenfalls nur auf den Hinterbühnen sind in dieser Zeit die Drähte zwischen Betriebsräten beider Unternehmen und den Gewerkschaftsvertretern heiß gelaufen. Michael Sommer, damals DGB-Vorsitzender, saß im Telekom-Aufsichtsrat. Natürlich auch Lothar Schröder, Mitglied des ver.di-Bundesvorstands. Und auf IG-BCE-Seite war sicherlich auch deren damaliger Vorsitzender, Hubertus Schmoldt, und der stellvertretende Conti-Aufsichtsratsvorsitzende, Werner Bischof, dabei. Selbstredend haben die Arbeitnehmervertreter alle Quellen ausgeschöpft, die zur Verfügung standen, um Näheres über mich in Erfahrung zu bringen. Bekannt war ich als einer, der vor den Sozialpartnern bisher nicht eingeknickt war, sondern schwierige Themen vorangetrieben und Konflikte als »harter Hund« ausgetragen hatte. Aber auch als Personalmanager hatte ich mir einen respektablen Ruf erworben. Wenige Tage vor der entscheidenden Aufsichtsratssitzung hatte mich Zumwinkel zu einem Treffen im engeren Kreis der Telekom-Aufsichtsräte in ein Schloss nahe Berlin bestellt, auf dem ich in frostiger

Atmosphäre einer Befragung auf Herz und Nieren unterzogen wurde. Meine Bestellung als Telekom-Personalvorstand würde, so viel war klar, einen signifikanten Machtverlust für die Arbeitnehmerseite bedeuten. Immerhin war mein Vorgänger Klinkhammer SPD- und Gewerkschaftsmitglied. Inmitten dieser Runde im Schloss liefen meine Gesprächspartner immer wieder hinaus und telefonierten, was das Zeug hielt. Jede Wette, auch mit ihren Konfidenten aus der Politik: Kann man sich so einen Manager, der bei Conti für die 40-Stunden-Woche kämpfte, ins Haus holen? Hat er andererseits nicht das Problem mit dem Conti-Werk in Stöcken einigermaßen passabel gelöst? Was da im Einzelnen alles besprochen und hin- und hergewendet wurde, weiß ich natürlich nicht. Ich wusste nur, dass mir Klaus Zumwinkel versprochen hatte, meine Bestallung als Telekom-Personalvorstand notfalls mit seiner Zweitstimme zu entscheiden. Wie sich ja seinerzeit auch Hubertus von Grünberg für meine Vertragsverlängerung bei Conti starkmachen wollte.

Kurz: In dieser Wackelwoche ohne Netz und doppelten Boden Ende April 2007 habe ich fast jede Nacht nur wenige Stunden geschlafen. Bei einer Vorstandsbesetzung kann bis kurz vor Schluss etwas schiefgehen. Gleichzeitig galt es, bei jedem Gesprächstermin höchste Selbstkontrolle zu bewahren, um den Habitus absoluter Souveränität auszustrahlen, der in unseren Kreisen so unerlässlich ist. Immer hielt ich mich an dem Gedanken fest, dass ich Zumwinkel als absoluten Ehrenmann schätzen gelernt hatte und ich seinem Versprechen vertrauen konnte. Ich betone das hier auch deswegen, weil eben dieser Klaus Zumwinkel in Zusammenhang mit den Ermittlungen und dem Verfahren gegen ihn wegen Steuerhinterziehung massiv auch als Persönlichkeit attackiert worden ist. Ich kann aber nur das eine sagen: Ich habe Zumwinkel immer als sehr aufrichtigen, geradlinigen, vertrauenswürdigen und klaren Mann erlebt.

Es nahte also der Tag der Telekom-Aufsichtsratssitzung. Nicht alle Mitglieder dieses 20-köpfigen Gremiums kannten mich bisher persönlich, jeweils nur ein Teil der Anteilseigner- und der Arbeitnehmerbank. Ich stellte mich zuerst der Kapitalseite in einem sieben- bis achtminütigen Kurzvortrag vor, in dem man wenig Zeit hat, sich als Person mit seinem Profil und Weltbild zu präsentieren. Das ist dann noch einmal ein Augenblick der Wahrheit, obwohl die Weichen für das ganze Prozedere bereits zu 95 Prozent gestellt sind. Aber immer noch besteht die Gefahr oder die Chance, dass Aufsichtsräte zur Auffassung kommen könnten: »Was für ein Weichei!« oder auch: »Oh, exzellente Wahl!«

Trotz aller vorangegangenen Anstrengungen und Weichenstellungen können diese Augenblicke die schönsten Pläne in letzter Minute zum Kippen bringen. Für mich war es in dieser Sitzung höchst interessant, wie der damalige Linde-Chef Wolfgang Reitzle, Vorstandsvorsitzender des erfolgreichen Münchner Gase- und Energiekonzerns und Telekom-Aufsichtsrat, meine Kurzvorstellung als erster der zehn Gremienmitglieder kommentierte: »Oh Herr Sattelberger«, sagte er, »so einen wie Sie könnte ich bei Linde auch brauchen.«

Manche und mancher könnte ja annehmen, diese durchaus offene Anerkennung setze in einem Menschen wie mir eine Art freudiges Glücksgefühl frei. Weit gefehlt. Reitzle war einfach der Erste, der sich zu Wort meldete. Und hatte damit, wenn man so will, eine Vorlage für seine Mit-Aufsichtsräte geliefert. In solchen Situationen bin ich vollkommen gefühlskalt. Mein erster, sehr rationaler Gedanke auf hoher Abstraktionsstufe war: Gut, ich sehe, die Anteilseignerbank steht offenbar. Emotionen löste die Bemerkung Reitzles bei mir überhaupt nicht aus.

In solchen Augenblicken der Wahrheit, in denen es um alles oder nichts geht, agiere ich fast so, als ob ich hinter mir stünde. Ich seziere einfach ganz kühl die Situation, die handelnden Akteure und mich, spüre keinerlei Nervosität. In extrem kritischen Situationen bin ich dazu in der Lage, mich so gut wie vollständig von meiner Gefühlswelt zu entkoppeln, mich geradezu zu entäußern. Und wie von mir erhofft und erwartet, hat von Grünberg im Anschluss an Reitzles Vorlage kundgetan, wie sehr er meinen Weggang von Conti bedauere, wie sehr er mir aber auch als Telekom-Aufsichtsrat alles Gute wünsche beim schwierigen Unterfangen.

Das Gespräch mit den Mitgliedern der Arbeitnehmerbank hingegen war außerordentlich unerfreulich. Lediglich der Vertreter der leitenden Angestellten behandelte mich auf Augenhöhe. Für die anderen war ich ein von Zumwinkel »reingedrückter« Arbeitsdirektor ohne Gewerkschaftsbuch.

Später sagte ich auf Betriebsrätekonferenzen schon mal: »Sie können mich gerne als Ihren Personalvorstand und Arbeitsdirektor ›nach‹-wählen.« Ganz unabhängig davon habe ich öffentlich kundgetan, dass ich in erster Linie unternehmensverantwortlicher Vorstand, in zweiter Linie Personalvorstand und – exakt auch in dieser Reihenfolge – in dritter Linie Arbeitsdirektor im Rahmen der deutschen Mitbestimmungsgesetzgebung bin.

Langer Rede kurzer Sinn: Der Aufsichtsrat bestellte mich.

Nun ging es also ab Mai 2007 für mich los mit einer wiederum anspruchsvollen Transformationsarbeit, diesmal in meinem vierten DAX-Konzern. Die beiden Tanker, Konzernführung und Gewerkschaft, bewegten sich nur wenige Seemeilen voneinander getrennt auf Kollisionskurs aufeinander zu. Drei dringend zu bewältigende Aufgaben galt es, in der Hitze der sicheren Kollision, dem Arbeitskampf, zu lösen.

Erstens die signifikante Senkung der Arbeitskosten und die Erhöhung der Produktivität. Zweitens die Aufspaltung des Konzernmonoliths in kleinere, in ihrem jeweiligen Markt operierende Servicegesellschaften. Drittens eine neue Form von Leistungskultur zu verankern. Das alles stand schon in einem Verhandlungspapier, das der Finanzvorstand und stellvertretende Vorstandsvorsitzende, Karl Eick, vorgelegt hatte.

Eick firmierte als Interimspersonalmanager nach dem Abgang meines Vorgängers Heinz Klinkhammer und wechselte dann später, 2009, in den Vorstandsvorsitz der Düsseldorfer Arcandor AG. Eicks Verhandlungspapier war von der Gewerkschaft ver.di zunächst brüsk abgelehnt worden, weil es, aus Arbeitnehmersicht, eine wortwörtlich zu große Zumutung bedeutete. In diesem Papier wurde die Forderung nach zweistelliger Einkommensreduktion als Bedingung erhoben, dazu die signifikante Erhöhung von Arbeitszeiten ohne Lohnausgleich. Außerdem ging es um Produktivitätsverbesserungen, nach denen nebst vielen anderen Vorschlägen die bisherige, lohnrelevante Berücksichtigung der Anfahrtszeiten von Außendienstmitarbeitern gestrichen und Samstage als normale Servicezeiten anerkannt werden sollten. Obendrein wurden kräftige Einschnitte der Einstiegsvergütungen für ausgelernte Nachwuchskräfte gefordert. Hierzu muss man wissen, dass zuvor bei der Telekom junge Mitarbeiter nach ihrer Ausbildung zu Vergütungen übernommen worden sind, die dem Salär von Assistenzärzten entsprachen. Dazu stand in diesem Papier, der Telekom-Konzern wolle einzelne Sparten ausgliedern und in neu zu gründenden Servicegesellschaften weiterführen. Ganz ähnlich wie zehn Jahre zuvor unter dem Dach des Lufthansa-Konzerns eine Technik AG, eine Cargo AG und eine Lufthansa Systems gegründet worden waren, um die ständige Quersubventionierung der verschiedenen Bereiche zu beenden. Und das mit dem Ziel, Transparenz in der Leistungssituation der Einzelgesellschaften zu schaffen und sich gegebenenfalls – eher unwahrscheinlich – von Geschäften bei dauerhaftem Misserfolg trennen zu können. Andererseits aber – eher wahrscheinlich – Kräfte für Wachstum und Erfolg freizusetzen, wie es auch bei der Lufthansa gelang. Aus meiner Sicht das Selbstverständlichste der Welt und bei der Telekom längst überfällig. Aber für die Arbeitnehmer und ihre Vertreter war das geradezu ein Horrorszenario.

Die Drohkulisse war eine sehr reale. Denn bei Nicht-Einigung stand die Drohung im Raum, die Betriebsübergänge umgehend vorzunehmen und gegebenenfalls den Verkaufsprozess sofort zu starten – und das unter Konditionen, die ohne Tarifverhandlungen zuerst einmal auch einseitig vom Unternehmen festgelegt worden wären. Als Erstes studierte ich im Schnelldurchlauf die wirtschaftliche Situation der Telekom. Schnell wurde mir klar, über die Kostenseite allein war kein nachhaltiger Sprung zu neuer Wettbewerbsfähigkeit zu erreichen. Gleichzeitig musste aber alles getan werden, um durch dezentrale Aufstellung die Umsatzverluste im Festnetzgeschäft schnell zu reduzieren, dazu das Wachstum im Mobilfunkgeschäft signifikant zu erhöhen. Das hieß also, es mussten sowohl im Zähler als auch im Nenner der Unternehmensstrategie der Telekom schlagkräftige Maßnahmen ergriffen und beherzte Schritte unternommen werden. So oder so, es war klar, die Situation würde zwangsläufig zu Auseinandersetzungen führen müssen, wie sie die Republik in dieser Schärfe und Vehemenz schon lange nicht mehr gesehen hatte.

Die Frage, die sich manche Leser jetzt stellen werden, ist: Wie kam es überhaupt zu dieser prekären Situation für die Telekom? Was hat diesen ausufernden Kostenüberhang verursacht? Die Telekom stand schon seit Jahren in einem massiven Personalabbau- und selektiven Personalaufbauprozess. Enorme Personalüberhänge aus der Zeit als staatlicher Monopolist belasteten das Unternehmen. Milliarden Euro kostete die sozial verträgliche Trennung von mehr als 10 000 Mitarbeitern. Andererseits wurden neue Qualifikationen in Vertrieb, Marketing, Controlling und Steuerung erforderlich. Wo immer möglich, wurden Tausende Mitarbeiter umgeschult, wo nicht möglich, galt es, sozial verträglich abzubauen und neue Mitarbeiter mit dringend benötigten Qualifikationen vom Arbeitsmarkt zu rekrutieren.

Zudem gab es immer noch zusätzlich quersubventionierte Personalüberhänge. Die Telekom mit ihren damals 240 000 Beschäftigten, darunter über 150 000 in Deutschland, war schwer belastet durch die Personalkosten von jährlich im Durchschnitt mehr als 15 000 Mitarbeiterinnen und Mitarbeitern, die durch ihren Beamtenstatus nicht nur unkündbar waren, sondern auch das Anrecht auf gleichwertige Beschäftigung wie in ihren früheren Tätigkeitsfeldern hatten. Da es solche aber im Zuge der Privatisierung nicht mehr in ausreichendem Maße gab, saßen diese Beamten entweder zu Tausenden zu Hause, verdienten aber trotzdem ihr gewohntes Geld. Oder waren quasi als Leihkräfte zu Deckungsbeiträgen anderweitig im öffentlichen Dienst tätig. Ein aberwitziger Zustand.

Obendrein hatten die letzten Haustarifverhandlungen, 2006 beendet durch den Schlichterspruch des CDU-Politikers Heiner Geißler, der Telekom eine unfassbare Lohnkostensteigerung beschert. Weiter fehlten die Milliarden, investiert für den sozial verträglichen Arbeitskräfteabbau und für dringend benötigte Investitionen in Technologie, Markt und Kunden. Schließlich waren es neben üppigen Tariferhöhungen in der Vergangenheit schlicht und einfach beklagenswert ineffiziente Arbeitsprozesse, die das Unternehmen Telekom und den guten Service lähmten. Diese Nachteile hatten sich bei der Telekom über Jahre hinweg aufgetürmt in einem Ausmaß, dass sie sich tatsächlich wie ein Achttausender – ein Nanga Parbat – der Unternehmensführung ausnahmen. Musterähnlich der Cockpit-Situation, die sich über Jahre auftürmte.

Als ich bei der Telekom begann, war der »Point of no Return« erreicht, es ging beim besten Willen und Wollen nicht mehr, die Dinge weiter auf die lange Bank zu schieben. Die Geschäftslage war miserabel und verschlechterte sich von Monat zu Monat. Zugleich war aber auch zu erkennen, dass sich die Fronten zwischen den beiden Kontrahenten schon lange vor meiner Ankunft im Telekom-Vorstand fast unversöhnlich vertieft hatten. Jede Seite warf sich beständig die Litanei ihrer gegenseitigen Verletzungen an den Kopf. Daraus konnte nichts Konstruktives erwachsen. In dieser Gemengelage von gegenseitigen Vorwürfen des Verrates der jeweils anderen Seite, von Anschuldigungen, die einen hätten die anderen wieder mal nur über den Tisch ziehen wollen, war mir klar: Die beiden Tanker müssen jetzt aufeinanderprallen. Sonst kämen wir nie zu einer guten Lösung.

Beide Seiten waren zum Kampf entschlossen, die Belegschaft war so aufgeputscht, dass bereits absehbar war: Ohne Streik als Ventil kommt die Dienstleistungsgewerkschaft ver.di gar nicht mehr aus diesem Schlamassel heraus. Hinter ihrer vorderen Front hatte sie sich bereits so festgefahren, dass sie Verhandlungen nicht mehr in Betracht ziehen konnte. Die andere, die Telekom-Seite, konnte das nach langem Hin und Her auch nicht. Der Aufsichtsrat, auch der Bund als großer Telekom-Eigner, erwartete hingegen dringend Sanierung und Reform.

Bei einer Hausgewerkschaft wie ver.dis Fachbereich 9 »Telekommunikation« hängt die Zustimmung oder Ablehnung davon ab, welchen Abschluss sie ihren Zehntausenden Mitgliedern dieser einen Firma letztlich zu präsentieren vermag und ihnen als unterm Strich erfolgreich verkaufen kann. Dieser Druck auf eine Gewerkschaft ist noch stärker, als wenn es um einen Flächentarifvertrag für viele Branchenunternehmen geht. Und in einer einzigen Belegschaft lässt sich die Stimmung viel besser aufschaukeln. In einer solchen verfahrenen Psychologik ist der Streik oft der einzige Ausweg, um anschließend eine Lösung auf dem Verhandlungsweg erzielen zu können. Wobei eines klar war: Bei der Telekom ging es um alles oder nichts. Mit einem faulen, betriebswirtschaftlich unsoliden Kompromiss hätte ich versagt. Eine nicht faule Lösung war also nur über eine Niederlage ver.dis zu erzielen.

Wie also sollte ich den Konzern aus dieser verfahrenen Situation bringen? Wie sollte ich vorgehen? Mir war zuerst wichtig, beurteilen zu können, wie weit das Management der Telekom bereit und fähig war, seine Drohungen durchzusetzen.

Ich hatte zunächst einmal mit Dietmar Welslau und Georg Pepping zwei erfahrene, kluge und umsichtige Recken der Personal- und Tarifpolitik an meiner Seite, denen ich volles Vertrauen signalisierte und gab. Wie damals bei der Lufthansa meinen dortigen Kollegen Guido Gärtner und Thomas Nagel. Dietmar Welslau hatte stets die möglichen, nächsten Schachzüge der anderen Seite antizipierend im Blick. Georg Pepping sicherte sozusagen den Nachschub, die Logistik. Er war wie Welslau ein exzellenter Arbeitsrechtler und koordinierte die Mitbestimmungs- und Tarifpolitik sowie unsere Aktivitäten im Arbeitgeberverband. Ich hörte gut zu, hakte nach, stellte die Fragen desjenigen, der nicht im System groß geworden war, und beurteilte so Kräfteverhältnisse wie Gefechtslage. Und ich war entschlussfreudig. Insofern waren wir als Trio strategisch richtig und taktisch exzellent aufgestellt. Dazu hatte ich mir einen umfassenden Eindruck verschafft, ob und wie und unter welchen Bedingungen wir externe Dienstleister bei einem umfassenden Streik des Telekom-Personals beauftragen könnten, damit unsere Kunden nicht allzu sehr unter der Auseinandersetzung leiden müssten. Etwa, wenn ganze Callcenter-Mannschaften der Telekom streikbedingt ausfallen würden. Dabei war von Anfang an klar, dass unsere Monteure, die Truppen für die technische Entstörung, eine Achillesferse für uns waren. In diesem anspruchsvollen, aber für viele Telekom-Kunden entscheidenden Bereich standen nur bedingt Anti-Streik-Reserven bereit. Andererseits hatten wir die Beamtenschaft an Bord, die nach Beamtenrecht kein Streikrecht besaß. Für uns als Vorstand war dessen ungeachtet keineswegs berechenbar, ob diese Telekom-Beamten tatsächlich voll eingesetzt werden könnten oder ob sie nicht vielmehr durch das bekannte Prinzip des Dienstes nach Vorschrift ihren Beitrag zum Arbeitgeber-Arbeitnehmer-Konflikt leisten würden. Ich selbst – als Beamtensohn – war mir sicher, dass unsere Beamten korrekt und pflichtbewusst ihren Aufgaben nachgehen würden.

Das Wichtigste für mich war, und das erzählte ich niemand anderem, dass ich auch die Führungskraft – also wirklich die Kraft zur Führung – der operativen Linienmanager einschätzte. Denn sie mussten schließlich im Getümmel Übersicht behalten und die Disziplin sichern. Friedrich Fuss, der spätere Chef der Servicegesellschaft Netzproduktion, und Thomas Berlemann, der spätere Chef Customer Services, waren kluge und loyale »Generäle« und vor allem: uneitel und von der Sache überzeugt.

Das persönliche Inspizieren und Kennenlernen aller restlichen »Offiziere« war für mich ein letzter Schlüssel in der Einschätzung der Kräfteverhältnisse. Ich besuchte damals sehr schnell unsere Streikzentrale und die dort versammelten drei bis vier Dutzend Personalkolleginnen und -kollegen, quasi die Logistikzentrale bezüglich Streik, Streikabwehr, Kundenreaktionen und taktischer Manöver. Ich betrat den Raum, und ein 1,90 Meter großer Mann stand in der Mitte. Er überragte nicht nur die meisten Anwesenden, sondern er gab auch Instruktionen in kurzen, präzisen Sätzen und verständlichen Worten an die Runde. Alle hörten ihm aufmerksam zu. Nach wenigen Minuten wusste ich, dass hier eine kompetente Taskforce mit einem hervorragenden Anführer zusammensaß. Klaus Liefer, so hieß der 1,90-Meter-Mann, war ein toller Kollege. Er war mutig und Neuem gegenüber aufgeschlossen. Jahre später ging er nach Athen, um eine fast unmögliche Sanierungsaufgabe bei unserer griechischen Tochter OTE zu übernehmen.

Dann kam aber auch noch mein gutes Gefühl hinzu, was die Widerstandskraft des gesamten leitenden Managements betraf. Ob wir nun Workshops mit leitenden Angestellten veranstaltet haben, um uns über deren Positionen im Konflikt klar zu werden, ob ich in Einzelgesprächen mit den Leitern in großen Unternehmenseinheiten, wie etwa der T-Com, herauszufinden versuchte, wie wir in diese große, bevorstehende Auseinandersetzung mit den Beschäftigten im Detail gehen sollten. Das waren wirklich Kolleginnen und Kollegen, mit denen man in einen solchen Konflikt ziehen konnte. Ich wähle hier bewusst militärische Begrifflichkeiten, weil es sich tatsächlich um die allerhärteste Auseinandersetzung handelte, die ich je in meiner Verantwortung als Vorstand erlebt hatte. Ein Konflikt, der mit Hunderttausenden Streiktagen über viele, insgesamt elf Wochen hinweg die Telekom erschütterte.

Manchmal habe ich mich dabei an die Erkenntnisse des preußischen Generals und Militärtheoretikers Carl Philipp Gottlieb von Clausewitz erinnert, der in seinem unvollendeten Werk *Vom Kriege* einst geschrieben hat: »Der Krieg ist eine bloße Fortsetzung der Politik mit anderen Mitteln.« So meinte er aber auch, dass der Krieg der Politik immer untergeordnet bleiben müsse und nur ein Werkzeug derselben sei, nicht jedoch an ihre Stelle treten dürfe. Diese Lagebeschreibung fand ich auch bei der Telekom vor. Aber meine Waffen waren natürlich nicht Kanonen und Gewehre, sondern Analysefähigkeit, Gestaltungs- und Durchhaltewille sowie Verhandlungsgeschick. Beides nicht zuletzt gesammelt aus früheren Erfahrungen vor allem bei Continental und der Lufthansa.

Ich betone das deshalb, weil man in der nur beobachtenden Außenwelt schnell in eine Schublade gesteckt wird. So bin ich für die meisten heute nur noch der »Vorstand mit der Frauenquote«, und vor meinem Antritt bei Continental war ich der »Papst der Personalentwicklung«. Ich bin indes mit mir sehr zufrieden, dass ich auch die Klaviatur des Kampfes und der Auseinandersetzung beherrsche.

Ein Umstand, der mich zudem zuversichtlich stimmte, waren meine Experimente mit der öffentlichen Kommunikation. Natürlich hatte die Medienberichterstattung über diesen Konflikt Einfluss auf die Kunden, Mitarbeiter und Sozialpartner sowie auf die Politik. Ich habe relativ schnell nach meinem Amtsantritt als kommunikative Losung ausgegeben: Erstens ist die Telekom zu jedem Thema verhandlungsbereit, es gibt keinerlei Dogma. Wir sind nicht die Blockierer. Zweitens ist die Telekom eine Chancen- und Risikogemeinschaft. Wir wissen, dass wir jetzt von den Beschäftigten Opfer verlangen, aber wir sind auch bereit, eine Ergebnisbeteiligung in signifikanter Höhe zu bezahlen, wenn sich der wirtschaftliche Erfolg wieder einstellt. Die Opfer heute können später also wieder ausgeglichen werden. Mir war durchaus bewusst, dass die Gewerkschaft ver.di zu solchen variablen Erfolgsbeteiligungen strikt Nein sagt. Aber der breiteren Öffentlichkeit leuchtete dieses Modell einer Lösungsbereitschaft ein, es hat unsere Verhandlungsposition positiv untermauert.

Drittens habe ich gesagt, dass ein künftiger Tarifvertrag auch zukunftsorientierte Aussichten beinhalten könne. Etwa Servicekarrieren, Servicequalifizierung und Ähnliches. Damit wurde ver.di ein wenig auf dem falschen Bein erwischt, denn bei ihr handelt es sich um eine Gewerkschaft, die solchen Thematiken gegenüber damals wenig aufgeschlossen war, die zumindest im Telekommunikationsbereich ihr Augenmerk ausschließlich auf Arbeitszeiten und Geld gelegt hat.

Da ist die IG BCE, die »Industriegewerkschaft Bergbau, Chemie, Energie«, wie bei Conti deutlich wurde, weiter, was qualitative Prägungen eines Tarifvertrags anbetrifft. Für die einen in der Gewerkschaft ver.di waren solche Verhandlungsgegenstände tabu, die anderen wussten gar nicht, was sie damit anfangen sollten. Manche behaupten, ich hätte mit diesen Servicethemen nur ein rhetorisches Strohfeuer entzündet. Aber das Ergebnis des späteren Tarifvertrags, in dem wir auch solche Dienstleistungsaspekte intensiv verankerten, zeigt, dass ich es sehr wohl ernst meinte. Das Ergebnis dieser Auseinandersetzung war für das weitere Wohl und Wehe der Telekom, aber auch für mein eigenes Wohl und Wehe entscheidend.

Unter den damals handelnden Akteuren der Tarifauseinandersetzungen war ich der Neue, eingewechselt in der Schlussphase des bis dahin torlosen Spiels. Mir eilte zwar der Nimbus des harten, durchsetzungsfähigen Managers voraus, aber als neuer Spieler war ich eben noch nicht berechenbar. Das war verstörend für die Tarifgegner, aber irritierend auch für meine Vorstandskollegen in der Telekom. Die versicherten mir indes, sie würden mir in jeder Hinsicht den Rücken in den harten Verhandlungen freihalten. Dann haben wir, begleitet von täglichen Streiks vieler Tausender, minutiös und mit einer Präzision ohnegleichen unser Bedrohungsszenario vorangetrieben, bis hin zur schriftlichen Ankündigung an jeden Mitarbeiter, die Betriebsübergänge in Einzelgesellschaften stünden nun unmittelbar bevor – wie es ja zuvor schon offen verbreitet worden war.

Da wurde auch ver.di klar, dass sie jetzt verhandeln musste, zumal sich die Gewerkschafter nie hätten vorstellen können, dass wir so weit gehen würden. Hätte die Telekom diese Drohung wahr gemacht, hätte das die Kampfeslogik von ver.di komplett gedreht, sie hätte dann nach der Dreiteilung der Telekom und wegen der rechtlichen Konsequenzen des Betriebsübergangs aus der Position der Schwäche Verhandlungen aufnehmen müssen. Das heißt, wir sind unbeirrbar an die ultimative Grenze gegangen, und ver.di musste das Verhandlungsangebot nolens volens annehmen, weil der Gewerkschaft klar war, dass der Telekom-Vorstand sonst einseitig und ohne weitere Einflussmöglichkeiten seinerseits »Schlimmeres« vollstreckt hätte.

Ganz so flüssig, wie das nach außen hin aussah, war es natürlich nach innen nicht. Die ganzen Bedenkenträger in der Konzernzentrale warnten immer wieder vor der Radikalität des Kurses, die Juristen schüttelten bedenklich die Häupter ob unserer juristischen Deutungshoheit, im Vorstand selbst wurde heiß diskutiert. Und ich bin mir sicher, ver.di-Vorstand Lothar Schröder versuchte mehrmals, an mir als eigentlichem Verhandlungspartner vorbei mit meinen Kollegen etwas auszudealen. Ich merkte das, wenn mich meine Vorstandskollegen anriefen und meine Bereitschaft zu niedrigschwelligeren Lösungen sondieren wollten. Ich habe darauf jeweils nur knapp geantwortet, dass ich die Verhandlungen führe und die Zeit zu früh für Kompromisse sei.

Dazu musste natürlich die Politik – egal welcher Couleur – beeinflusst werden. Eines Morgens um 7.30 Uhr rief der damalige SPD-Vizekanzler Franz Müntefering bei mir an. Mit schnarrender Stimme fragte er: »Wann ist denn endlich Schluss mit Ihrer Streikerei? So kann das nicht weitergehen!« Ich antwortete vage, dass ich guten Mutes sei hinsichtlich unseres Verhandlungsfortschritts. Es ging dann noch Wochen weiter. Wie ein Skiläufer sah ich mental die allerletzte Strecke vor dem Tor vor mir und störte mich nicht an den Windungen und Wendungen. Wir haben dann in unzähligen Runden in verschiedenen Hotels vom frühen Morgen bis in die späten Abendstunden hinein und unter dem Druck permanenter und schwerer Streiks weiterverhandelt. An einem meiner wenigen Tage in der Konzernzentrale fuhr ich im Aufzug. Gewöhnlich entspannte ich die Aufzugsatmosphäre bei den Mitfahrenden durch ein paar lockere Kommentare. Diesmal sagte ich zu dem Kollegen im Aufzug: »Tja, die Einschläge werden immer spürbarer.« Worauf er antwortete: »Ja, wir stecken halt mitten in der schweren Finanzplanung.« So unterschiedlich sind die Wahrnehmungswelten in Konzernen. Ich meinte natürlich die Tarifauseinandersetzungen.

Das Ergebnis der schwierigen Verhandlungen war, wenn man so will, unterm Strich eine vernichtende Niederlage für ver.di: Absenkung der Löhne und Gehälter um 6,5 Prozent, Arbeitszeiterhöhungen um täglich mehrere Stunden ohne Lohnausgleich, Absenkung der Einstiegsvergütungen um 30 Prozent, definierte Effizienzsteigerung und Reduzierung vieler weiterer bisher haustarifvertraglich gewährter Großzügigkeiten. Auch sollte eine halbe Stunde der täglichen Mehrarbeit pro Beschäftigtem für Servicequalifizierung verwandt werden. Dazu kam die Einführung von Servicekarrieren für besonders leistungsmotivierte Mitarbeiterinnen und Mitarbeiter. Schließlich wurde auch die Einführung variabler Vergütungsbestandteile festgeschrieben. Doch wir hatten ebenso vereinbart, schon outgesourcte Tätigkeiten wieder ins Telekom-Haus zurückzuholen, was dem Interesse der ver.di-Gewerkschafter entgegenkam. Es war, alles in allem, ein schönes Gesamtpaket, das den ökonomisch-betriebswirtschaftlichen Notwendigkeiten, aber auch der neuen Serviceorientierung und der unabwendbaren Neustrukturierung des Konzerns Rechnung trug. Und das alles in den neu einzurichtenden Servicegesellschaften als eigenständige juristische Einheiten. Für die Gewerkschaft ver.di ein ganz schön dicker Brocken. Von meinen Vorstandskollegen hatte übrigens keiner damit gerechnet, dass wir ein solches Ergebnis erzielen würden. Finanzkollege Timotheus Höttges ließ sich sogar zur euphorischen Eloge hinreißen: »Thomas, du bist mein Heroe!«

Am letzten Verhandlungsabend, nach dem endgültigen Vertragsabschluss, gab es noch eine Unmenge kleinerer Besprechungen, mal auf Arbeitgeberseite, mal auf Sozialpartnerseite, mal gemeinsam zur Präzisierung und Paraphierung einzelner Unterpunkte. Ich wusste, dass meine beiden Getreuen Welslau und Pepping die einzelnen Ausformulierungen im Vertragstext – bei denen der Teufel ja immer im Detail steckt – gut hinbekommen würden. Mein vordringliches Bestreben war jetzt allerdings, am folgenden Morgen ausgeruht zur Pressekonferenz erscheinen zu können, um das Verhandlungsergebnis den Medien vorzustellen. Während Lothar Schröder, der ver.di-Funktionär, noch bis spät in die Nacht mit seinen Leuten über den Detailformulierungen saß, ging ich um 23 Uhr ins Bett und stand um fünf Uhr morgens des Folgetages wieder auf. Dann formulierte ich mein Statement für die Presse, das ich in sieben oder acht verschiedenen Variationen anlegte, bis ich es endlich für gut befand.

Das Vertragswerk war ja äußerst komplex. Für mich aber kam es auf zwei Kernbotschaften an. Einmal, aber subtil formuliert, dass die Telekom alle Ziele erreicht habe. Das erforderte eine Vereinfachung der Verhandlungsergebnisse und eine kluge Strukturierung des Textes für ein Statement von maximal zehn Minuten. Es musste sachlich sitzen und das richtige Interpretationsvorstellungsvermögen der Journalisten kreieren. So wie es meine Rede als 17-Jähriger auf dem Stuttgarter Rathausplatz zu den Notstandsgesetzen hätte tun sollen. Zum anderen auf der Vorderbühne: Wir, Arbeitgeber und Gewerkschaft, haben hart gerungen, wir tragen wechselseitig Kratzer im Gesicht, aber wir haben uns zusammengerauft.

Obendrein hatte ich mir auch noch genau überlegt, welche Krawatte ich für die morgendliche Pressekonferenz anziehen würde. Acht hatte ich in die Auswahl genommen, davon drei grüne. Grün ist nach wie vor meine Lieblingsfarbe. Schließlich wählte ich eine wunderschöne Hermès-Krawatte aus: lindgrün, dezent, Signal der Zurückhaltung, der Befriedung, der Ruhe. Mein ehemaliger Lufthansa-Kollege Thierry Antinori – heute Vertriebsvorstand der Airline Emirates in Dubai – schrieb mir am Tag der damaligen Pressekonferenz eine E-Mail: »Thomas, ich habe dich im Fernsehen gesehen. Deine Krawatte war wunderbar!«

Na bitte! Ich wusste, dass diese Pressekonferenz fast so wichtig war wie der Abschluss selbst. Zu dieser Pressekonferenz erschien Lothar Schröder übrigens erwartungsgemäß reichlich zerknautscht, übermüdet, vollkommen fahrig und abgekämpft. Er hatte sich nicht richtig vorbereiten können, weil er die Nacht über mit Vertrags-Klein-Klein beschäftigt war. Während ich mich an diesem Morgen in Hochform befand.

Für mich war dieser Tarifabschluss ein Schlüssel für die kommenden Telekom-Jahre. Er hat mir eine Position eingebracht, aus der heraus ich fortan mit hoher Souveränität und Gestaltungsfreiheit operieren konnte. Der Vertrag enthielt zudem nicht nur betriebswirtschaftliche Elemente im Nenner der Personalarbeit, wie sie in Krisenzeiten vonnöten sind. Auch die Zählerseite hatte mit Beschäftigungssicherung durch Insourcing, Servicequalifikationen und Karriereoptionen der Tarifmitarbeiter ihren Platz im Vertragswerk gefunden. Darauf hatte ich von Anfang an Wert gelegt.

Meine nennerorientierte Arbeit bei Continental war für mich, wie ich ja im Conti-Kapitel beschrieben habe, eine exzellente Schule gewesen. Auch für die Erfahrung, was passieren kann, wenn man das Maß verliert. Nehmen wir nur die vereinbarte Lohnsenkung der Telekom-Beschäftigten. Ich erinnere mich noch gut daran, wie mich meine beiden Kollegen Welslau und Pepping irritiert anblickten, als

ich nach stundenlangem Feilschen um hundertstel Prozentpunkte –
»Hand drauf, Herr Schröder« – die Ziffer 6,5 akzeptierte. Mir war
klar, dass ich im Mikrokosmos der Verhandlungen den Bogen nicht
überspannen durfte. Denn Lothar Schröder musste jeden Schritt in
seiner Verhandlungskommission auch gegenüber Hardlinern vertreten. Ums Geld geht es bei solchem Feilschen um Zehntelprozente ja
schon gar nicht mehr, es geht dabei nur um möglichen Gesichtsver-
lust, um Gesichtswahrung, um die Ehre. Wenn jemand bereits halb
am Boden liegt, tritt man nicht nach. Ich habe Lothar Schröder in
den Jahren danach als aufrechten Vertreter, aber auch Kämpfer für
Arbeitnehmerinteressen und ausgebufften Strategen schätzen gelernt.
Wir nahmen uns beide ernst, schenkten uns nicht viel, aber blickten
uns immer gerade in die Augen.

Die Auseinandersetzungen um den Tarifvertrag waren aber nur ein
Teil des insgesamt schwierigen Ringens der Telekom um die Wiedergewinnung der Wettbewerbsfähigkeit. Ein weiteres Problem, das uns
über Jahre beschäftigte, war die Callcenter-Konsolidierung in
Deutschland. Das hieß, nicht nur mehr als 100 dieser Serviceeinrich-
tungen auf 60 oder auf 30 oder gar nur auf 16 zu reduzieren, sondern
auch, diese oft uralten Gebäude mit trostlosen Einrichtungen durch
moderne, offene »Callcenter der Zukunft« zu ersetzen. Kein zukunfts-
orientiertes Kommunikationsunternehmen kann mit einer so ineffi-
zienten, zersplitterten Organisationskultur und dazu mit einer auch
in architektonischer Hinsicht »Servicewüste« bestehen. Mit dem gesamten Vorhaben waren selbstredend große Schwierigkeiten und
Nöte für die Beschäftigten verbunden, Zumutungen hinsichtlich län-
gerer Anfahrtszeiten oder Umzüge zum Beispiel. Für uns als Telekom
hieß das auch: Welche Arbeit können wir denjenigen noch anbieten,
für die ein Umzug nicht infrage kam? Wie können wir divisionsüber-
greifend innerhalb des Konzerns Arbeit makeln, also neue Arbeits-
plätze für die Callcenter-Beschäftigten bereitstellen?

Dazu, nicht zu vergessen, mussten wir diesen Plan der Neustrukturierung nicht zuletzt unter den Argusaugen der jeweiligen Kom-
munal- und Landespolitiker in Angriff nehmen. Keine Frage, diese

regionalen Politgrößen kämpften darum, die Standorte in ihrem Bundesland und in ihrer Gemeinde zu erhalten. Der Konflikt um die Callcenter war auf jeden Fall eine massive Belastung für die Politik, insbesondere für die Sozialdemokraten. So waren wir – der Kollege Thomas Berlemann, der die Callcenter leitete, dazu Welslau und ich – zum Beispiel dreimal in der SPD-Bundestagsfraktion und mussten uns heftigster Kritik stellen. Das Gleiche galt für die Arbeitnehmergruppe der Unionsfraktion.

Einmal waren alle Akteure beim damaligen Finanzminister Peer Steinbrück vorgeladen – Obermann, ich, Frank Bsirske als ver.di-Chef, Lothar Schröder sowie der Konzernbetriebsratsvorsitzende Wilhelm Wegner. Ich wollte Bsirske begrüßen, aber er gab mir nicht die Hand, sondern sagte nur: »Sie wollten wir eh nicht.« Er hatte mit der Tatsache noch nicht seinen Frieden gemacht, dass ich gegen den Willen von ver.di bestellt worden war, und betrachtete mich sozusagen als »Klassenfeind«.

So oder so, es war uns im Telekom-Vorstand klar, dass wir mit der ersten großen Tarifauseinandersetzung und mit der Callcenter-Neuordnung zunächst nur einen Teil des großen, anstehenden Problems gelöst hatten, das da hieß: Wiedergewinnung der Wettbewerbsfähigkeit und neues Wachstum. Wir wussten aber auch, dass irgendwann einmal ein Punkt erreicht sein würde, an dem die Menschen, Mitarbeiter wie Kunden, sagen würden: Hört das denn bei der Telekom nie auf mit Reorganisation und Arbeitskonflikten!

Es gab in dieser Zeit viele Situationen wie etwa die bei einer Betriebsversammlung in Ingolstadt. Da zogen Hunderte Mitarbeiter in den Raum, schwarz gekleidet, mit Särgen auf den Schultern. Ich stand vorne am Rednerpult. Da zischte einer dieser Schwarzgekleideten zu mir hoch: »Schade, dass es die RAF nicht mehr gibt, die hätte dich erschossen.« So etwas muss man auch erst mal verkraften. René Obermann war kurz davor in Hamburg sogar einmal tätlich angegriffen worden.

Solche aufgeheizten Konflikte sind purer Stress für Körper, Geist und Seele – und das für alle Beteiligten. Wie bei dem Konflikt um die

Werksschließung der Conti-Fabrik in Hannover-Stöcken. Damals hatte ich in diesen langen Monaten auch oft Sorge um meine Sicherheit, wenn ich spät nachts in meine Hannoveraner Wohnung ging. Ich hatte mir auf eigene Rechnung eine moderne Sicherheitsanlage in meine Münchner Wohnung einbauen lassen. Einen Personenschutz der Telekom habe ich nur einmal angefordert, als ich auf einer Konferenz eine Ansprache hielt, wobei im Internet zuvor Drohungen gegen mich verbreitet worden waren.

Andererseits waren Tausende Telekom-Mitarbeiter wirklich schwer betroffen, wurden aus angestammten Aufgaben an vertrauten Orten herausgerissen und sollten in den von uns neu erbauten Callcentern weiterarbeiten. Wenn ich über die Wut, die Enttäuschung, manchmal auch Verzweiflung von Mitarbeiterinnen und Mitarbeitern nachdenke, so sind davon auch einige Exzesse dem Umstand zuzuschreiben, dass die Menschen von Aktivisten aufgepeitscht und aufgeputscht worden sind. Aber die meisten Betroffenen haben ihre echten, authentischen Gefühle artikuliert. Wahrscheinlich ist es unumgänglich und wichtig, dass man sich da als Manager an den innersten Rand des Vulkans begibt, denn sonst bekommt man gar nicht mehr mit, wie die Menschen wirklich fühlen. Ich erinnere mich noch bestens, wie wir einmal während einer Verhandlungsrunde auf die Bitte Lothar Schröders auf die Ladefläche eines Lastwagens stiegen und uns der wütenden Menge stellten. René Obermann war dazu eigens aus Bonn angereist. Nach den aufpeitschenden Reden und unseren Antworten darauf mischten wir uns unter die Menschen. Eine schwerstbehinderte Kollegin flehte mich inständig an, ihren seit Jahrzehnten angestammten Arbeitsplatz zu erhalten. Zumal in ihrer strukturschwachen Region. Für viele Menschen in solchen Situationen konnten wir individuelle Lösungen finden, für viele zumindest die Folgen von Restrukturierungen mildern, für viele aber leider nichts tun.

Solchen für mich mal bedrohlichen, mal erschütternden Situationen kann ich deswegen auch etwas Positives abgewinnen. Es ist wichtig, dass man mit eigenen Augen sieht, was man mit Entscheidungen bei Menschen anrichtet. Selbst wenn es manchmal Überwindung kostet und verletzen kann, sich diesem Vulkankrater als Topmanager zu nähern, aber wenn die Sensorik für die Stimmung und Verwundbarkeit der Menschen abhandenkommt, wird ein Unternehmensverantwortlicher zunehmend autistisch in seinen Entscheidungen. Und Letzteres wird ja, nicht von ungefähr, oft als hervorstechender negativer Charakterzug nicht weniger Führungskräfte beklagt.

Zur Schärfung meiner Sensorik bei der Telekom gehörte übrigens auch, dass wir in diesen harten Zeiten, 2007, 2008, 2009, weiter an unseren systematischen Mitarbeiterbefragungen festgehalten haben, auch wenn wir uns dadurch eine Ohrfeige nach der anderen abholten. Viele rieten uns, es bleiben zu lassen, nach dem Motto »Was ich nicht weiß, macht mich nicht heiß«. Zudem wurden die Ergebnisse der Befragungen regelmäßig an die Presse durchgestochen, sodass wir auch öffentlich als »Führer ohne Vertrauen« dastanden. Die Resultate dieser Befragungen waren erwartungsgemäß desaströs, was die Antworten hinsichtlich des Vertrauens in die Führung, die Identifikation mit der Firma, die Weiterempfehlungsbereitschaft für die eigenen Produkte und viele weitere Themen betraf. Da merkte man deutlich, wie die Nerven von Zigtausenden Telekom-Beschäftigten blank lagen.

Endlich war dann auch der Callcenter-Konflikt durchgestanden, von den ehemals mehr als 100 dieser Center waren zum Schluss noch wenige Dutzend übrig geblieben. Wir haben in den darauffolgenden Jahren wie versprochen eine Reihe neuer Center gebaut, weil sich die alten, wie gesagt, oftmals in einem erbärmlichen Zustand befanden. Wir hatten dieses Sorgenkind somit erfolgreich konsolidiert und saniert. Wir hatten Interessenausgleich und Sozialpläne mit den Sozialpartnern vereinbart, womit der Schmerz der Betroffenen aber meist nur unwesentlich gelindert werden kann. »Sozial verträglich« ist die euphemistische Überhöhung einer für die Betroffenen bitteren Tatsache, dass sie nämlich den Arbeitsplatz verlieren oder unter anderen Bedingungen zu arbeiten haben. Dieser Begriff trieft vor »political correctness«, die übertünchen soll, dass die Wunden von Menschen mit einem Trostpflaster versehen werden. Und das müssen Manager nicht nur intellektuell wissen, sondern auch spüren, damit sie solche Entscheidungen auch wirklich als Ultima Ratio treffen.

Aber die vermeintliche Ruhe nach diesen großen Restrukturierungsanstrengungen währte nicht lange. Gerade mal bis zum späten Frühjahr 2008. Da landete in meinem Büro ein Vorgang, wonach wir es offensichtlich mit einem »Datenschutzvorfall« im Hause zu tun hatten. Aus diesem auf den ersten Anschein isolierten Fall – ein möglicher Täter, ein mögliches Opfer – entwickelte sich in den Folgemonaten ein regelrechtes Sitten- oder vielmehr Unsittengemälde der Telekom. Es kam heraus, dass Telekom-Mitarbeiter schon seit 2005 gezielt Arbeitnehmervertreter, auch als Aufsichtsratsmitglieder, und dazu Journalisten bespitzelt hatten. Offenbar auf der Suche nach »Lecks«, also nach Informanten, die Interna an die Öffentlichkeit weiterleiteten.

Und das vor dem Hintergrund der Jahre 2007 und 2008! Lässt man diese Zeit Revue passieren, die Zeiten der Konflikte, Auseinandersetzungen und der Restrukturierung, auch und gerade zulasten der Beschäftigten, wird klar, welche Eruptionen nun dieser neue, skandalöse Vorgang verursachen musste. Vor allem bei den Beschäftigten. Jetzt handelte es sich vermutlich um die Überwachung ihrer Vertreter in den mitbestimmten Gremien, veranlasst von der Telekom selbst! Es ging hin bis zu Gerüchten, dass sogar die Gewerkschafter bei den schwierigen Tarifgesprächen im Jahre 2007 bespitzelt worden seien. Letzteres wurde zwar so nicht erhärtet, aber allein diese Spekulationen warfen ihre finsteren Schatten über das in den bisher schwierigen Auseinandersetzungen Erreichte.

Für mich war das eine komplett neue Situation, mit so etwas Skandalträchtigem war ich zuvor noch nie konfrontiert worden. Dieser anfänglich als isolierter »Datenschutzvorfall« bezeichnete Vorgang ging regelrecht an die Substanz meiner Beziehungen zum Sozialpartner, die bisher wirklich mühsam im Aufbau begriffen waren.

Langsam hatten einige Betriebsräte und Aufsichtsratsmitglieder der Arbeitnehmerbank erkannt, dass ich zwar ein harter Verhandler, aber ein verlässlicher Partner war. Ich erinnere mich in meiner gesamten

Telekom-Zeit nicht an einen einzigen Vorwurf, ich sei wortbrüchig geworden. Und nun also dieser neue, höchst irritierende Datenschutzskandal. Niemand wusste jetzt, wer alles an diesen Bespitzelungen beteiligt war. Hatten am Ende meine eigenen Kollegen Dreck am Stecken? Waren es Zumwinkel und Obermann-Vorgänger Kai-Uwe Ricke gewesen? Hatten beide nur allgemein einen Auftrag zur Nachforschung erteilt oder speziell zum Bespitzeln konkreter Personen? War das also alles vor der Zeit des neuen Vorstandsvorsitzenden Obermann geschehen? Sind solche Usancen ohne sein Wissen in seine Amtszeit hineingeschwappt? Niemand wusste, wer eigentlich die operativen Täter waren, wie viele es davon gab und in welchen Unternehmensbereichen sie ihrem Ausforschungsgeschäft nachgingen.

Selbstverständlich verfügt ein Telekommunikationsunternehmen, das eine riesige Anzahl sensibler Daten unter seinem Dach und in seinen Rechnern beherbergt, über eine große Abteilung mit dem Etikett »Konzernsicherheit«. Aber wir alle wissen, dass solche Bereiche zuweilen eigene Logiken entwickeln können, dass sie, ähnlich wie Geheimdienste, ohne groß nachzufragen, selbstherrlich zu handeln und Informationen zu sammeln pflegen.

Fest stand nur, dass uns jetzt ein Problem auf den Tisch gekippt worden war, das unsere gesamte Managementenergie aufs Innere der Organisation richtete. Also: Schon wieder nicht auf die Kunden, schon wieder nicht auf die Märkte, worauf wir unser strategisches Augenmerk hinsichtlich neuer Wachstumsfelder hätten lenken müssen. Und das, nachdem wir die letzten beiden Jahre ebenfalls und im Wesentlichen mit uns selbst in Sachen Restrukturierung der Telekom beschäftigt gewesen waren.

Im Nachhinein betrachtet habe ich öfters bedauert, dass ich mich von meinen fünf Jahren bei der Telekom gut die Hälfte dieser Jahre nur mit Streiks, Auseinandersetzungen und Notständen beschäftigen musste. Im Gegensatz zu den Jahren der Restrukturierung der Lufthansa, in denen die Kraft der ganzen Organisation für Effizienz wie für Kundschaft eingesetzt werden konnte, waren die Kraftanstrengungen bei der Telekom fast ausschließlich nach innen orientiert. Wir waren, vom schwierigen Wiedererlangen der Wettbewerbsfähigkeit bis zur Aufarbeitung der Datenaffäre, stets sowohl Täter als auch Betroffene. Und das kostet noch mehr Energie, wie wenn extern verursachte Ereignisse eine Organisation erschüttern.

Juristisch sind einige Jahre später diese Datenskandale bei der Telekom aufgearbeitet worden. Klaus Trzeschan, ehemaliger Leiter der Konzernsicherheit, wurde 2010 vom Landgericht Bonn zu dreieinhalb Jahren Gefängnis verurteilt. Er war der letzte, übrig gebliebene Beschuldigte im Spitzelprozess. Anderen Angeklagten, darunter der frühere Aufsichtsratsvorsitzende Zumwinkel und der damalige Vorstandsvorsitzende Ricke, konnte strafrechtlich keine Schuld nachgewiesen werden. Zivilrechtlich hatte die Telekom danach von diesen beiden Topmanagern Schadenersatz in Höhe von je einer Million Euro gefordert. Schließlich einigten sich Ricke und Zumwinkel mit der Telekom gütlich auf Vergleichszahlungen von jeweils 600 000 Euro. Von der Vergleichssumme mussten Ricke und Zumwinkel 250 000 Euro aus eigener Tasche zahlen, den Rest übernahm eine Haftpflichtversicherung für Manager.

Ich selbst wurde vor das Landgericht Bonn als Zeuge geladen, wobei es um die Frage ging, ob uns Klaus Zumwinkel unsachgemäß beeinflusst hätte in der Intensität unserer Aufklärungsarbeit. Sinngemäß sagte ich, dass wir zu einem Dreiergespräch, Zumwinkel, Obermann und ich, zusammengekommen seien. Dabei habe Zumwinkel darum gebeten, diese Datenaffäre aufzuklären, aber dabei Schaden für das Unternehmen möglichst abzuwenden. In diesem Gespräch zwischen »drei Erwachsenen«, also auf gleicher Augenhöhe, so berichtete ich vor dem Landgericht weiter, hätten wir Zumwinkel versichert, dass wir alles Notwendige dazu beitragen würden, alles aufzuklären und eben solchen Schaden abzuwenden.

Es steht bei solchen Erschütterungen eines Unternehmens immer auch die Frage im Raum, inwiefern ein Aufsichtsratsvorsitzender den Vorstand zu beeinflussen versucht, die Sache in seinem, möglicherweise eigenen Sinne zu Ende zu bringen. Sicher könnte ein Aufsichtsratschef Signale aussenden, eine dosierte, also eher verhaltene Aufklärungsintensität sei ihm lieber. Aber das war bei Zumwinkel nicht der Fall und für mich nicht möglich. Eine Affäre dieses Ausmaßes, so allemal meine Überzeugung, muss schonungslos bis in die letzten Winkel und Verästelungen erforscht werden.

Für mich war in dieser Zeit aber das wichtigere Anliegen, dass die Unternehmensleitung und auch ich in meiner Rolle als Arbeitsdirektor wieder das Vertrauen der Belegschaft und auch und gerade ihrer Vertreter zurückgewannen. Denn schließlich standen wir zwar nicht als Täter da, aber dennoch als Symbolfiguren eines Systems, das ihnen das angetan hatte und dem offenbar allerhand in dieser Hinsicht zuzutrauen war.

Zu allem Überfluss war in dieser Zeit, im Oktober 2008, auch noch ruchbar geworden, dass ein Datenträger mit 17 Millionen Handynutzerdaten der Telekom-Tochter T-Mobile gestohlen worden war, und das schon 2006. Schon wieder eine Datenaffäre, die diesmal die Kunden betraf, darunter auch bekannte Politiker, Minister, Wirtschaftsführer, deren Geheimnummern und Privatadressen sehr wahrscheinlich in fremde Hände gefallen waren. Sehr, sehr peinlich für die Telekom! Gerade für ein Telekommunikationsunternehmen ist der Datenschutz ein ganz sensibles Kernthema. Keine Frage, dass diese beiden Datenschutzvorfälle erheblich dazu beitrugen, dass das Vertrauen von Kunden und Mitarbeitern in die Telekom schweren Erschütterungen ausgesetzt war. Ich hatte mich für eine harte Bestrafung der damaligen Leitung der T-Mobile eingesetzt, in deren Verantwortungsbereich diese Datenaffäre lag. Vergeblich. Einer der wichtigsten Manager der Telekom-Mobilfunksparte, Philipp Humm, angeblich unersetzbar, kam erstens zu milde davon und wechselte nach teuerst bezahlter CEO-Tätigkeit bei unserer amerikanischen T-Mobile-Tochter dann sogar als Vorstand zum Konkurrenten Vodafone. Als ich von diesem Wechsel schon in meinem »Ruhestand« spätabends erfuhr, schrieb ich René Obermann und Timotheus Höttges eine SMS, in der ich schmerzlichst anmerkte, wie sogenannte »Unersetzbare« diese Milde mit ihrer eigenen egoistischen Barmherzigkeit beantworten. Doch glücklicherweise stolpern solche Manager irgendwann über sich selbst.

In diesem Zusammenhang erinnere ich mich an die jährliche große Betriebsrätekonferenz im Dezember 2009. Der Datenschutzskandal, zwar schon in der Aufarbeitung begriffen, schwebte immer noch wie ein Damoklesschwert über dem Konzern. Mein Kollege Manfred Balz, damals im Vorstand zuständig für Datenschutz, Recht und Compliance, und ich beschlossen, dass wir uns vor den Betriebsräten persönlich zur Datenaffäre äußern müssen. Im Saal saßen 300 empörte Betriebsräte, die Atmosphäre war zum Schneiden. Balz und ich haben uns in einer wohlvorbereiteten Erklärung zur Affäre geäußert und uns betriebsöffentlich und im Namen des gesamten Unternehmens entschuldigt.

Damals habe ich verstanden, dass es manchmal notwendig ist, eine Entschuldigung abzugeben, und was das heißt, selbst dann, wenn einen selbst gar keine Schuld trifft. Wir waren Repräsentanten des Systems, das offenbar einst eine Kultur hervorbrachte, in der solche unhaltbaren Zustände erst gedeihen konnten. Wenn sich heute Vertriebenenfunktionäre oder tschechische Politiker für etwas Vergangenes aus den Jahren des Zweiten Weltkriegs und danach entschuldigen. Wenn sich gar der Papst in Rom für die Jahrhunderte zurückliegenden Schandtaten der Inquisition entschuldigt, dann tun sie es nicht für etwas, das sie selbst angerichtet haben, sondern für etwas, das aus seiner Historie heraus heute einer Entschuldigung bedarf. Gefragt sind immer die jeweiligen Repräsentanten jenes einst schuldig gewordenen Systems, das diese Entschuldigung vor den Zeitgenossen vorzunehmen hat.

Ich erlebte das am eigenen Leib bei dieser Telekom-Betriebsrätekonferenz 2009, wie ich es schon früher bei jener Lufthansa-Versammlung erfahren habe, als ich sagte, ich würde auf jeden Fall an Bord bleiben und in der Krise nicht die Exitoption angestellter Manager wählen, und damit nicht von dannen ziehen. Menschen beobachten in solchen Augenblicken jede Faser, jede Regung eines Managers, sie schauen genau hin und durch einen hindurch, ob jedes Wort und jede Geste tatsächlich ehrlich gemeint sind. Dafür besitzen sie ein sehr feines Gespür.

Damals, vor den Telekom-Betriebsräten, habe ich meine Entschuldigung beendet mit den Worten: »Und hiermit strecke ich Ihnen meine offene Hand hin.« Da kamen schon ein paar hämische Kommentare nach dem Motto »Und, was ist drin?«, »Ist sie auch voll, die Hand?«. Solche Reaktionen kündeten von den Schmerzen und Enttäuschungen der Belegschaft aus den zwei zurückliegenden Jahren. Dennoch, diese meine symbolische Geste hat durchaus nachhaltige Wirkung gezeigt. Innerhalb der Telekom führte sie zu intensiven Diskussionen darüber, ob der Sattelberger jetzt seinen harten Kurs verlassen habe. Ob also darauf zu schließen sei, dass er vom Gegnerbezug in den früheren Auseinandersetzungen in Richtung Partnerbezug gewechselt ist. Manche unkten auch von einem neuen »Kuschelkurs« meinerseits.

Mit »Kuscheln« hatte und habe ich nach wie vor nichts im Sinn, aber die Diskussionen waren durchaus berechtigt. Fand ich doch nach diesen Krisenjahren endlich den Boden bereitet für neue Themen in der Personalarbeit der Telekom, jenseits von Restrukturierungen und Arbeits- sowie Datenkonflikten. Und mir war klar geworden, dass jetzt wieder Maß und Mitte zu finden sein mussten. Denn die Belegschaft und ihre Repräsentanten hatten zu viel einstecken müssen. Auf der anderen Seite hat doch wenigstens eine deutliche Minderheit unter den Arbeitnehmervertretern erkannt, dass ich auch Frieden stiften konnte. Im Sinne dieses »nicht nur, sondern auch« haben wir dann in den kommenden Jahren einige richtungsweisende Vereinbarungen geschlossen, die friedensfördernd auf die Telekom wirkten. Etwa für die Restrukturierung der T-Systems oder die Verschmelzung von T-Home und T-Mobile. Wir setzten den Rahmen dieser Veränderungen mittels eines »Letter of Intent« (LOI), den interessanterweise die Arbeitnehmerbank des Aufsichtsrats mit dem Personalvorstand vereinbarte, eine quasi neue dritte Säule der Mitbestimmung. Doch meine Kernkompetenz in der Kulturarbeit und Personalentwicklung war bisher bei der Telekom vor dem Hintergrund ständig neu aufgeflammter Brandherde so gut wie gar nicht gefragt gewesen. Schon deswegen nicht, weil wir Vorstandsmitglieder wegen der immensen Anstrengungen und des Energieverschleißes bei diesen Löscharbeiten oft erschöpft waren. So erinnere ich mich noch lebhaft daran, wie wir in stundenlangen, quälenden Diskussionen über das Für und Wider unserer möglichen Vorgehensweisen beratschlagt haben. Das setzte sich eines Abends fort, als wir beim Finanzverantwortlichen Timotheus Höttges – dem heutigen Telekom-Vorstandsvorsitzenden – zum Essen eingeladen waren. Dabei kam es zu einer harten Auseinandersetzung zwischen René Obermann und mir. Ich hatte in meiner etwas derben Art gesagt: »Wir haben eine verrohte und verkommene Unternehmenskultur. Nur auf dieser Grundlage konnten doch solche Exzesse erst entstehen.« Das war, wie so manche andere verbale Fallbeileinschätzung à la Sattelberger, zwar weitgehend richtig, aber eben extrem hart formuliert. Obermann hat diesen Anwurf auch zu Recht als Angriff auf sich selbst interpretiert, wobei ich ihn als Vorstandsvorsitzenden in meinem Furor über die verkommene Telekom-Kultur nun überhaupt nicht im Blick hatte oder gar als persönlich Verantwortlichen bezichtigen wollte. Ganz im Gegenteil, ich habe ihn seit März 2007 als Vorkämpfer für eine neue Telekom-Kultur kennen- und wertschätzen gelernt. Bei diesem Abendessen bei Tim Höttges habe ich mich ja nur über die enormen Anhäufungen von Abfall, Ballast und Altlasten des Telekom-Konzerns aufgeregt, die wir als die neuen Repräsentanten dieser offenbar immer noch wirkenden alten Kultur mit uns herumschleppten. Zwei Stunden lang haben wir uns an diesem Abend gefetzt. Am Schluss herrschte immer noch Bitterkeit zwischen uns, als wir, Obermann und ich, uns dann Gute Nacht wünschten.

Am nächsten Morgen strebte René Obermann als Erstes in mein Büro in der Telekom-Zentrale und sagte zu mir: »Thomas, ich habe kaum geschlafen in dieser Nacht. Aber in einem Punkt hast du wirklich recht: Wir müssen jetzt zutiefst über unsere Werte, über unsere Unternehmenskultur nachdenken.« Er habe meine kräftige »Klatsche«, die sich nun wirklich nicht an ihn richtete, zutiefst durchdacht und sei, eingedenk des wahrhaftigen Bestandteils meines Anwurfs, zum richtigen Schluss gekommen: »Wir brauchen eine Kulturreform.« So war René Obermann aus meinem Erleben. Er hat sich harten Diskussionen gestellt, er hat dabei nicht den allwissenden, über jede Kritik erhabenen Vorstandsvorsitzenden herausgekehrt, und er hat eine solche, auch persönlich nahegehende Auseinandersetzung immer auf Augenhöhe geführt. Dann fand er auch noch die Kraft, darüber nachzudenken, statt sich in die Schmollecke zurückzuziehen. Er hat den wahren Kern meiner harschen Kritik herausgeschält und gesagt: Ja, stimmt, lasst uns also auch in dieser Hinsicht wieder handlungsfähig werden.

So habe ich nach Jürgen Weber von der Lufthansa mit René Obermann zum zweiten Mal einen Vorstandsvorsitzenden erlebt, der mir allerhöchsten Respekt abnötigte. Das konnte ich über Jürgen Schrempp nun gar nicht behaupten, während Manfred Wennemer bei mir ein eher gemischtes Bild hinterlassen hat. Weber und Obermann haben mich indessen in meiner Überzeugung bestärkt, dass es gute, aufrichtige, reflektierte und balancierte Unternehmensführung gibt.

Wir haben dann nach dem Höttges-Abendessen im Vorstand beschlossen, als Erstes die obersten Führungskräfte der Telekom zusammenzutrommeln. Um die 40 Manager waren versammelt, mehr als die Hälfte unserer Top 70, von denen einige auf Dienstreise oder sonst wie unabkömmlich waren. Wir saßen auf Stühlen in einer ovalen Anordnung, ohne Tisch. René Obermann eröffnete die Sitzung mit seinen Erkenntnissen zur Führungskultur der Telekom, die dringend einer Veränderung bedürfe. Es wurde, sozusagen als erster Schritt, in diesem tischlosen Stühleoval ein symbolischer Akt vorgenommen, der signalisieren sollte: Von jetzt an beginne sich das Unternehmen Telekom zu öffnen. Von jetzt an würden diese Führungskräfte nicht mehr in Tischkanten beißen und sich nur als Transporteure von Vorstandsentscheidungen verstehen müssen, sondern als echte Mitgestalter bei zentralen, bewegenden Fragestellungen mitwirken. Sodann haben wir ein Programm aufgelegt und in einen über mehrere Jahre laufenden Prozess unter dem Leitmotto »Guiding Principles« überführt. Die Kernfrage war: Wie definieren wir die Leitplanken unseres Handelns?

Diese Leitplanken wurden auch mit den Betriebsräten zusammen entwickelt, aber nicht nur im Rahmen einer Anhörung, sie wurden gemeinsam diskutiert, verhandelt und verabschiedet, damit alle Beteiligten die neuen Leitlinien mittragen konnten. Den Betriebsräten war der Begriff »Respekt« eminent wichtig für die Reform. Wir fügten ihn in die fünf »Guiding Principles« ein. Diese Leitlinien umfassten Verpflichtungen zu einem Kulturwandel der Öffnung zum Kunden, des Respekts vor den Mitarbeiterinnen und Mitarbeitern, des nötigen, gemeinsamen Diskurses vor einer Entscheidung, aber auch der Geschlossenheit in der Umsetzung dieser Entscheidung. Jeder solle dazu in allen Tätigkeitsbereichen zum Botschafter der Werte dieses Unternehmens Telekom avancieren.

Wenn man so will, hat die Dauerkrise der Telekom über fast drei Jahre hinweg diese Chance zum Kulturwandel erst eröffnet. Weil diese Krise gezeigt hat, wie wichtig, ja geradezu notwendig, also weitere Not abwendend, ein Wandel ist. Kulturen werden nicht zwangsläufig oder evolutionär immer besser, sie haben Höhen und Tiefen. Meist sind es die handelnden Akteure, die etwas zum Positiven anstoßen und gestalten, und fast immer verliert die von ihnen entfesselte Kraft der Veränderung nach ihrem Weggang an Dynamik. Neue Verantwortliche können wieder ganz andere Prioritäten setzen. Ich kann Timotheus Höttges nur wünschen, dass er den Wert von gemeinsam getragener Kultur und partizipativer Führung weiter stärkt.

Wir im Telekom-Vorstand hatten indessen die Chance ergriffen, in einem intensiven, lang andauernden Prozess den Konzern nach seiner harten und konfliktreichen Restrukturierungszeit zu neuem Selbstbewusstsein und zu neuem Wertebewusstsein zu »empowern«. Wenn ich Telekom sage, meine ich die damals 240 000 Mitarbeiterinnen und Mitarbeiter, von denen immerhin mehr als zwei Drittel in die Umsetzung jener »Guiding Principles« involviert waren und dies in der kontinuierlich weitergeführten Mitarbeiterbefragung positiv kommentierten. Von 2006 bis 2009 und in den folgenden Jahren dokumentierte die Kurve der Mitarbeiterbefragungen den bösen Absturz 2007, das tiefe Tal der Tränen 2008 und 2009, und schließlich das

Wiederemporklettern in alte Höhen. Mitarbeiter sollten und wollten mitdiskutieren, sie sollten und wollten feststellen, wo es noch hängt und hakt. Diese Tausende von Mitarbeiterinnen und Mitarbeitern haben sich aber auch gefreut über das Erreichte, sie haben weltweit den alljährlichen »Guiding Principles Day« mit ihren Führungskräften zelebriert und gefeiert, dass es solche Leitlinien für ihr neues Selbstverständnis und für neues Unternehmertum bei der Telekom gibt.

Endlich war ich, wenn auch wiederum schmerzhaft gestählt, mittendrin in meinem alten, angestammten und geliebten Thema Kulturarbeit. Vor Kurzem erst hatte ich dazu einmal wieder ein schönes Erlebnis. Einer meiner guten Freunde, ein von uns beauftragter Organisationsentwickler aus der Telekom-Zeit, ist Klaus Doppler. Ich kannte ihn schon aus alten Daimler-Zeiten. Er ist Trainer, Berater und Wissenschaftler an dem von Kollegen und mir ins Leben gerufenen Studiengang des »Human-Resource-Master« an der Münchner Ludwig-Maximilians-Universität. Er erzählte folgende Geschichte: Es kamen zwei jüngere studierende Telekom-Talente auf ihn zu: »Nun ja, diese tollen Guiding Principles sind der Telekom wohl nichts mehr wert.« Darauf Doppler: »Wie kommen Sie denn auf die Idee?« »Na ja«, antworteten die beiden, »René Obermann hat in seiner Rede vor einigen Tagen zur Lage der Telekom diese Prinzipien mit keinem Wort erwähnt. Daraus schließen wir, die können dem Vorstand also nicht mehr wichtig sein.« Doppler darauf: »Wollen Sie das nicht einfach verifizieren?« »Ja, wie denn?« Doppler wieder: »Darüber haben wir doch schon öfter gesprochen. Bei solchen Fragen muss man die Sache in die eigene Hand nehmen, also schreiben Sie Herrn Obermann einfach eine E-Mail, Sie läsen aus seiner Ansprache heraus, dass die Leitprinzipien der Telekom inzwischen nichts mehr wert seien.« »Das geht gar nicht«, meinten die beiden, »wir können doch nicht einfach den Telekom-Vorstandschef mit einer solchen Frage belästigen. Der würde ja sowieso nicht antworten.« Doppler: »Machen Sie, was Sie wollen, aber probieren Sie es!«

Tage später, so Doppler, seien die beiden wieder zu ihm marschiert. Ganz und gar begeistert. »Herr Doppler, wir haben uns nicht nur ein

Herz gefasst, Herrn Obermann in einer Mail unser Anliegen vorzutragen, wir haben sogar innerhalb einer Stunde eine Antwort bekommen. Herr Obermann schrieb, er bedanke sich vielmals, dass wir ihn auf dieses Versäumnis aufmerksam gemacht hätten. Er habe das Thema ›Guiding Principles‹ nur deswegen in seiner Rede nicht angesprochen, weil er der festen Überzeugung gewesen sei, dieser Kulturwandel sei inzwischen so tief in den Köpfen und Herzen der Telekom-Mitarbeiter verwurzelt, dass es keiner Erwähnung mehr bedürfe. Aber er werde sich unsere Frage zu Herzen nehmen und das Thema Kulturwandel weiterhin bei vielen Gelegenheiten einflechten, weil er dank unserer Mail erkannt habe, dass gerade dieses Anliegen stetig weiter gepflegt werden müsse.«

Na bitte!

Parallel zum Prozess der Kulturentwicklung mittels unserer »Guiding Principles« startete ich ein mehrjähriges personalstrategisches Projekt zum Thema »Qualitative Personalplanung«. Übrigens das einzige Mal, dass ich eine Strategieberatungsfirma beauftragte. Boston Consulting hatte exquisite methodische Kompetenz auf diesem Feld aufgebaut. Es ging mir darum, einen zentralen strategischen Prozess in die Personalarbeit der Telekom zu installieren, der in fast allen Unternehmen lange verschüttet war: Personal nicht einfach nur nach Kosten und Menge des Faktors Mensch zu planen, sondern auch Qualifikationen, Kompetenzen und Altersstrukturen sowie Personalrisiken gleichrangig zu berücksichtigen. Durch eine derartige, qualitativ ausgerichtete strategische Planung – so nahm ich an – würde man erstens dem stupiden Aufbau-Abbau-Aufbau-Abbau-Zyklus der Personalarbeit entkommen. Zweitens könnte man der rein finanz- und betriebswirtschaftlichen Steuerung des Faktors Arbeit einen ganzheitlichen Gegenpol entgegensetzen und drittens die Arbeitnehmervertretungen im Aufsichts- oder Betriebsrat dafür gewinnen, die in solchen Kategorien denken. Schließlich würde sich eine solche Planung zur »Mutter aller Schlachten« in der Personalarbeit eignen, weil sich daraus Rekrutierungs-, Berufsausbildungs-, Förder-, Weiterbildungs-, Mobilitäts- und Trennungsstrategien ableiten ließen.

Stefan Haus, ein begabter Generalist, der 1996 bei der Lufthansa mein Assistent und Personalcontroller war und den ich nie ganz aus den Augen verloren hatte, kam gute zwölf Jahre später in meinen obersten Telekom-Führungskreis, um dieses und andere Großprojekte zu steuern. Und das hocherfolgreich! Die Telekom wurde wegen der Güte und Schärfe ihrer strategischen Personalplanung zur Benchmark in der Bundesrepublik. Aber was noch wichtiger war: Die Arbeitnehmerseite schätzte diese Arbeit. Bei Reorganisationen von Telekom-Unternehmen und -Bereichen wurden eben nicht mehr blind Tausende Beschäftigte mit Trostpflastergeld nach Hause geschickt, sondern man ersetzte beispielsweise bei T-Systems Hunderte Freiberufler durch requalifizierte oder umgeschulte interne Experten oder schuf Marktplätze zum Makeln von Arbeitssuchenden für Aufgaben und Projekte oder umgekehrt.

Großprojekte wie zum Beispiel »Bologna@Telekom« machten uns unabhängiger vom Informatikermangel in Deutschland. Oder schufen Bedingungen, neue Talentmärkte zu erschließen, indem wir die Zahl der dual Studierenden bei der Telekom von ehemals 250 auf 1300 mehr als verfünffachten. Das war tatsächlich eine Mutter vieler Personalschlachten. Einmal verband die Arbeitnehmerbank im Aufsichtsrat sogar ihre Zustimmung zur geplanten Dividendenpolitik des Telekom-Vorstands mit der Güte der zuvor präsentierten und diskutierten Personalplanung. Diese Abfolge war für meinen Finanzkollegen Timotheus Höttges gewöhnungsbedürftig, aber sie zeigte die Augenhöhe von HR mit Finanzen.

Aber jetzt weiter mit meinen so anstrengenden wie großartigen Telekom-Jahren. 2010 und 2011 hatten fast 100 Mitarbeiter der France Télécom zum Teil betriebsöffentlich Selbstmord begangen. Das Unternehmen, seit 2013 unter dem Namen Orange firmierend, ist eine französische Telekommunikationsgesellschaft, die ähnlich wie die Telekom aus einer staatsmonopolistischen Unternehmung rasant privatisiert worden war. Die Beziehungen zwischen Management und Gewerkschaften sind in Frankreich noch weitaus härter und klassenkämpferischer als in Deutschland, das muss man wissen.

René Obermann sagte damals angesichts der medial verbreiteten Aufregungen über diese Selbstmorde frisch-forsch zu mir: »Also, Thomas, du sorgst schon dafür, dass so etwas bei uns nicht auch vorkommt.« Darauf ich: »Lieber René, das ist nicht nur das Thema des Personalchefs. Es ist ein Thema der gesamten Führung. France Télécom ist durch eine überhastete Reorganisation in eine inzwischen total erschöpfte Organisation verwandelt worden.« Dazu nur am Rande: Ich saß eines Tages mit dem damaligen Personalchef der France Télécom, Olivier Barberot, beim Abendessen in Paris. Noch während dieses Abendessens schlief er – ungelogen – erschöpft ein. Ich erklärte dann Obermann gegenüber, dass wir das alle im Vorstand mitbedenken müssten, wenn es um die Umstrukturierung der Telekom gehe. Die Frage, die dabei im Mittelpunkt stünde, hieß: Wie takten wir die Transformation, soweit wir sie planen und selbst steuern können und nicht von außen aufgezwungen bekommen, und das dazu in verdaubaren Portionen?

Immerhin befand sich auch die Telekom nach wie vor in diesem teils wirklich schmerzhaften Prozess vom einst eher gemütlichen Staatsunternehmen zum privatwirtschaftlich ausgerichteten, konkurrenzfähigen Unternehmen in einem globalen Wettbewerb. Ich hatte das Thema schon einmal nach Abschluss der Callcenter-Reorganisation im Vorstand angesprochen, als ich deren Ergebnis erläuterte. Danach sagte ich: »Und damit ist es genug! Wir können nicht weiter 130-prozentig reorganisieren.« Timotheus Höttges schaute mich etwas entgeistert an und meinte: »Thomas, bist du jetzt vom Saulus zum Paulus geworden?« Ich antwortete nur: »Genug ist genug!«

Ich habe damals den Grundgedanken für mein Konzept entwickelt, das ich später unter der Überschrift »Das gesunde Unternehmen« zusammenfasste. Nach wie vor ist es weitverbreitet, dass Gesundheit individualisiert wird, dass sich Personalverantwortliche darauf beschränken, Rückenschulungen, Grippeschutzimpfungen oder Anti-Stress-Trainings anzubieten. Solche fürsorglichen »Nettigkeiten« sind zwar auch nötig und wünschenswert, vernachlässigen aber gröblich den Gesamtkontext. Die Art und Weise, wie geführt und restrukturiert wird, wie Arbeitsstrukturen neu entworfen werden und Arbeit organisiert wird, ist hier das Schlüsselthema. Nicht zuletzt haben die Arbeitswissenschaften den engen Zusammenhang zwischen Gesundheit, Führung und Unternehmenskultur vielfältig erforscht und bewiesen. So war bei der Telekom durch die bösen Erfahrungen der France Télécom der letzte Keim gelegt für meinen Ansatz des »gesunden Unternehmens«.

Wie bei allen meinen Konzeptionen entfaltete auch diese sich über die Jahre. Bei der Lufthansa hatte ich nach dem Tod eines Vorfeldmitarbeiters, der am Frankfurter Flughafen unter einem Großfahrzeug eingeklemmt wurde, höchstpersönlich neue, sichtbare Schutzkleidung ausprobiert und eingeführt. 2002 dann, während der SARS-Epidemie, bekräftigte ich das Recht des fliegenden Personals, Mundschutz auch während des Service in der Kabine zu tragen. Bei Continental wurde mir durch die Vogelgrippe klar, wie massiv ein globales Geschäftssystem durch Seuchen attackiert werden kann. Ich rekrutierte damals mit Peter Dolfen einen exzellenten Gesundheitsmanager in meinen obersten Leitungskreis, der das Thema »Health, Safety and Environment« nicht nur ganzheitlich-strategisch, sondern auch aus Geschäftsperspektive vertrat. So war der Weg zum gesunden Unternehmen bei der Telekom schon mal »gepflastert«.

Dieser Weg aber beginnt erst einmal bei einer soliden Organisationsbefragung, führt über zu einer differenzierten, multidimensionalen Diagnostik und zur Vereinbarung von Plänen auf unterschiedlichsten Ebenen, schließlich zur Umsetzung dieser Maßnahmen mit anschließender Kontrolle. Diese Kontrolle – neudeutsch: Reporting – gibt Aufschluss darüber, ob Vorgaben und Vereinbarungen umgesetzt worden sind und ob die Maßnahmen auch zum gewünschten Erfolg beigetragen haben. Das hört sich zunächst leicht an, ist aber nicht so leicht getan. Aber eins nach dem anderen.

Für die Telekom haben wir zunächst mit dem Lehrstuhl für Arbeitswissenschaft an der TU Dresden einen Fragebogen mit 200, zum Teil sehr heiklen Fragen entwickelt, die neben Fragen zu Führung, Zusammenarbeit, Zufriedenheit auch das gesamte Spektrum körperlicher und psychischer Belastungen sowie deren Ausdrucksformen bei den einzelnen Mitarbeitenden eruieren sollten. Das hat natürlich sofort Widerstände provoziert nach dem Motto »Erstens werden die Telekom-Beschäftigten nie und nimmer 200 Fragen beantworten und dann erst recht nicht zu solchen, teilweise heiklen Erkundungen ihrer Befindlichkeit«. Die da zum Beispiel lauteten: »Meine Hände zittern schon, wenn ich morgens zur Arbeit gehe; schon am frühen Vormittag bin ich nervös; wenn ich meinen Arbeitsplatz verlasse, fühle ich mich ausgelaugt; ich bin nicht mehr imstande, ein erfülltes Familienleben zu führen.« Und viele weitere, zum Teil doch recht intime Ausforschungen.

Die anfänglichen Befürchtungen hatten sich allerdings nicht bewahrheitet. Im Gegenteil: Wir hatten eine Rücklaufquote der mehr als 200 000 befragten Mitarbeiter von über 70 Prozent, wobei die in solchen Fällen üblichen, durchschnittlichen Quoten gerade mal 30 Prozent betragen. Zudem war die gesamte Organisation Telekom hellwach, was die Frage anging, wie wir nun mit diesen Antworten verfahren würden. Die – keine Überraschung – zeitigten zum Teil recht unangenehme Ergebnisse. Es wurde sehr deutlich auf der Landkarte der weltweiten Telekom-Standorte, wo welche Teams schlecht geführt wurden, wo zudem die gesundheitliche Verfassung der Mitarbeiter zu wünschen übrig ließ. Dazu konnten wir ganze Cluster entdecken, in denen große Einheiten rot-rot-rot oder rot-rot-gelb aufleuchteten. Aber es gab auch viele gut aufgestellte Bereiche, in denen durchweg Grün oder Grün mit wenigen gelben Einsprengseln zu verzeichnen war.

In Deutschland haben wir 10 000 Teams mit zehn und mehr Mitarbeitern gehabt, davon schnitt die knappe Hälfte laut Fragebogenergebnis miserabel ab, die andere knappe Hälfte schien in guter Verfassung, und mittendrin bewegte sich eine mittelprächtige Grauzone von etwa 1500 Teams. Es gab also einerseits helles Licht, auf der anderen Seite auch dunkle Schatten.

Die slowakische Vertriebsorganisation, die Systems Integration in Deutschland oder die technischen Monteure in der T-Deutschland waren große, blutrote Bereiche. Obwohl dort seit vielen Jahren immer wieder Reorganisationen vorgenommen wurden, die die Arbeitswelt, die Arbeitsroutinen und das interne soziale Gefüge der Beschäftigten ständig verändert hatten. Deshalb lautet eine meiner Schlüsselerkenntnisse zur gesunden Organisation: Dort, wo ich Wandel aktiv gestalten kann, muss ich ihn bewusst und pädagogisch dosieren. Das ist eindeutig ein Führungsthema bei geplanten Veränderungsprozessen. Bei diesen lässt sich die Mitarbeitergesundheit beileibe nicht auf die Individualverantwortung der Einzelnen reduzieren.

Nun ging es weiter an die Aufgabe, dass die weltweit 20 000 Telekom-Teams und ihre jeweils übergeordneten Einheiten Pläne zu entwickeln hatten, wie sie den sichtbar gewordenen Defiziten konkret begegnen wollten. Das nahm mehrere Monate in Anspruch. Wir haben dabei gemessen, gezählt, gewichtet, bis wir sicherstellen konnten, dass alle 20 000 Teams ihre Aktionspläne aufgestellt hatten. Das bedeutet eine logistische Kärrnerarbeit ohnegleichen, inklusive Berichtspflichten aus Tausenden von Einheiten. Wer sich ein solches Projekt umfassender organisatorischer Gesundheit auflädt, hat sich einen Riesenrucksack an Folgeaktivitäten aufgebunden. Die Diagnostik machte gerade mal zehn Prozent der Arbeit aus, die restlichen 90 Prozent bestanden aus Umsetzungs- und Evaluierungstätigkeiten.

Im Laufe des Jahres haben wir alle drei, vier Monate sogenannte »Pulse-Checks« veranlasst, durch die Fortschritte in der Umsetzung der Verbesserungsmaßnahmen eruiert wurden. Wir konnten auf der ganzen Welt feststellen, wie es sich aus Sicht der Betroffenen sozusagen mit dem Thermometerstand verhielt. Unter meiner Ägide haben wir in jeweils zweijährigem Abstand Großbefragungen und übers Jahr mehrere Stichprobenbefragungen vorgenommen, aus denen wir ersehen konnten, welche Fortschritte bei Führung, Motivation und Arbeitsbeanspruchung gemacht wurden.

Im nächsten Schritt haben wir Planwerte hinsichtlich besserer Unternehmensgesundheit auch in die mittelfristige Vergütung der Vorstände und der beiden darunterliegenden Führungsebenen integriert. Damit wurde aus einem Hinterhofthema ein vorgartenwürdiges, das jetzt alle anging und hohe Aufmerksamkeit beanspruchte. Befragungen sind natürlich eher subjektive und rückwärtsgewandte Erhebungen. Deshalb habe ich alleine in Deutschland 14 geschäftsfeldspezifische Frühwarncockpits eingeführt, die über acht objektiv messbare Indikatoren – von Krankenstand, Arbeitsunfällen über Überstundenzahlen und nicht in Anspruch genommenen Urlaubstagen bis hin zu anonymisierten Auswertungen von Betriebskrankenkassen und Betriebsärzten zu Gesundheitsrisiken – den »Gesundheitszustand« jedes Bereichs widerspiegelten.

Natürlich haben wir den Führungsteams auch Handreichungen gegeben, wie sie eine Sensorik für Mitarbeiterempfindlichkeiten entwickeln können, wie sich zum Beispiel Burn-out-Syndrome identifizieren lassen. Dazu richteten wir zusätzlich ein Netz von 80 Sozialarbeitern und Medizinern an allen deutschen Standorten ein, als Ansprechpartner für Mitarbeiterinnen und Mitarbeiter mit besonderen Problemen. In diesem großen, konzernüberwölbenden Gesundheitspaket gab es natürlich weiterhin Anti-Stress-Programme oder Rückenschulungen, aber das nur als Sahnehäubchen über dem zentralen Anliegen, eine »gesunde Organisation« zu schaffen und zu erhalten.

Beide Anliegen, das der gesunden Organisation und das der Transformation dieser Organisation, stehen in einem engen Zusammenhang. Gerade die Telekommunikationsbranche mit ihrer extremen Innovationsdynamik und -geschwindigkeit sowohl in Kundenbedürfnissen und Märkten als auch in Technologiewechseln läuft hohe Gefahr, ihre Beschäftigten entweder an der Kandarre zu halten oder sie zu überfordern. Eine Branche, in der das Thema Führung und Gesundheit und ihrer organisationalen wie individuellen Beeinflussungsfaktoren einer besonders hohen Aufmerksamkeit bedarf. Gerade die psychische Belastung und ihre Steigerung durch falsche Unternehmensführung und -steuerung bewegen sich auf dem Feld der Wissensarbeit in gleicher Ranghöhe wie die körperliche Gesundheit und ihr Verschleiß in der alten Industriearbeitswelt. Wie gesund, wie viel gesünder als diese alte ist die Arbeitswelt der Zukunft? Wie viel gesünder könnte sie sein und bleiben? Und welche Rolle spielt eine

Arbeitswelt X.0 und Führung Y.0 in einer Wirtschaft, in der sich Branchen und Unternehmen neu erfinden müssen? Letztere ist eine Frage, die mich heute besonders beschäftigt.

Diese Fragen haben wir noch viel breiter in der Auseinandersetzung um die Frauenquote diskutiert. Nachdem wir 2010 die freiwillige Selbstverpflichtung der Telekom festgelegt hatten – nämlich bis Ende 2015 immerhin 30 Prozent aller Führungspositionen weltweit mit Frauen zu besetzen –, ist ganz schnell deutlich geworden, dass dieses Ziel unmittelbar zusammenhängt mit Aspekten wie: Rushhour des Lebens, Arbeitszeitregimes, Balance zwischen den Berufs- und anderen, privaten Lebensfeldern. Daraus habe ich später das Konzept der »Arbeitswelt 4.0« entwickelt, die erstens *gesund*, zweitens *divers*, drittens *demokratisch* und viertens *digital* sein wird. Darin steht die Gesundheit als wesentlicher Stützpfeiler und als feste Leitplanke in einem übergreifenden Gebilde. In meinem mittlerweile aktiven Ruhestand habe ich dieses Anliegen und meine Überzeugung noch weiter verfolgt und vorangetrieben – aber davon später im letzten Kapitel.

Was nun das damalige öffentliche Aufregerthema Frauenquote und Frauenförderung betrifft, war uns bei der Telekom sehr schnell bewusst, dass es nicht damit getan sein konnte, Frauen einzustellen, zu fördern, zu befördern und damit sozusagen sozialistische Planwerte zu erfüllen. Sondern dass es dazu eines kulturellen Wandels bedarf. Dessen ungeachtet muss ich vorausschicken, dass die von mir entscheidend mitinitiierte Frauenquote bei der Telekom nicht eben so vom Himmel gefallen ist.

Schon seinerzeit bei der Continental AG habe ich eine Vorform der Quote eingeführt, indem ich »Orientierungswerte« für unsere deutschen Fabriken und Entwicklungszentren formulierte. Warum? Als ich einst den Personalchef unseres Conti-Entwicklungszentrums in Ingolstadt fragte, wie viel Elektroingenieurinnen sich bei ihm bewerben würden, sagte er: »Na, so 13 bis 14 Prozent aller Bewerber.« »Gut«, meinte ich, »das passt ja, denn so hoch ist auch die Absolventinnenquote in diesen Fächern.« Meine zweite Frage aber lautete: »Wie viele davon stellen Sie ein?« Wusste er nicht. Es interessierte mich aber, und ich bat ihn, nachzuforschen. Die Antwort lautete: »Sieben Prozent.« Darauf ich: »Läge Ingolstadt in den USA, hätten Sie jetzt eine Sammelklage zu vergegenwärtigen, und zwar wegen objektiver, vielleicht auch wegen subjektiver Diskriminierung.« Darauf lief der Mann puterrot an. Und ich sagte nur: »Das bringen Sie aber jetzt bitte in Ordnung.« Brachte er auch. Das war für mich die formale Geburtsstunde der Frauenquote, die Initialzündung dafür, mich für die Quote auch künftig weiter einzusetzen.

Dachte ich zumindest. Aber diese Geburtsstunde setzte noch weit früher ein, wie ich erst vor ganz Kurzem, noch im Schreibeprozess dieses Buchs begriffen, erfuhr.

Ein Kollege aus der Personalabteilung eines Unternehmens rief mich neulich wegen einer ganz anderen Sache an. Er war früher, zu DASA-Zeiten, noch Praktikant in meiner Abteilung gewesen. Am Rande erwähnte er, dass ich 1991 schon, während einer unserer frühmorgendlichen Besprechungen, über das Thema Gleichberechtigung und übers Schließen der drohenden Ingenieurlücke gesprochen habe. Und dann fast im gleichen Atemzug über die Notwendigkeit einer Frauenquote als Gegenstrategie für beide offensichtlichen Lücken plädiert habe. Das hatte ich inzwischen längst vergessen. Aber diesem ehemaligen Praktikanten war es noch in bester Erinnerung. So hat mich das Thema Frauenquote offenbar schon viel länger beschäftigt, als ich zuerst dachte. Eigentlich nachvollziehbar: Wichtige Themen sind und bleiben präsent. Aber ohne konkrete Zielsetzung und ohne entsprechendem, mit machtvoller Gestaltungskraft versehenem Rahmen – wie bei mir dann im Telekom-Vorstand – schlingern oder versanden sie.

In meinen Jahren in der Personalverantwortung für die Lufthansa, für Continental, aber dann vor allem für die Telekom war mir immer klar: Nur wenn man konkrete Ziele setzt, orientieren sich Menschen an diesen Zielen. Die Wahrscheinlichkeit des Erfolgs bei der Umsetzung eines Vorhabens erhöht sich, wenn man solche Ziele setzt. Es handelt sich im Grunde um etwas ganz Banales. Um etwas, das für die betriebswirtschaftlichen Kennzifferzielsetzungen eines Unternehmens seit eh und je gilt, aber noch nicht für sogenannte weiche Faktoren wie Chancenfairness oder Gleichberechtigung für Frauen.

Voll in mein professionelles Blickfeld geraten war das Thema schon in meinen Lufthansa-Zeiten. Monika Rühl, die damalige Frauenbeauftragte des Konzerns, hatte mich in die richtige Richtung geschubst. Dazu hatte meine im Lufthansa-Kapitel beschriebene Erfahrung mit weiblicher Führung in Sachen exorbitant gestiegener Krankenstände des fliegenden Personals das Seinige getan. Damals, als nach »Nine Eleven« die Angst vor neuen Flugzeugterroranschlägen auch unter den Lufthansa-Beschäftigten grassierte. Und offensichtlich hatte das Ringen meiner Mutter mit meinem Vater um ihre Berufstätigkeit in den sechziger Jahren den Humus geschaffen für mein Anliegen.

In meinen ersten Monaten bei der Telekom hatte ich es vor allem mit den sehr schwierigen Tarifauseinandersetzungen zu tun. Aber inmitten dieser harten Streikphase gab es damals in Berlin eine internationale Frauenkonferenz, von der Telekom mitgesponsert. Man bat mich, trotz aller Streiks und aus den Verhandlungsgesprächen heraus, für einen Abend zu dieser Konferenz zu kommen. Zu allem Überfluss plagte mich auch noch eine schwere Erkältung. Dennoch bin ich nach Berlin geflogen, im Flugzeug erst realisierend, dass mir eine schlechte Rede, dazu noch auf Deutsch, mitgegeben worden war. Die habe ich noch flugs während des Fluges neu und auch in Englisch geschrieben – es handelte sich immerhin um einen internationalen Kongress. Hineingeschrieben habe ich auch: »If we at Telekom will not achieve a significant amount of more ladies in leadership positions, I will decide on a quota in 2010.« Das war, wie gesagt, anno 2007.

Davor hatten wir bei der Telekom alles probiert: Frauenförderprogramme, Selbstbehauptungstrainings, Cross-Mentoring, Coaching-Programme, Werbung um Ingenieurinnen und vieles andere mehr. Es war nichts zu bewegen, es hat sich nichts verändert. Ich habe dann meinen Vorstandskollegen um die Jahreswende 2009/10 als Weihnachtsgeschenk mit auf den Weg gegeben, dass im neuen Jahr möglicherweise eine Frauenquote bei der Telekom zur Entscheidung anstünde.

Ende Januar, Anfang Februar 2010 stand dann erst einmal eine Konferenz mit einigen Hundert Telekom-Führungsfrauen weltweit an, auf der wir das Thema intensiv diskutiert haben. Die Resonanz war geteilt. Die Osteuropäerinnen etwa wandten ein, sie bräuchten keine Quote, bei ihnen seien zum Teil schon bis zu 40 Prozent Frauen in Führungsverantwortung. Eine der wenigen Errungenschaften und Hinterlassenschaften des Sozialismus. Die Skandinavierinnen fanden die Idee hilfreich, die Kolleginnen aus den USA sagten, Quotenvorgaben dieser Art seien rein rechtlich verboten in ihrem Land, dafür gebe es seit Jahrzehnten den von Präsident Lyndon B. Johnson 1965 eingeführten Erlass der »Affirmative Action« als Folge der Anti-Apartheid-Bewegung. Auch wenn es sich hier, das sei von mir hinzugefügt, im amerikanischen Rechtssystem um eine verdeckte Form der Quote handelt, bei der die oder der Einzelne eine Diskriminierung gerichtlich verfolgen kann. Aber auch Kollektiven steht eine in dieser Form in Deutschland nicht mögliche Sammelklage offen.

Unter den deutschen Frauen war die Stimmung geteilt, wobei eine leichte Mehrheit pro Quote plädierte. Die schon seit vielen Jahren in Hinterzimmern wabernde gesellschaftliche Diskussion um das Thema Frauenquote hat mich dabei nur am Rande interessiert. Mein Motto war immer, auch in Bezug auf die Frauenquote: Offene, anstehende Themen, wenn ich ihre Durchsetzung für richtig halte, müssen einer praktischen Lösung zugeführt werden. Ganz simpel.

Ich habe damals gesagt, es gibt fünf »Business Cases«, also geschäftsrelevante Szenarien und Voraussetzungen, die für die Frauenquote bei der Telekom sprechen. Erstens Studien, die nachweisen, dass gemischte Entscheiderteams größere Geschäftserfolge vorzuweisen haben. Zweitens vor dem Hintergrund des Fachkräftemangels das Erschließen neuer Talentquellen, drittens die Tatsache, dass Nachhaltigkeitsinvestoren – immerhin mehr als zehn Prozent der Telekom-Investoren – auf das Thema Diversität achten und es kritisch in ihren Anlageentscheidungen berücksichtigen, viertens ging es um die Reputation des Unternehmens, um die Frage, ob eine Firma als »Good Corporate Citizen« auch die komplexe soziale Realität der Gesellschaft und ihres Umfelds in ihrer Personalpolitik widerspiegelt. Und fünftens gibt es jede Menge soziologischer Untersuchungen, die darauf hinweisen, dass eine Organisation umso wetterfester und zukunftstauglicher aufgestellt ist, je mehr Varietät und Diversität sie gegenüber der Vielfältigkeit der Außenwelt aufzubringen vermag.

Daraufhin haben wir das Thema Frauenquote weiter mit dem Sprecherausschuss der leitenden Führungskräfte intensiv diskutiert. Gerade die Frauen im Gremium erlebten das als befreiend und sprachen sich sofort pro Quote aus, aber auch ein Großteil der Männer. Die entsprechende Vorstandsvorlage diskutierten wir Ende Februar 2010 fast eine Stunde lang im Telekom-Vorstand, wobei mein Kollege Timotheus Höttges abschließend halb scherzend bemerkte: »Thomas, ich stimme zu, aber nur, wenn ich von dir nicht jeden Monat vorgeführt werde, ob und welche Fortschritte ich in Sachen Frauenförderung gemacht habe.« Auch Compliance-Vorstand Manfred Balz – neben mir der einzige Überzeugungskrawattenträger in Telekom-Veranstaltungen – fand das Anliegen vom rechtlichen Standpunkt aus betrachtet in Ordnung. Männer, meinte er, dürften zwar nicht diskriminiert werden, aber bei gleicher Qualifikation könnten gerne Frauen bevorzugt werden. Außerdem sagte er mit einem Augenzwinkern: »Mit einer positiven Diskriminierung kann ich auch leben.« Selbst Reinhard Clemens von T-Systems, der mit der bis dahin niedrigsten Frauenquote im Konzern die größte Bürde zu schultern hatte, dazu noch im Geschäftsbereich der Telekom mit dem größten Reorganisationsbedarf, sagte: »Natürlich machen wir das.« Die Entscheidung im Vorstand pro Quote fiel einstimmig aus: Bis Ende 2015 sollen bei der Telekom global 30 Prozent der Führungsjobs mit Frauen besetzt sein. Übrigens lag das Unternehmen Ende 2013 bei etwa 25 Prozent weltweit, ein Sprung von absolut sechs Prozent, und in Deutschland bei fast 20 Prozent, ausgehend von seinerzeit 13 Prozent.

Am 15. März 2010 haben wir als Telekom vor einer Veranstaltung der FidAR (»Frauen in die Aufsichtsräte e. V.«) in Berlin zusammen mit eben dieser FidAR eine Pressekonferenz einberufen, auf der ich gemeinsam mit deren Präsidentin Monika Schulz-Strelow die Quotenentscheidung meines Konzerns verkündete, also eine öffentliche freiwillige Selbstverpflichtung! Die zahlreichen Journalisten, die kamen, haben das alles erst einmal relativ ungerührt aufgeschrieben.

Danach hielt ich auf der FidAR-Konferenz meine berühmte Brandrede: »Die Deutsche Telekom und das Ringen um eine Quote«. Neben der geschäftlichen habe ich in dieser Rede sehr viel stärker die moralische Begründung für eine Frauenquote hervorgehoben. Ich glaube, es war eine meiner besten Reden, die ich in meinem Leben je gehalten habe, und der Saal mit einigen Hundert Frauen hat gejubelt. Unter anderem habe ich gesagt:

»Welche Konsequenzen hat eine Quotenentscheidung? Das Eingestehen, dass beliebte, populäre Wege gescheitert sind, ist die erste von drei Konsequenzen. Vor allem ist es das schmerzliche Eingeständnis, dass die eigenen favorisierten Wege der Veränderung gescheitert sind. In Veränderungsprozessen gibt es – grob gesagt – zwei große Wege des Change Management: Einerseits den hermeneutischen Weg, der *über* die Funktion von Rollenbildern beschritten wird; das Vorleben einer neuen Kultur, die in einer Wertegemeinschaft weitergetragen, durch Kommunikation und Lernen vervielfältigt wird, bis die neue Einsicht die alten Einsichten, die alte Kultur schließlich verdrängt hat.

Aber es gibt auch den anderen Weg, der wesentlich unsanfter ist: den ungeliebten, den schnöden, den radikalen Weg der Vorgabe, des Setzens eines normierenden Rahmens, dem man viel schwerer entkommt. Eigentlich ein marxistischer Weg, das neue Sein bestimmt das Bewusstsein. Ich stimme zu, dass der zweite Weg hart, ja diktatorial erscheinen mag!

Die Top-down-Setzung einer Quote hat so etwas Entmündigendes an sich: Das ›Gute‹ wird erzwungen. Aber viel subtil brutaler ist die Einstellung, darauf zu vertrauen, dass mit der Frauenförderung alles seinen richtigen Weg gehen wird. Wenn Frauen sich dann schließlich doch nicht durchsetzen können, dann sei das eben der natürliche Lauf der Dinge. Eine Tatsache, die es dann höchstens am manageriellen Stammtisch mit wohlgesetzten Worten zu beklagen gilt. Meine

Damen und Herren, das ist eigentlich Sozialdarwinismus, verbrämt im Kleide des Humanismus!«

Anschließend trat die damalige, von mir wegen ihrer Couragiertheit übrigens sehr geschätzte Familienministerin Kristina Schröder auf und sagte, mit einer gesetzlich installierten Frauenquote seitens der Bundesregierung sei einstweilen nicht zu rechnen. Außerdem stehe sie für Wandel in der Arbeitswelt und der Unternehmenskulturen. Der Saal kochte, denn tiefer konnte die Kluft gar nicht sein. Hier eine Regierung, die mit dem Thema Frauenquote nichts am Hut hatte, dort ein Unternehmen, das zeigte, wie es – allerdings mit freiwilliger Selbstverpflichtung – geht. Im Nachhinein betrachtet hätte sich Kristina Schröders Ansatz der Kulturarbeit vereinen müssen mit der Forderung der damaligen Arbeits- und Sozialministerin Ursula von der Leyen nach einer Frauenquote in unternehmerischen Aufsichtsorganen. Doch das sollte angesichts des seinerzeitigen unionsinternen Streits über dieses Thema offenbar nicht sein.

Mit der Verkündung der Frauenquote durch die Telekom rollte das Thema mit einer Dynamik in die gesellschaftliche Debatte, wie wir uns es weder gewünscht oder gar erhofft hätten. Das Thema stand zwar schon Jahre vorher im Raum, aber es quälte sich mehr oder weniger dahin. Dann kommt so ein DAX-30-Konzern mit 240 000 Beschäftigten, darunter 4500 Führungskräften, und führt sie mal eben verbindlich ein. Das hat der öffentlichen Auseinandersetzung um die Frauenquote erst den richtigen und mächtigen Auftrieb gegeben. Die damals noch existente *Financial Times Deutschland* widmete diesem Thema sogar eine ganze Titelseite. Überschrift: »Telekom führt Frauenquote ein«. Einen Tag später, am 16. März 2010 stand in der *FTD* diese Überschrift: »Telekom versucht es jetzt mit Gewalt – Dax-Konzern reagiert mit Quotenregelung auf Scheitern der bisherigen Personalentwicklung«. Genauso war es.

Bei der Telekom haben wir dann rasch erkannt, dass die Umsetzung der Quote sehr viel komplexer war als gedacht. Wir haben allein ein Jahr gebraucht, um weltweit das Berichtswesen für alle »Touchpoints« zu installieren: Wie viele MINT-Expertinnen werden eingestellt, wie viele sind in den Nachwuchsprogrammen? Ist wenigstens eine Kandidatin unter den letzten drei Bewerbern für eine Führungsposition? Haben die Assessment-Center einen Frauenanteil von mindestens 30 Prozent? Sind die Führungskräfteseminare mindestens zu 40 Prozent mit internationalen Kolleginnen und Kollegen besetzt und zu 30 Prozent mit Frauen? Ich habe damals gedroht, die Führungskräfteprogramme so lange auszusetzen, bis wir diese Proportionen erreicht haben. Ich habe natürlich ständig gehört, man gebe sich alle Mühe, aber es gehe nun mal nicht, mehr als 17 Prozent Frauenanteil sei nicht zu erreichen und ähnliche sattsam bekannte Gegenargumente. Ich habe wirklich die gesamte Trainingslandschaft für Führungskräfte so lange storniert, bis die 30 Prozent an Frauenanteil erreicht waren. Und das Wichtigste: Werden sie am wichtigsten »Touchpoint« – der Beförderung – ausreichend in jedem Land der Telekom-Welt und insbesondere in Deutschland befördert, um dem 30-Prozent-Ziel näher zu kommen?

Dann ging es schneller als gedacht voran. Viele Damen und vor allem Herren an den Unternehmensschaltstellen sind es gewohnt, dass man mit ihnen, sollten sie Zielsetzungen nicht erfüllen können, gnädig umgeht. Mir aber war klar: Die ersten Kompromisse bahnen die Schneise dafür, dass nur noch Kompromisslösungen präsentiert würden, gerade bei diesem Thema. Eineinhalb Jahre später habe ich zum Beispiel bei T-Systems keine Neubesetzung von Führungspositionen mehr zugelassen, wenn die Quote nicht stimmte. Das heißt, Positionen blieben über Monate tatsächlich unbesetzt, weil es ständig hieß, es seien keine Frauen dafür zu finden.

Das alles sind natürlich tiefste Eingriffe und kulturpolitische Interventionen. Aber so ein ehrgeiziges Unterfangen wie das Quotenziel bekommt man ohne große Zähigkeit und Konsistenz und – ja: Kompromisslosigkeit – nicht durchgesetzt. Wie gesagt, 2010 hatte die Telekom 13 Prozent Frauen in Führungspositionen in Deutschland, fast 19 Prozent waren es im Ausland. Heute, zwei Jahre nach meinem Ausscheiden, liegen die Quoten schon bei knapp 20 Prozent in Deutschland und 25 Prozent weltweit. Das heißt, bis Ende 2015, diese

Prognose wage ich, hat die Telekom die Zielquote erreicht oder zumindest so gut wie erreicht, wenn meine Nachfolger genauso energisch das Thema vorantreiben wie ich. Die bisherigen Resultate der übrigen 29 DAX-Konzerne mit Ausnahme weniger, wie zum Beispiel Henkel, sind indessen nach wie vor erbärmlich.

Es ist klar geworden, dass wir an den Karrieresystemen selbst, und das allerdings noch viel gründlicher als bisher, tätig werden müssen: Jobsharing in Führungspositionen, Führung in Teilzeit, Führung zum Teil aus dem häuslichen Büro heraus sowie Mischformen davon müssen ermöglicht werden, sonst bewegt sich erst einmal nicht viel. Da gibt es aber keinen Königs- oder Königinnenweg, weil die Lösungen hochindividuell maßgeschneidert werden müssen. Es gibt tatsächlich einen, aber nur diesen Weg, und auf dessen Wegweiser steht: Alles ist möglich.

Es muss natürlich auch die Betreuungsinfrastruktur entsprechend zugeschnitten werden. Ich habe damals acht Millionen Euro allein für den Ausbau von Kindergärten in Deutschland im Telekom-Vorstand herausgehandelt. Schließlich ist die Gestaltung der Arbeitszeiten ein Megathema für den Erfolg, insbesondere für Frauen. Für damalige Verhältnisse revolutionär haben wir eine Selbstverpflichtung der Führungskräfte eingeführt, wonach sich Mitarbeiter nicht gezwungen fühlen dürfen, außerhalb der gewöhnlichen Arbeitszeiten E-Mails zu bearbeiten. Will heißen, die Führungskräfte verpflichteten sich quasi, nur noch ein Minimum an Mails zu produzieren und im Zweifel anzurufen.

Volkswagen hat das übrigens erst lange danach in eine Betriebsvereinbarung gegossen, nach der die Computerserver des Konzerns einfach abgeschaltet wurden. Was für eine rückständige Regulierung, wie sie bestimmten partei- und gewerkschaftspolitischen Positionen verpflichtet ist! Mit Kulturwandel hat das nichts zu tun. Wolfsburger VW-Personalmanager, so heißt es, seien sowieso immer rot angelaufen, wenn sie von den sozialpolitischen Innovationen des Kollegen Sattelberger aus Bonn hörten. Da waren Peter Hartz, den ich zu den Großen unserer Profession zähle, und sein Personalressort um Klassen besser und weitsichtiger. Einer der größten Mail-Übeltäter war ich allerdings selbst, der ich am Wochenende bis zu 150 Mails in die Organisation eingespeist habe, durch die ja nicht nur die Adressaten, sondern vielleicht noch weitere 500 Mitarbeiterinnen und Mitarbeiter in Bewegung gesetzt wurden, damit Thomas Sattelberger am Montagmorgen, sarkastisch gesagt, die Antworten ehrerbietig zu Füßen gelegt werden konnten. Da streue ich noch im Nachhinein Asche auf mein Haupt. Als ich das änderte und nur noch drei bis fünf Mails am Wochenende verschickte, lief die (Unternehmens-)Welt nach wie vor so gut und so schlecht wie eh und je.

Obendrein haben wir bei der Telekom begonnen, eine »Step-out-Step-in«-Kultur zu etablieren. Das heißt, jede und jeder kann das Unternehmen für bis zu zwei Jahre verlassen und auch wieder eintreten, ohne die »Mitgliedschaft« zu verlieren. Ob für die Pflege Angehöriger, ob für eine Weltumrundung, ob für politisches Engagement – oder für jede andere Art von Auszeit. Damit gekoppelt bekommen diese Mitarbeiter weiterhin ihr – nach ihren Vorstellungen reduziertes – Gehalt, und nach Wiedereintritt in den Telekom-Dienst bleiben sie so lange auf dem etwas niedrigeren Niveau, bis sie ihre Auszeit wieder eingearbeitet haben. Eine elegante Lösung auch für Tarifmitarbeiter. Das war übrigens keine radikale Veränderung. So wie sich Menschen auch im Winter Hotels mit Swimmingpools buchen, sie aber kaum nutzen, so war und ist es anfangs mit diesen Arbeitszeitmodellen. Es geht um Lernkurven für das Unternehmen, und letztlich kann dieses über die Zeit hinweg eine größere Anzahl solcher differenzierten Mitarbeiteroptionen verkraften.

Ein weiteres, kleineres Veränderungsprojekt: Um mehr junge Frauen für unsere dualen MINT-Studien- und Berufsausbildungsgänge zu gewinnen, habe ich vorgegeben, doppelt so viel junge Damen für diese Programme zu gewinnen, wie sich im bundesdeutschen Durchschnitt für solche Disziplinen an Hochschulen einschreiben. In den einschlägigen Studien- beziehungsweise Ausbildungsgängen – Informatiker, Wirtschaftsinformatiker, Systemelektroniker zum Beispiel – liegt dieser Durchschnitt bei 14 Prozent. Ich aber wollte 28 Prozent Frauen in der Telekom. Natürlich haben alle wieder aufgejault, keiner hielt das für möglich. Unserem Leiter »Bildungspolitik« habe ich gesagt: »Sie führen jetzt ein halbes Jahr lang eine Projektgruppe, die nicht nur einen Plan entwickelt, sondern auch umsetzt, damit wir die angestrebte Quote erreichen. Ihr eiert seit Jahren herum und erzählt mir immer, dass das nicht gehe, dass die Frauen sich nicht bewerben würden, und wenn doch, seien sie nicht motiviert und so weiter und so weiter. Ich bin inzwischen müde und ich bin es satt, mir ständig diese Argumente anhören zu müssen!«

Und siehe da, beim nächsten Studienbeginn hatten wir 27 Prozent Frauen. Das für unmöglich Gehaltene war also doch möglich!

Aber wie gelang es? Durch eine Vielzahl von einzelnen Schritten. So waren zum Beispiel schon bei der Telekom studierende Damen arbeitgeberseitig beteiligt an den Bewerbungsgesprächen junger Frauen. Bewerberinnen konnten mit Telekom-Mitarbeiterinnen darüber diskutieren, wie diese ihren Arbeitsalltag erleben und bewältigen. Module zu internationaler Kommunikation oder zu sozialer Innovation wurden in die Studiengänge integriert. Auch haben wir uns die Frage gestellt, ob wir eigentlich die richtige, also nicht zu technikaffine Sprache benutzen, um junge Frauen anzusprechen. Es gibt so vieles, an das man üblicherweise im standardisierten Routineablauf des Gewohnten nicht denkt. Kurz: Wer im guten Sinne die gesamte Rekrutierungs-, Förderungs- und Beförderungskultur zusammen mit den Karrieresystematiken und mit dem Arbeitszeitregime anpackt, der hat Erfolg. Wenn das noch flankiert wird mit gender-fairen Kommunikationstrainings, die Tausende Führungskräfte der Telekom durchliefen und in denen die Menschen für Rituale und Rollenverständnisse sensibilisiert wurden, wird der Erfolg noch wahrscheinlicher.

Wer nun denkt, dass alle diese Anstrengungen bei der Telekom-Belegschaft unumstritten gewesen seien, der irrt sich. Ich erinnere mich noch gut an ein Treffen mit jungen Nachwuchskräften, so um die 30 Jahre alt, 80 Prozent Männer, 20 Prozent Frauen. Bei dieser Zusammenkunft schnauzten mich junge Männer mit hochrotem

Kopf an, ich verdürbe ihnen die Karrierechancen. Da fragte ich erst einmal ganz nüchtern, ob diese 80-Prozent-Quote für Männer denn gottgegeben sei, woher sie das Recht nähmen, zu behaupten, dass mindestens weitere 30 Prozent der Frauen nicht die Fähigkeiten und die Motivation besäßen, die gleichen Karrierechancen wie sie wahrzunehmen. Es gab also innerhalb der Telekom-Belegschaft jede Menge hitziger Debatten. Doch das alles gehörte dazu, das Thema Frauenquote mit aller Konsequenz und Systematik anzugehen.

Mit reiner Symbolpolitik kommt niemand weiter. Und um eine solche scheint es sich in vielen Fällen gehandelt zu haben, auch in den vergangenen wenigen Jahren, da eine Reihe von Vorstandsfrauen in DAX-Unternehmen nach kurzer Zeit die Konzerne wieder verließen beziehungsweise hinausgedrängt wurden: Regine Stachelhaus (E.ON AG), Angelika Dammann und Luisa Deplazes Delgado (SAP AG), Brigitte Ederer und Barbara Kux (beide Siemens AG), Marion Schick (Telekom AG), Angela Titzrath (Deutsche Post AG) und Elke Strathmann (Continental AG).

Zusammengefasst lässt sich sagen: Die Symbolpolitik an den Konzernspitzen ist grandios gescheitert. Das Betrüblichste daran ist, dass das Scheitern nicht als Muster erkannt, sondern individualisiert wurde und dass aus der Koalition derer, die sich sonst lautstark für die Rechte der Frauen einsetzen, bisher kein Wort der Solidarität zu vernehmen war. Stattdessen liegt ein Mantel des Schweigens über den Vorgängen. Selbst die quotenorientierten Frauenorganisationen haben bislang kein solidarisches Wort verlauten lassen. Wie traurig! Aber ohne eine Erweiterung ihrer politischen Agenda um all die wichtigen Kulturthemen jenseits der Quote kann Frauenförderung nicht erfolgreich sein. Und jetzt? Die Situation ist verfahren und angespannt: Die Frauen haben ein gutes Stück ihrer Courage eingebüßt. Weibliche Führungskräfte in Unternehmen haben das Signal verstanden: Gehorsam und Anpassung sind angesagt. Hoffentlich nicht bei der Telekom! Die Herren Manager in den börsennotierten Unternehmen wollen von dem Thema am liebsten nichts mehr hören. Aber Wegducken ändert nichts.

Diese Analyse führt mich auch zu den Reaktionen auf die Frauen-quote außerhalb der Telekom, und die waren zum Teil durchaus erhellend. In den Medien war die Zustimmungsquote zunächst unge-fähr zwei Drittel pro und ein Drittel kontra unsere Entscheidung, wo-bei die Journalistinnen mehr auf der Pro- und die Herren Redakteure mehr auf der Kontra-Seite anzutreffen waren. Wobei, das muss man sagen, die Medienwelt auch eine sehr männerdominierte ist.

Da kann ich noch einen weiteren, persönlichen Einblick zum Besten geben. Auf einer Podiumsdiskussion, bei der auch der damalige *Spie-gel*-Chefredakteur Georg Mascolo teilnahm, behauptete er, das Nach-richtenmagazin unternähme jetzt nicht nur eine Menge, um Frauen in der Redaktion auch in Führungspositionen zu befördern, sondern vor allem eine systematische Personalentwicklung zu betreiben. Da hatte ihn wohl sein fortschrittlicher Kollege von der *ZEIT*, Giovanni di Lorenzo, in die Vorwärtsstrategie getrieben. Ich schaute eher un-gläubig, aber Mascolo beteuerte, sie meinten es wirklich ernst. Auf dem Podium sagte ich zu Mascolo, dass ich ihm in dieser Hinsicht nicht über den Weg traue, und bot ihm an, kostenlos einen Kultur-audit in der Hamburger Redaktion vorzunehmen. In diesen einein-halb Tagen habe ich mit dem Frauenrat, mit Betriebsräten, mit der Ge-schäftsleitung, mit 30 jungen, männlichen wie weiblichen Nachwuchs-redakteuren und mit Ressortleitern gesprochen. Im abschließenden Plenum bin ich dann mit allen Beteiligten meine Diagnose durchge-gangen. Mein Ergebnis, hier nur abstrakt zusammengefasst, da ich Mascolo Diskretion versprochen habe: Die *Spiegel*-Kultur ist weit da-von entfernt, Mascolos Anspruch auch nur ansatzweise zu unterstüt-zen. In einer solchen Kultur mag das Stück »Frauenförderung« zwar vordergründig und zur allgemeinen Unterhaltung auf der Bühne auf-geführt werden, aber im Hintergrund sind ganz andere Mechanis-men wirksam.

Relevanter und zugleich bestürzender indessen war, dass René Obermann und ich zu Parias unter den DAX-30-Vorständen erklärt wurden. Ich habe selten erlebt, wie nachtragend die deutsche Wirt-schaftselite sein kann. Bei Obermann hieß es zum Beispiel hinter vorgehaltener Hand, ihm habe wohl seine Frau, die TV-Moderatorin Maybrit Illner, die Leviten gelesen, damit er sich für die Frauenquote starkmache. Bei mir hieß es: Der will sich nur politisch in Szene setzen und bei den Fraktionsfrauen jeglicher Couleur punkten, um nach seiner aktiven Zeit als Manager politisch Karriere zu machen. Außerdem ist der Sattelberger eh einer, der sich medial stets in Szene zu setzen gewusst hat, dem hat er jetzt die Krone aufgesetzt. Es waren zum Teil auch bitterböse Gespräche, die wir im Kreis der DAX-30-Konzerne zum Thema geführt haben. Die mildesten Reaktionen aus diesen Vorstandskreisen könnte man noch als Unverständnis bezeichnen.

Manche sagten mir zwar unter vier Augen, ich hätte ja recht, aber wenn sie sich in ihrem Vorstand für das Thema starkmachten, dann hätten sie die A-Karte gezogen und stünden allein auf weiter Flur. Zum Teil klang auch etwas Neid heraus, dass René Obermann und ich mitsamt den übrigen Vorstandskollegen diesen Weg so konsequent gingen. Nur zwei männliche Vorstandskollegen, Wilfried Porth von Daimler und Harald Krüger von BMW, bezogen klar Stellung. Und natürlich auch Regine Stachelhaus von E.ON und Angelika Dammann von SAP, beide damals tolle Vorstandsfrauen in ihren Konzernen. Diese vier unterstützten zwar nicht eine gesetzliche Frauenquote, forderten aber eine neue Qualität der Frauenförderung. Der ganz große Rest der deutschen Topmanager übte sich lediglich in »cover your ass«.

Wir hatten zur Positionierung der DAX-30-Unternehmen eine Selbstverpflichtung aller zu einer unternehmensspezifischen Frauenquoten-Zielgröße vorgesehen und wurden zu einem Gespräch mit Ursula von der Leyen, Kristina Schröder und dem damaligen FDP-Wirtschaftsminister Rainer Brüderle geladen. Zuvor hatten sich alle Unternehmensvertreter aufgepumpt nach dem Motto, dass man es der Politik schon zeigen werde. Im Gespräch fiel diese Haltung wie eine Blase zusammen. Von der Leyen kaufte mit einem Argument zum internationalen Benchmark einem Kollegen, der kein Frauenpotenzial für Spitzenpositionen in seiner Branche sah, sofort den Schneid ab. Dann war Ruhe im Stall der restlichen 29 DAXe. Meine Position und die der Telekom waren bekannt.

Die BDA (Bundesvereinigung der Deutschen Arbeitgeberverbände) war zutiefst verärgert über mich. Hauptgeschäftsführer Reinhard Göhner hat mich das einmal 2011 bitter spüren lassen, als er bei der jährlichen BDA-Mitgliederversammlung von der Bühne herab, also ex cathedra, die Telekom im Allgemeinen und Personalvorstand Thomas Sattelberger im Besonderen kritisierte, dass bei uns auch mit anonymen Bewerbungen experimentiert würde. Solche Versuche, die übrigens in unserem Fall nicht erfolgreich waren, gehören nach meiner Überzeugung dazu, wenn man diskriminierungsfreie und chancengerechte Entwicklungs- und Karrierewege ermöglichen will. Vor Hunderten Arbeitgeberfunktionären sagte Göhner, wer so eine bescheuerte Politik wie Herr Sattelberger betreibe, verdiene massive Kritik, was mindestens die Hälfte des Saales auch beklatschte, manche bejohlten. Ich saß ja im Publikum und konnte nicht öffentlich auf der Bühne Stellung beziehen. Ein in seiner Art einzigartiger Vorgang einem BDA-Präsidiumsmitglied und einem Mitgliedsunternehmen gegenüber, eine Zurechtweisung, die sonst nur dem »Klassenfeind« Gewerkschaft zuteilgeworden war. Das war der erste, aber nicht der einzige Versuch meiner verbandsöffentlichen Demontage. Und das mir, der ich mich lange Jahre für die BDA in der Hochschulpolitik treu und mit vollem Einsatz eingesetzt habe. Ich habe relativ simpel darauf reagiert und bin dem danach anberaumten festlichen Abendessen ferngeblieben.

Hinterher bekam ich aber einige Reaktionen der Art, dass Göhner erstens eben so sei und dass man zweitens volles Verständnis dafür gehabt habe, dass ich nicht am Abendessen teilnahm. Nur sagt das in einem abgeschotteten Klub leider niemand öffentlich. Bis heute zeigen sich einige Arbeitgeberverbände übrigens nachtragend. Ich bin seit 2008 und bis in meinem heutigen Unruhestand Vorsitzender der BDA/BDI-Initiative »MINT – Zukunft schaffen« zur Förderung technisch-naturwissenschaftlicher Ausbildungs- und Berufsgänge. Eine extrem erfolgreiche Initiative, deren Schirmherrin Bundeskanzlerin

Angela Merkel ist. Wesentliche Arbeitgeberverbandsfunktionäre versuchten unter maßgeblicher Mitwirkung Göhners, einen Putsch gegen mich zu inszenieren, indem man hinterrücks einen eigentlich von mir geschätzten Funktionär aus einem Landesarbeitgeberverband an meine Stelle setzen wollte. Er wusste wahrscheinlich gar nicht, welche Schachfigur er war. Dieses Vorhaben scheiterte aber – bis jetzt!

Die Argumente dafür sind immer die gleichen. Zum Beispiel, dass Sattelbergers Zeit ohnehin abgelaufen sei oder dass ich mit meinem Wirken andere, schmächtigere Initiativen der Arbeitgeber überschatte. Tolle Argumente! Und natürlich das ewige Nachtragen des Themas Frauenquote – unausgesprochen.

Daran sieht man, dass die Arme eines geschlossenen Systems lang sind und weit reichen, dass solche Systeme Normabweichler härtestens verfolgen und zu bestrafen versuchen. Solche geschlossenen Systeme habe ich schon im Gefolge der Einführung der Frauenquote näher studiert und dabei festgestellt, dass sich hier fast schon ein multidisziplinäres Forschungsfeld auftut, auf dem sich Gepflogenheiten wie zum Beispiel das von Rosabeth Moss Kanter untersuchte Phänomen der homosozialen Reproduktion finden – simpel: Schmidt sucht Schmidtchen. Bis hin zum Phänomen der selektiven Wahrnehmung, die nur Ähnliches sieht und Dissonantes ausblendet. Solche Überlegungen wiederum führten mich zur Frage, wie sich geschlossene Systeme für ihre Zukunftsfähigkeit öffnen können. Oder sterben sie nicht vielmehr dahin? Können sie sich überhaupt neu erfinden? Können sich Unternehmen dafür eine Art sozialer Laboratorien schaffen? Darüber wird im letzten Kapitel dieses Buchs noch etwas eingehender die Rede sein.

Die Rache des Systems kann also hart sein, und ich spüre mich heute noch, fünf Jahre später, persönlichen Ressentiments ausgesetzt. Inzwischen eben auf anderen »Kriegsschauplätzen« wie MINT oder durch Versuche des Lächerlichmachens nach dem Motto »Der Sattelberger ist halt ein Paradiesvogel, man sollte ihn nicht zu ernst nehmen«. Auf der gesellschaftlichen Ebene hingegen bricht sich das Thema Frauenquote immer weiter Bahn. Die Tatsache, dass mittlerweile fast die Hälfte der in den letzten Jahren für Vorstandsposten in DAX-Unternehmen rekrutierten Frauen wieder hinausgedrängt wurde, muss jeden verblüffen. Sind doch im gleichen Zeitraum nur 20 Prozent ihrer männlichen Kollegen ausgeschieden, den Ablauf ihrer Amtszeiten und Übergang in den Ruhestand schon mit einbezogen. So gut wie die Hälfte dieser Frauen sind aber schon während ihrer Amtszeit »gekippt« worden. Ich unterstelle zwar keine Verschwörung, aber ich habe die Hypothese, dass sich hier in einem unabgesprochenen, aber konkludenten Verhalten eine ganze Reihe von Vorstandsvorsitzenden sowie ihre Aufsichtsratsvorsitzenden gesagt haben, das Thema Frauenquote exekutieren wir auf die Weise, damit wir vor dieser Zumutung ein für alle Mal Ruhe haben.

Ein anderer, ebenfalls kulturpolitischer Aspekt dabei ist, dass Frauen als Quereinsteigerinnen relativ schnell in einen Dyadenkonflikt kommen, indem sie etwas zu verändern versuchen. Der Vorstandsvorsitzende reagiert mit der Haltung »Wasch mir den Pelz, aber mach mich nicht nass«, zieht also seine schützende Hand über der Frau zurück. Oder es kommt zum Triadenkonflikt, in dem Vertreter eines konzilianteren und eines aggressiveren Kurses aufeinanderprallen, sich der Vorstandsvorsitzende dann im Schiedsspruchverfahren tendenziell eher auf die Seite des Härteren stellt, wie wohl im Fall Angela Titzraths bei der Post.

Kurz: Das gehäufte Ausscheiden der Spitzenfrauen hat denjenigen genützt, die schon immer gegen eine feste Frauenquote gekämpft haben. Ohne dass man sich abgesprochen hätte, hat sich in den Topkadern börsennotierter Konzerne eine Meinung herausgebildet, die da heißt: Wir lassen uns nicht in unsere Suppe spucken. Natürlich passt das Ausscheiden der weiblichen Vorstände voll ins Konzept. Immer wenn eine weitere Vorständin einigermaßen geräuschlos ging, verbesserte das die kommunikative Situation der DAX-Konzerne. Mehr und mehr wurde die Frage gestellt: Sind an alldem nicht die Frauen selbst schuld? Scheitern wird individualisiert. Interessant ist, dass die Fehlersuche in der öffentlichen Diskussion immer und umgehend bei den Frauen angesetzt hat. War ihre Qualifikation wirklich ausreichend? Hat sie die Komplexität der Aufgabe nicht schlichtweg unterschätzt? Diese Individualisierung des Themas steht im Gegensatz zu den Zahlen. Jeder erkennt, dass systemisch irgendetwas schiefläuft, wenn acht von insgesamt 17 weiblichen Vorständen nach nicht mal der Hälfte ihrer Vorstandsperiode ausscheiden. Zudem zeigen neueste Studien, dass weibliche Vorstände durchschnittlich nach etwa drei Jahren aus ihrem Amt scheiden, während Männer acht Jahre verweilen – und damit fast dreimal so lang. Ein mit Einzelfällen nicht erklärbares Muster.

Ich bin in dieser Hinsicht sehr betroffen, ja traurig. Keiner stellt sich auf die Hinterbeine und keiner hinterfragt das ganze Szenario. Die Politik nicht, die zivilgesellschaftlichen Akteure nicht. Die quotenorientierten Frauenverbände glauben, ihre Schäfchen ins Trockene gebracht zu haben, zumindest in den Aufsichtsräten. Chancenfairness degeneriert zum reinen Kapern von Positionen in diesen Aufsichtsgremien, begünstigt also nur das Entstehen einer Frauenelite.

Doch wieder zurück zu meinen Telekom-Jahren. Nach den großen Sanierungs- und Restrukturierungsaufgaben lagen mir die Themen »Gesundes Unternehmen«, »Unternehmen als Talentbiotop« und »Faires Unternehmen« besonders am Herzen. So habe ich die Ausbildungsverantwortlichen unserer vielen Ausbildungszentren aufgefordert, dafür zu sorgen, dass in den Dutzenden dieser Zentren der Anteil junger Menschen mit Migrationshintergrund so hoch sein sollte wie in der umgebenden Region. Ich habe in der Rekrutierungsabteilung dafür Sorge getragen, dass signifikant mehr junge Menschen mit biografischen Brüchen und nicht linear verlaufenden Lebensläufen eingestellt wurden. Ich habe Zeichen gesetzt, dass die Telekom mehr Geistes-, Sozial- und Kulturwissenschaftler eingestellt hat, um die »Diktatur« der Ökonomen und Ingenieure aufzuweichen. Also die Diversifizierung auch und gerade in der Talentpolitik war ein Schlüsselthema für mich.

Dafür habe ich einige große Projekte angestoßen und umgesetzt. Für inzwischen fast 1000 Facharbeiterinnen und Facharbeiter habe ich das bereits erwähnte Projekt »Bologna@Telekom« gestartet. Facharbeiter und Fachangestellte finden kaum durchlässige Bildungsstrukturen vor. Nach wie vor ist es in Deutschland so, dass Akademikerkinder mit einer bis zu siebenmal größeren Wahrscheinlichkeit studieren werden als Arbeiterkinder. Die Hochschulen bleiben ihnen dann als Berufstätige ebenso weitgehend verschlossen. Ein hochundurchlässiges System also. Und doch: Heute schwadroniert Julian Nida-Rümelin, einst Kulturstaatsminister unter Kanzler Gerhard Schröder und heute Vorsitzender der SPD-Grundwertekommission, von einem »Akademisierungswahn«. Worüber der Großbürger nicht spricht, ist die Tatsache, dass seine Vorstellungen dazu angetan sind, für Nicht-Akademikerkinder den Hochschulzugang wieder zu beschränken – es lebe die Universität der Bildungsbürger!

Bei der Telekom hatte ich schon zuvor dagegengehalten. Ich sagte, wir drehen jetzt spiegelbildlich die Bologna-Hochschulreform um für den Telekom-Konzern, wir bieten unseren Absolventen der Berufsausbildung berufsbegleitend Bachelor- und sogar Master-Studiengänge an. Das hat einen Sturm ohnegleichen entfacht – und zwar einen positiven. Wir konnten uns vor Bewerbungen kaum retten, bekamen viermal so viel, als wir Plätze zur Verfügung stellen und finanzieren konnten. Es handelte sich immerhin um einen fünfstelligen Betrag pro Teilnehmer. Das Projekt »Bologna@Telekom« war indes nicht nur dem Ziel der Chancenfairness geschuldet, sondern auch dem Bestreben, ein wissensintensives Unternehmen wie die Telekom für die Zukunft fit zu machen, indem es die Kompetenzen seiner Mitarbeiterinnen und Mitarbeiter erhöht. Aber noch etwas Drittes ergab sich: Inzwischen sind bereits fast ein Viertel dieser 1000 Frauen und Männer über 40 Jahre alt. Das heißt, auch die ältere Generation weiß die Chancen für lebenslanges Lernen zu schätzen und zu ergreifen.

Ein anderes großes »Talentbiotop« war das Projekt für inzwischen 800 junge Menschen mit Hartz-IV-Hintergrund. Ich habe damals gesagt, unsere Berufsausbildung muss sich darauf vorbereiten, dass wir immer mehr junge Menschen auch mit sehr individuellen, nicht normierten, komplexen Sozialisationsbiografien für uns gewinnen wollen und müssen. Das macht sich am schärfsten in jener Gruppe

bemerkbar, die gar nicht zu uns kommt: in der Gruppe der Bildungs-
verlierer mit schlechtem oder überhaupt keinem Schulabschluss, die
sich mit prekären Hilfsjobs so gerade über Wasser halten. Der Plan
war, bundesweit drei, vier Jahre lang um die 200 junge Leute für eine
Telekom-Berufsausbildung zu interessieren. Das entsprach immerhin sechs bis acht Prozent der jährlichen Azubi-Einstellungen.

Ein erstes interessantes Phänomen: Unsere Berufsausbilder konnten
diese jungen Menschen gar nicht richtig auswählen, weil sie nicht gelernt hatten, mit Menschen umzugehen, die keine oder nur schlechte
Zeugnisse vorzuweisen hatten, leseschwach waren oder merkwürdige
Verhaltensweisen an den Tag legten. Ausbilder in vielen mittelgroßen
oder großen Unternehmen sind jahre-, wenn nicht jahrzehntelang
verwöhnt worden durch die bequeme Rekrutierung von Realschülern
und Gymnasiasten. Jugendliche mit niedrigen Bildungsabschlüssen
(Hauptschule) wurden und werden als »ausbildungsunfähig« diskriminiert, das Prinzip der Bestenauslese feiert nach wie vor fröhliche
Urständ: Auswahlverfahren sind in ihren Normen auf das Aussortie-
ren niedriger Bildungsabschlüsse ausgerichtet, Hauptschulabsolventen quasi chancenlos. Mir wurde klar, dass dieses Projekt vor dem
Hintergrund der wachsenden Akademisierung der jungen Generation und der Notwendigkeit, bisher unerschlossene Talentreserven
zu erschließen, eine ganz hohe soziale Dynamik besitzt.

Wir sind folgendermaßen vorgegangen: Die Arbeitsagenturen haben
für uns Bewerber ausgewählt nach Kriterien wie zum Beispiel: Wille,
etwas aus sich zu machen; Lebensoptimismus; Frustrationstoleranz.
Dazu haben wir die Agenturen gebeten, uns bewusst auch »schwierige
Fälle« zu empfehlen. So haben wir in den Telekom-Berufsausbildungs-
stätten ein tatsächliches Spiegelbild der gesellschaftlich Chancenlosen
erhalten. Das Interessante war, dass wir eine Erfolgsquote von 80 Prozent erreichten, 80 Prozent konnten in eine Berufsausbildung über-
wechseln, absolute 70 Prozent sogar ins zweite Ausbildungsjahr. Das
zeigt, welche Bildungskraft Betriebe haben, insbesondere Ausbil-
dungsabteilungen und ganz besonders, wenn die Ausbilder über so
viel soziale Kompetenz verfügen, auch diese sogenannten Problem-

jugendlichen zu betreuen. Wir hatten immerhin seit Jahren in die Philosophie »Lernprozessbegleiter statt Ausbilder« investiert. Das war das Werk von Joachim Kohlhaas, Leiter der Telekom Berufsausbildung: ein knorriger Ausbildungschef mit Herz und strategischem Verstand. Fast 30 Jahre nach meinen eigenen Ausbildungsexperimenten zum gleichen Thema hatte Kohlhaas den Arbeitgeberpreis für sein Konzept erhalten. Wie schön für ihn! Wie kläglich für die anderen Berufsausbildungsbereiche in diesem Land!

Alles in allem bin ich im Nachhinein sehr zufrieden, dass mir die Anstöße zu solchen umfangreichen Prototypen anderer, nicht herkömmlicher Formen von Talentpolitik in meinen letzten Telekom-Jahren gelungen sind. Bei allen diesen Projekten, inklusive der Frauenförderung, habe ich das übliche Prinzip der »Leuchttürme«, der Pilotprojekte, von vornherein abgelehnt. Ich habe immer gesagt, Leuchttürme sind Türme, denen die Menschen den Rücken zukehren. Sogenannte Leuchtturmprojekte sind meist nur kleine Versuchsanordnungen mit einer überschaubar kleinen Anzahl Menschen. Ich hingegen wollte immer eine kritische Masse erzeugen, die ein anderes, neues Klima im gesamten Unternehmen zu erzeugen vermag. Das ist der fundamentale Unterschied, wenn es darum geht, Veränderungen einzuleiten. Leuchttürme mit ihren kleinen Suchscheinwerfern erzeugen noch keine Veränderung, sondern bleiben Alibi für die Status-quo-Sicherung.

Insofern bin ich vielleicht für viele Wirtschaftsvertreter ein bedrohliches Lernmodell. Ich habe bewiesen, dass etwas funktioniert, was andere bisher immer als undenkbar und nicht machbar deklariert hatten. Von Tabus habe ich mich ohnehin nie abhalten lassen. Hielt ich eine Idee für richtig, habe ich sie über viele Jahre verfolgt, bis mir irgendwann einmal Ort und Zeit günstig erschienen, diese Idee breit umzusetzen. Die meisten Erfolge sind weniger einer einmaligen guten Idee, sondern vielmehr der Beharrlichkeit und Systematik im Verfolgen dieser Idee geschuldet.

Nach dem »Gesunden Unternehmen« und den Großarchitekturen »Talentbiotop« beziehungsweise »Faires Unternehmen« war mein letztes großes Telekom-Projekt die »Telekom School of Transformation«. Ein Projekt, das der Telekom-Vorstand vor wenigen Monaten erst offiziell beerdigt hat. Schon deswegen, weil meine Nachfolgerin Marion Schick nichts zum Erfolg auf die Beine gestellt hatte. Diese Telekom School sollte hierarchielos sein, sie sollte offen sein für alle gesellschaftlichen Milieus auch außerhalb der Firma, sie sollte eingebettet sein in deren Trends und Dispute – auch nach dem Motto »Bürger entwickeln Telekom mit«. Also Formate, bei denen Bürger aus ihrer Perspektive die Unternehmensentwicklung der Telekom mitdiskutieren. Sie sollte ein richtiger Innovationsmotor sein für die Telekom, die im Festnetz- und Mobilfunksektor nur noch im Verdrängungswettbewerb steht. Diese Initiative sollte neue Geschäftsmodelle entwickeln und neue Geldquellen der Zukunft erschließen helfen: durch Transformation von Geschäftsmodellen, Führung und Arbeitswelt. In dieser Telekom School of Transformation hätten wir den kritischen Geistern, den Querdenkern so eine Art »Club der toten Dichter« eröffnet, wie in jenem gleichnamigen amerikanischen Spielfilm von Peter Weir. Darin ermuntert der Lehrer John Keating alias Robin Williams seine Schüler mit ungewöhnlichen Methoden zu freiem Denken und selbständigem Handeln. Zudem sollte ein Netzwerk der »Service-Maniacs«, der »Serviceverrückten«, aufgebaut werden, Menschen als wandelnde Litfaßsäulen, ähnlich wie mein Konzept bei der Lufthansa unter dem Rubrum »Humans as Brand«.

Das sollte – so wie in der Lufthansa School of Business – keine esoterische Übung werden, sondern im Quantensprung zum disruptiven Wandel des Unternehmens Telekom beitragen. Dahinter steht ein umfassendes Theorie- und Praxiskonzept, wie nach dem episodischen Wandel der siebziger und achtziger Jahre der kontinuierliche Wandel die letzten beiden Jahrzehnte überlagerte. Jetzt ist zusätzlich der disruptive Wandel mit seinen sprunghaften, unerwarteten und revolutionären Entwicklungen und Zerstörungen alter Strukturen zu bewältigen. So stellte John McCann, damaliger Dean des Davis College of Business an der Jacksonville University, in seinem Buch *Changing Environments* drei Formen des Wandels für Unternehmen heraus:

Wandel, 1. Ordnung: Episodische Veränderungen. Wandel ist die Ausnahme und kontrollierbar, abfederbar durch Einbau von Redundanzen etwa durch Lagerhaltung, Personalreserven bei Produktneueinführungen oder durch Notfallaggregate. Das war auch meine Erfahrung als junger, damals 40-jähriger Manager. Später kam dann der Einsatz von Leih- und Zeitarbeit bei Bedarfsspitzen hinzu.

Wandel, 2. Ordnung: Kontinuierliche, inkrementelle, also schrittweise Veränderungen. Wandel ist ein stetiger Begleiter, eine Konstante und deswegen beherrschbar durch Öffnung der Organisation, durchs Entfernen von Grenzen und Barrieren, etwa durch konstante Quoten von Leiharbeitern, durch Outsourcing und Offshoring, auch durch Übernahmen und Fusionen oder strategische Allianzen.

Wandel, 3. Ordnung: Der ist disruptiv, also zerstörerisch, indem er Märkte und bisherige Gesetzmäßigkeiten hinwegfegt, die bisher als unumstößlich galten. Der disruptive Wandel erschüttert ganze Branchen, Geschäftsmodelle und Wirtschaftskulturen. Ganz wie es der österreichische Ökonom Joseph Schumpeter als »Prozess einer industriellen Mutation« beschrieb, »… der unaufhörlich die Wirtschaftsstrukturen von innen heraus revolutioniert, unaufhörlich die alte Struktur zerstört und unaufhörlich eine neue schafft«.

Die Telekom stand und steht inmitten solcher Veränderungen dritter Ordnung. Eingeklemmt zwischen Kabelbetreibern und klassischen Wettbewerbern wie Vodafone einerseits und Internetgiganten wie Apple und Google andererseits. Dabei könnte, so meine Hypothese, ein soziales Laboratorium wie die Telekom School of Transformation mit Hilfe und Rat unterstützen.

Wie es in einem Artikel des Berliner *Tagesspiegel* vom Februar 2011 noch hieß: »›Verbessern, verändern, erneuern‹ – mit diesen Schlagworten kündigte Konzernchef René Obermann im vergangenen Jahr einen Strategiewechsel bei der Deutschen Telekom an. Um den Wandel des Unternehmens hin zu neuen Produkten und besserem Service zu unterstützen, hat der Vorstand beschlossen, in Berlin die ›Telekom School of Transformation‹ zu gründen. Den Zweck der hauseigenen Universität beschreibt ein Unternehmenssprecher so: ›Die Telekom School of Transformation soll ein international ausgerichtetes Zentrum des Konzerns als Nukleus zur Weiterentwicklung der Unternehmenskultur werden.‹ Wie genau dieses Zentrum aussehen, wer und wie viele Menschen dort arbeiten und wer dort etwas über Unternehmenskultur lernen soll, all das wird von den Mitarbeitern von Telekom-Personalvorstand Thomas Sattelberger in Bonn noch diskutiert. Jedenfalls geht es offenbar um mehr als ein neues Zentrum für Aus- und Weiterbildung. Nur so viel will der Telekom-Sprecher verraten: ›Etwas Vergleichbares gibt es in Europa noch nicht.‹«

Etwas Vergleichbares gibt es tatsächlich bis heute in Europa nicht. Aber ich habe offenbar den Fehler begangen, diese Telekom School of Transformation noch anzustoßen, als ich schon absehen konnte, dass mir die Zeit bis zu meinem geplanten Ausscheiden davonzulaufen drohte. Ich hatte mich allerdings gegenüber René Obermann verpflichtet, dieses Projekt auch nach meinem Ausscheiden noch erfolgreich zu Ende zu führen. Doch so weit kam es nicht mehr. Meine Nachfolgerin Marion Schick wollte das nicht und hat ihre Granatwerfer auf alle Relikte der Sattelberger-Vergangenheit gerichtet, ähnlich wie die Taliban, die 2001 die größten Buddha-Statuen der Welt im afghanischen Tal von Bamiyan vernichteten. Das ist übrigens legitim. Kreative Zerstörung ist in Marktwirtschaften immer angesagt, doch dann ist auch Neukreation gefordert. Wenn die allerdings ausbleibt, dann ist nur Geschichte zerstört und nichts Zukunftsgestaltendes an deren Stelle gesetzt worden. Viele Zeitgenossen werden sich spätestens an dieser Stelle fragen, warum ich die Telekom 2012 verlassen habe. Dazu muss ich ein wenig ausholen. Mich hatte ja schon bei meinem Wechsel von der Continental AG zur Telekom die Herausforderung gelockt, in den nächsten fünf Jahren noch den »Nanga Parbat« erklimmen zu können. Schon seit jeher folgte ich in meiner Lebens- und Karriereplanung einem Muster, das darauf ausgerichtet war, jeweils die nächsten fünf bis zehn Jahre in den Blick zu nehmen.

So war es auch bei der Telekom. Ich habe daher bereits im Frühjahr 2010, kurz nachdem ich öffentlich die Einführung der Frauenquote verkündet hatte, René Obermann und dem Aufsichtsratsvorsitzenden Ulrich Lehner gesagt, dass ich im Mai 2012, also nach Auslaufen meiner fünfjährigen Vertragslaufzeit, aufhören wolle. Einerseits hat mich meine langfristige Lebensplanung zutiefst beschäftigt. 2012 würde ich 63 Jahre alt sein, und ich wollte in eine neue Lebensphase eintreten, die ich noch einmal ganz anders gestalten wollte, außerhalb der Einbindung in Konzernzwänge.

Ich hatte eine Dekade voller neuer Themen und Projekte vor Augen, vielleicht sogar neue politische Erfahrungen. Andererseits litt ich damals unter Kreislaufproblemen, Übergewicht und zeitweise auch richtiggehend unter Erschöpfung. Meine Blutdruckwerte schwankten erratisch mit Spitzen in nicht mehr tolerablen Höhen. Mir war klar: Im herkömmlichen Unternehmenssystem würde ich mich nicht verändern, da ich mich weiterhin im Hamsterrad bewegen würde. Ich musste raus. Dazu kam noch ein dritter, ganz pragmatischer Grund. Als Vater der Frauenquote würde ich über kurz oder lang eine mediale Diskussion vom Zaun brechen nach dem Motto »Jetzt hat der Alte zwar die Frauenquote bei der Telekom eingeführt, aber Sattelberger bleibt natürlich auf seinem Vorstandsstuhl kleben«. In dieser Gemengelage von Zukunftsvision, Gesundheit und Realpolitik war für mich klar, dass ich gehen wollte.

Lehner und Obermann nahmen meinen Entschluss erst einmal relativ gelassen hin, es waren von 2010 an noch zwei Jahre Zeit, und in dieser Zeit könne noch allerhand geschehen, dachten sie sich. Mit einem Personalberater habe ich zunächst eine große Marktanalyse vorgenommen, damit Lehner und Obermann mit gutem Vorlauf zumindest einen Überblick gewinnen sollten, wer für meine Position infrage käme. Auf dem Tableau fanden sich Namen, eingeteilt in verschiedene Kategorien: 1. die Etablierten; 2. die Talente aus der zweiten Reihe; 3. internationale Kandidaten; 4. Quereinsteiger aus anderen Bereichen wie Politik, Wissenschaft, Forschung und 5. verrückte Ideen. Unter Letzteren subsumierten wir Überraschungskandidaten.

Mit diesem Tableau bin ich zu René Obermann marschiert. Im weiteren »Vorfühlprozess« stellte sich heraus, dass einige der interessantesten Persönlichkeiten dezent absagten und andere, die ebenso interessant gewesen wären, nicht verfügbar waren. Dann gab es einige unter unseren Vorschlägen, bei denen wiederum Obermann den Daumen senkte. Letztlich muss der Vorstandsvorsitzende mit seinem Aufsichtsratsvorsitzenden die Entscheidung treffen, wen er gerne in seinem Vorstand sähe.

Es wurde indes immer klarer, dass diejenigen, die man gerne in den Telekom-Vorstand gebeten hätte, entweder nicht wollten oder nicht konnten. Übrigens fand sich auch Marion Schick auf dieser Erstwahlliste, aber damals, Ende 2010, war sie noch nicht einmal ein Jahr als Kultusministerin im Kabinett des baden-württembergischen CDU-Ministerpräsidenten Stefan Mappus tätig gewesen und zeigte ebenfalls keinerlei Wechselambitionen.

Eines Tages kam René Obermann in mein Büro und sagte: »Lieber Thomas, Ulrich Lehner hat die gleiche Frage gestellt, die ich mir auch stelle: Du bist doch überhaupt nicht zu alt, um zu gehen.« »Nein«, sagte ich, »das nicht. Aber ich habe mich innerlich entschieden, meine Lebensbiografie anders, außerhalb der Telekom weiterzuschreiben.« Jedoch, versicherte ich Obermann, bevor wir wirklich niemanden als Nachfolger für mich fänden beziehungsweise die Gewerkschaft ver.di den Posten wieder mal für sich reklamiere, lasse ich mich für ein weiteres Jahr in die Pflicht nehmen. Wir könnten dann gerne einen Vertrag über zwei Jahre vereinbaren, damit ich öffentlich nicht als »lame duck« dastehe, aber nach einem Jahr ginge ich endgültig.

Im März 2011 hat Stefan Mappus die Landtagswahl in Baden-Württemberg verloren, Grün-Rot kam in Stuttgart an die Regierung, und Marion Schick war sozusagen über Nacht wieder frei für neue Aufgaben. Sie wurde dann über den Präsidialausschuss des Telekom-Aufsichtsrats nominiert und schließlich auch gewählt und als Personalvorstand installiert.

Außer den Randbemerkungen, die ich kurz zuvor schon über Marion Schick habe fallen lassen, möchte ich mich nicht ausführlicher über meine Nachfolgerin äußern. Da wäre nur noch eine Sache, die mich seinerzeit ziemlich empört hat. Ich habe eben aus Rücksichtnahme auf mögliche Anwürfe, ich würde mich nach wie vor bei der Telekom einmischen, meine ehemaligen Führungskräfte erst eineinhalb Jahre nach meinem Ausscheiden zu einem Abendessen in ein Bonner Restaurant eingeladen. Zumal ich im Mai 2012 bis zum letzten Tag vor meinem Ausscheiden Tarifverhandlungen geführt und kaum Zeit gehabt hatte, persönlich Adieu zu sagen. Das wollte ich schlicht und einfach mit diesem Abendessen bei einem guten Italiener in engerem Kreis nachholen. Man lässt die guten und netten Kontakte ja nicht einfach abrupt und schnöde abreißen, weil man nicht mehr Mitglied des Konzerns ist. Hinterher musste ich erfahren, dass Marion Schick jede und jeden meiner etwa zwölf Gäste zu einem Vieraugengespräch einbestellt und ihnen Loyalitätsbruch vorgeworfen hat.

Als mir das zu Ohren kam, fragte ich mich, ob die Politik, auch die Mappus-Politik, Menschen vielleicht in einer Weise konditioniert, dass sie anderen nicht mehr trauen. Ganz nach dem alten Kalauer über die parteipolitischen Steigerungsformen von Gegnerschaft: »Feind, Todfeind, Parteifreund.« Der Verlust an Vertrauen in Menschen ist gefährlich, er läuft dem Anspruch und der Notwendigkeit zutiefst zuwider, die Menschen für die eigenen Pläne und Ziele, für Aufbruch und Veränderung zu gewinnen. Das gilt übrigens für Männer wie für Frauen gleichermaßen. Es war bitter, diese Entwicklung von außen mitzuverfolgen, wie ich es ja schon einmal bei der Lufthansa erleben musste. Aber man ist eben nur für das verantwortlich, was man selbst gestalten kann, darf und will.

Im April 2014, nach nicht einmal drei Jahren im Vorstand, verließ Marion Schick wieder die Telekom. Offiziell hieß es »aus gesundheitlichen Gründen«. In der *Wirtschaftswoche* war damals zu lesen: »Aber bei der Telekom wird schon länger darüber debattiert, ob die Managerin der Aufgabe gewachsen war.«

Kapitel 6

2012 ff.: Im aktiven Unruhestand

ZUKUNFT GESTALTEN – JENSEITS DES HAMSTERRADS IN CHEFETAGEN

Wenn es nach Veränderung riecht, bin ich nach wie vor zur Stelle: Der Ausbruch aus deutscher Innovationsstarre – ökonomisch, sozialpolitisch, gesellschaftlich – ist überfällig. Wir brauchen dazu eine neue APO! Aber eine andere: toleranter, netzwerkartiger, koalitionsfähiger, digitaler

Meine letzten vier Monate bei der Telekom waren nicht anders als die vorangegangenen 56 Monate. Ich hatte beschlossen, bis zum Schluss so zu arbeiten, wie ich es immer getan hatte. Ich wollte das Zepter bis zum letzten Tag in der Hand behalten, zumal ich als Vorstandsmitglied die Verantwortung trug, die nicht teilbar ist. »Lame duck« zu sein, war für mich ein unerträglicher Gedanke. Zudem standen noch schwierige Tarifverhandlungen bei der Telekom an, die ich selbst zu Ende bringen wollte. Schon deswegen, weil ich prognostizierte, dass das Ergebnis für den Arbeitgeber Telekom nicht so toll ausfallen würde. Das vertreten zu müssen, wollte ich meiner Nachfolgerin Marion Schick ersparen.

Das tarifpolitische Umfeld sah für die Telekom seinerzeit nicht rosig aus, zumal um den Konzern herum inzwischen hohe Abschlüsse getätigt worden waren. Die Beschäftigten im öffentlichen Dienst zum Beispiel hatten gerade eine unfassbar hohe Gehaltssteigerung ergattert: 6,3 Prozent schrittweise über zwei Jahre. Ich wollte es also auf meine allemal belastbaren Schultern nehmen, einen zwar realistischen, aber für die Telekom-Controller nicht besonders schmackhaften Tarifvertrag auszuhandeln. Ich entschied mich, die erste von drei verschiedenen Tarifverhandlungen, nämlich die für die 50 000 Beschäftigten in den Zentralbereichen der Telekom und ihren Dienstleistungsuntergliederungen, noch federführend zu übernehmen, habe auch noch die letzten Verhandlungsrunden geleitet – bis zum Tarifabschluss an meinem letzten Arbeitstag. Wir hatten schließlich einen Schlichter berufen, in diesem Fall Hamburgs ehemaligen Ersten Bürgermeister Henning Voscherau. Wie gesagt, am 2. Mai 2012 war der Tarifabschluss schließlich unter Dach und Fach.

Ich bin dann in meine kleine Zwei-Zimmer-Wohnung in Bonn zurückgekehrt, habe den letzten Rest meiner Utensilien zusammengepackt, von Anzügen bis zur Zahnpastatube, bin mit Sack und Pack nach Hause, nach München, geflogen – und das war es dann nach fünf Jahren Personalvorstandstätigkeit für die Telekom. Schon deswegen gab es auch keine Möglichkeit, eine kleine Abschiedsfeier für den engsten Kreis meiner Mitarbeiterinnen und Mitarbeiter auszurichten, nachdem mich Aufsichtsratsvorsitzender Ulrich Lehner bereits Wochen zuvor in großem Rahmen gewürdigt und verabschiedet hatte. Weswegen ich zumindest für meinen engsten Führungskreis eineinhalb Jahre später – wie im vorangegangenen Kapitel erwähnt – noch einmal in ein Bonner Restaurant einlud.

Lehner war übrigens über all die Jahre ein Aufsichtsratsvorsitzender, der nicht schurigelte oder eng kontrollierte, sondern schwierige Situationen oft mit rheinischem Humor löste, aber trotzdem – oder gerade deswegen – die Zügel in der Hand behielt. Ich werde zwei Situationen nie vergessen. Die erste, als Lehner anerkennend würdigte, dass mein Einstecktuch eine leicht andere farbliche Tönung besaß als meine Krawatte. Wir waren eben beide »Spezialisten des Habitus«. Die zweite Situation war die, als er mich bei einer sehr langwierigen Präsentation der Personalplanung 2011 unterbrach und mich schlicht fragte, auf welche wenigen strategischen Probleme die Planung Antworten liefern solle. Ulrich Lehner *lebt* das Wissen, dass man noch so viel Territorium besitzen kann und trotzdem ohne Landkarte hilflos ist.

Nun aber zu den ersten drei Jahren nach meinem Telekom-Ausstieg. Diese Phase, so dachte ich, hätte ich exzellent vorausgeplant. Schon Jahre zuvor hatte ich eine ganze Reihe gesellschaftspolitischer Initiativen mit vorantreiben geholfen. Verantwortungsbewusste zivilgesellschaftliche Engagements sind neben Aufsichtsrats- und Beiratsmandaten wichtige Säulen eines Lebensphasenkonzepts nach der aktiven Managerzeit. Sonst lägen Talent und Netzwerkkapital brach. So war ich schon früh Mitbegründer der »Selbst GmbH« unter anderen mit Werner Then vom Bund Katholischer Unternehmer, der leider 2003 früh mit nur 72 Jahren verstorben ist. Eine Organisation Personalverantwortlicher, die, so hatte ich mir das gedacht, mittelfristig Teil eines breiteren Bündnisses fortschrittlicher Kräfte am System und im System Arbeit werden könnte. Diese Idee wächst und gedeiht.

Ferner habe ich von 2008 an die Initiative »MINT – Zukunft schaffen« ins Leben gerufen und mitgestaltet, als deren Vorstandsvorsitzender ich bis heute amtiere. 2007 schon hatte ich dem damaligen BDA-Präsidenten Dieter Hundt einen Brief geschrieben, dass die ganzen Anstrengungen der deutschen Wirtschaft hinsichtlich Fachkräftenachwuchses und besserer Bildung auf den MINT-Feldern gebündelt, vermarktet und systematisch vorangetrieben werden müssten. Damals vor allem, was die Verhinderung hoher Studienabbrecherzahlen und die Erhöhung von Studienbewerbern für die MINT-Fächer (Mathematik, Informatik, Naturwissenschaften, Technik) betrifft. So gründeten wir Anfang 2008 diese bundesweite Initiative. Schon 2012 hatten wir mehr als 10 000 aktive Botschafterinnen und Botschafter, junge Mathematiker, Ingenieure, Informatiker, Chemiker, Physiker, auch viele ältere Expertinnen und Experten, die die Begeisterung für MINT in die Schulen trugen. Heute sind es schon mehr als 15 000. Obendrein hatten wir damals schon 400 MINT-freundliche Schulen zertifiziert, die nach einem dreistufigen Auswahlprozess bewiesen hatten, dass sie sich dem drängenden Zukunftsthema Deutschlands bewusst und engagiert stellen. Heute sind es schon über 900. Dieses Netzwerk florierte also schon, als ich in die Phase meines »Unruhestands« hinüberwechselte. Das übrigens als ganz kleines Team mit unserer Geschäftsführerin Ellen Walther-Klaus, einer aufopferungsvollen, begnadeten Netzwerkerin, und wenigen weiteren Überzeugungstätern. Welche Dynamik und Skalierung Netzwerke doch durch Impulse einiger weniger entfalten können!

Das nächste große Vorhaben fand ich in der »INQA – Initiative Neue Qualität der Arbeit«. Schon vor meinem Ausscheiden sprachen mich Verantwortliche aus dem Bundesarbeitsministerium (BMAS) an, ob ich nicht Interesse hätte, mich in dieser Netzwerkinitiative zu engagieren. INQA geht es darum, die Wettbewerbsfähigkeit insbesondere des Mittelstandes durch gute Personalarbeit zu entwickeln und auszubauen. Diese Initiative ist richtig gut gediehen und gewachsen in den vergangenen Jahren seit 2012. Ein leistungsstarkes und begeistertes Team im BMAS ist Motor dieser Initiative, die ihre geistigen Wurzeln in den siebziger und achtziger Jahren hat, als die Humanisierung der Arbeit in der damals fordistischen Arbeitswelt zentrales Thema war.

Sodann hatte mich die Staatssekretärin im damals von Annette Schavan geleiteten Bundesbildungsministerium, Cornelia Quennet-Thielen, angesprochen, ob ich den Vorsitz im Beirat des 2011 eingeführten Deutschlandstipendiums der Bundesrepublik Deutschland übernehmen wolle. Diese Aufgabe hat mich insofern sehr gereizt, als eine Geber-, Förder- und Mäzenatenkultur in Deutschland sehr unterentwickelt ist. Ich sah eine Chance, dass sich mit diesem neuen Ansatz Hochschulen sehr viel stärker ihrem gesellschaftlichen und wirtschaftlichen Umfeld öffnen könnten.

Allesamt also großartige Initiativen, in denen ich meine Kompetenz, mein Organisationsvermögen und meine zivilgesellschaftlichen Pflichten verknüpfen konnte – und meine Netzwerkkontakte halfen.

Aber in Sachen Hochschulpolitik taten sich für mich dann auch gewisse Abgründe auf. Stephan Jansen, Präsident der Zeppelin Universität in Friedrichshafen, fragte mich, ob ich bereit wäre, den Stiftungsvorsitz der Universität zu übernehmen. Ein Vorhaben, dem ich mich zunächst sehr gerne anschloss, das ich aber dann früh, nach eineinhalb Jahren, beendete. Die Entwicklung der Universität, ihre Innovationskraft, ihre Attraktion für querdenkerische Studienbewerber, für Stiftungslehrstühle und Donationen bereiteten mir zwar größte Freude. Aber dann fand ich es doch sehr mühselig, mit der Gemeinde Friedrichshafen und ihrem Oberbürgermeister über Pkw-Stellplatzablösesummen in Millionenhöhe und andere, ähnlich seltsame Themen zu diskutieren, und das ein ums andere Mal. Diese endlosen Abstimmungsschleifen, verbunden mit dem Herumreichen des Schwarzen Peters in Sachen Deckung der jährlichen Finanzlücke, übertrafen noch meine bisherigen Erfahrungen mit Konzernbürokratien und hatten nun mit Wissenschaftsförderung nicht das Allergeringste zu tun. Da standen Aufwand – drei Stunden Fahrt an den Bodensee und drei Stunden zurück mit unergiebigen Verhandlungen um Stellplätze – und Ertrag kaum noch in angemessenem Verhältnis. Als zu solchen bürokratischen Querelen auch noch unsachgemäße Interventionen eines Stifters in die Stiftungshochschule sowie Führungskonflikte mit und in der Universitätsspitze dazukamen, dachte ich: Das habe ich als aktiver Unruheständler nicht nötig, solche Querelen aushalten zu müssen. Wenige Monate nach meinem Abschied aus diesem Engagement ist diese sehr gute, innovative private Zeppelin Universität von allerlei größeren Turbulenzen durchgeschüttelt worden. Die nicht zuletzt dazu führten, dass Gründungspräsident Jansen 2014 das Handtuch warf. Eine jahrelange, unterschwellige Unzufriedenheit einer industriell-kleinbürgerlichen Region und ihrer »Würdenträger« mit einem akademisch-innovativen Fremdkörper und einem omnipotenten Freigeist als Präsidenten fand ihr Ventil. Moraldebatten in einer von sich extrem überzeugten, schwäbisch-kleingeistigen Enge können brutal werden. Zum Glück habe ich das nicht mehr persönlich mit ausbaden müssen. Stephan Jansen tut mir

sehr leid, muss er doch für aus meiner Sicht geringe Ungeschicklich-
keiten sowie korrigierbare Defizite in der Menschenführung bitter
büßen.

Mit großer Freude habe ich hingegen begonnen, im *manager magazin*
alle zwei Monate meine Kolumnen zu schreiben. Der damalige Chef-
redakteur Arno Balzer, mit dem mich inzwischen ein persönliches Verhältnis verbindet, hatte mich einmal bei einer Tagung des Verbands
der Betriebswirte erlebt. Da erwiderte ich einem Redner, der sich ellen-
lang über die Moral in Deutschland ausließ sowie über die Rolle der
Betriebswirtschaft und ihrer Lehrer, das Thema sei doch von Reinhard
Mohn und Alfred Herrhausen schon in den siebziger Jahren aufgegriffen worden. Es sei schon sehr verwunderlich, dass die Betriebswirt-
schaftslehre es jetzt erst zu entdecken glaube. Balzer war davon so
beeindruckt, dass er mich bat, Kolumnist fürs *manager magazin* zu
werden – unter dem Leitmotiv und Arbeitstitel: Meritokratie. Diese
Arbeit nimmt mich zeitlich und geistig massiv in Anspruch. Erstens,
weil ich mit spitzer Feder das scharfe Wort führen will, zweitens, weil
ich nicht nur oberflächlich pieksen, sondern auch Einblick in die
Hinterbühnen der Macht gewähren möchte. Alleine hätte ich das nicht
geschafft, doch ein guter Bekannter, der auch journalistisch tätig ist,
hilft mir dabei, meine komplizierten Satzkonstruktionen und komplexen Ideenwelten in handliche und lesbare Texte zu überführen. Ein
Dutzend solcher Kolumnen habe ich inzwischen schon geschrieben.

Manchmal frage ich mich dabei, ob ich nach Beendigung meiner
journalistischen Tätigkeit noch Freunde in der deutschen Wirtschaft
haben werde. Doch die Arroganz und Verblendung von Macht und
Mächtigen aufzuzeigen, war mir seit meinen DASA-Erfahrungen mit
Jürgen Schrempp immer ein Anliegen. Schließlich habe ich es mir
zur Aufgabe gemacht, schonungslos und direkt Fehlentwicklungen,
Auswüchse, systemische Defekte anzuprangern und immer wieder
deutlich zu machen, dass Konzerne zwar stets vorgeben, rein rationale und an der Sache ausgerichtete Gebilde zu sein. Aber zu 49 Prozent Sachlichkeit gesellen sich stets 51 Prozent Machtorientierung. Ich
bekomme zuweilen Leserbriefe von Aufsichtsrats- oder Vorstands-

vorsitzenden, die sich auf der einen Seite bitter beschweren, wenn ich etwas aufgespießt habe, das ihnen nicht zusagt. Aber sich auf der anderen Seite »außerordentlich erfreut« zeigen, dass ich ein bestimmtes Thema aufgegriffen habe. Das scheint mir ein zuverlässiger Gradmesser dafür zu sein, dass die Schläge im Ring auch gespürt werden. Ob das *manager magazin* dauerhaft mein Medium bleiben wird, gilt es für mich weiter zu prüfen. Es ist eine Zeitschrift, die auf den inneren Zirkel der Wirtschaftsführer zugeschnitten ist. Ab und an schreibe ich mittlerweile auch in der *Huffington Post,* einem Online-Magazin mit einer gänzlich anderen, viel breiteren Zielgruppe. Und ich bin ein begeisterter Twitter-Fan @th_sattelberger geworden.

Im internationalen Kontext war ich schon seit Anfang der neunziger Jahre im Board und als Vizepräsident der »European Foundation for Management Development« tätig, einer internationalen Organisation mit Sitz in Brüssel, die sich mit der Akkreditierung von Business Schools und generell mit der Managementausbildung befasst. Hier widmete ich mich bis Mitte 2014 vor allem der Frage, wie wir es schaffen können, die Business Schools dieser Welt zu einer verantwortungsbewussten Manager- und Unternehmerausbildung zu bewegen. Und wie wir es schaffen, dass diese Institutionen nicht nur eine gute Lehre anbieten, sondern auch als Institution verantwortlich agieren. Etwa mit guter Governance, Diversität in Fakultät und Studentenschaft, solider Finanzierung, guter Corporate Citizenship, also gesellschaftlicher Verantwortung. Wenn man nur einmal die deutsche Szenerie mit der skandalgeschüttelten EBS Universität für Wirtschaft und Recht in Oestrich-Winkel betrachtet oder die immer wieder von Finanzkrisen gebeutelte Universität Witten/Herdecke oder den Sanierungsfall in Bremen, heute als Jacobs University firmierend, dann sieht man, wie es um die Verantwortlichkeit dieser Institutionen bestellt ist: nicht gut. Das gilt natürlich auch in größerem, allerdings anderem Maßstab für die angelsächsischen Institutionen wie Harvard Business School, INSEAD oder die London Business School. Sie sind nur noch Propagandamaschinen für einen ungezügelten Shareholder-Value-Kapitalismus, für rücksichtsloses Change Management und exzessive Instrumentalisierung von Menschen. Diese Board-Aufgabe in der »European Foundation for Management Development« (EFMD) habe ich unlängst zugunsten einer globalen Initiative als Board-Mitglied der »Globally Responsible Leadership Initiative« (GRLI), einer gemeinsamen Gründung von EFMD und »American Association of Collegiate Schools of Business« (AACSB) aufgegeben. Jetzt verfolge ich das gleiche Thema mit besseren, einschlägigeren Einflussmöglichkeiten.

Alles in allem war ich also durch meine früh begonnenen Projekte gut gerüstet für die nächste Dekade außerhalb des Hamsterrads. Aus der Vielzahl dieser politischen und zivilgesellschaftlichen Engagements würde sich, so mein Kalkül, auch für mich ein persönlicher Konsolidierungsprozess herausschälen. Ich hatte auch in meinem Konzernarbeitsleben stets die Devise verfolgt: Lieber zwölf Pferde ins Rennen schicken, von denen dann sieben ankommen, anstatt mit fünf starten und mit nur zweien durchs Ziel gehen. So kam es dann auch.

Herauskristallisiert haben sich für mich einige Handlungsschwerpunkte. Am wichtigsten ist mir die Weiterentwicklung von »MINT-Zukunft schaffen«. Inzwischen zählen wir, wie eingangs bereits erwähnt, 15 000 Botschafter, haben bis Ende 2014 immerhin schon über 900 MINT-freundliche Schulen von 16 000 allgemeinbildenden ausgezeichnet – fast sechs Prozent. Dazu hat die Initiative die größte Suchmaschine der Republik eingerichtet, die sich mit anderen Portalen vernetzt hat. Inzwischen können Eltern, Schüler, Lehrer und weitere Interessierte unter 15 000 konkreten MINT-Projekten und Aktivitäten suchen und für sich das Richtige finden.

Doch jenseits solcher quantitativen Fortschritte hat es auch qualitative Weiterentwicklungen gegeben. Mir ist 2010 bewusst geworden, dass es nicht nur darauf ankommt, den akademischen MINT-Nachwuchs zu sichern, sondern dass gemäß der Daumenregel »Ein Ingenieur beschäftigt zwei Facharbeiter« der demografische Wandel und der daraus resultierende Mangel beruflich Qualifizierter das noch größere Problem darstellen. Zudem hatten alle MINT-Initiativen so gut gearbeitet, dass die Herausforderung im akademischen Bereich inzwischen breit akzeptiert ist und sich zunehmend als beeinflussbar gestaltet. Ich habe übrigens – wie schon erwähnt – in diesem Zusammenhang mit dem Vorsitzenden der SPD-Grundwertekommission, Julian Nida-Rümelin, einen engagierten Disput zum »Akademisierungswahn« begonnen. Es kann wohl nicht darum gehen, sozusagen den Teufel mit dem Beelzebub auszutreiben, also zugunsten der dualen Berufsausbildung den Hochschulzugang zu erschweren. Erstens brauchen wir für die weiteren Innovations- und Wachstumsaussichten Deutschlands mehr MINT-Akademiker, insbesondere Informatiker und Ingenieure. Und zweitens ist es wichtig, das Talentreservoir der fast 1,4 Millionen jungen Menschen zwischen 20 und 29 Jahren, die ohne Berufsausausbildung in niedrig qualifizierten Tätigkeiten beschäftigt sind, zu heben. Gleichzeitig müssen die jährlich mehreren Hunderttausend Hauptschulabsolventen beziehungsweise Schulabbrecher, die meist in der Arbeitslosigkeit oder in Ausbildungswarteschleifen landen, aufgefangen werden. Auch sie bilden – wie unser Telekom-Projekt mit jungen Migranten mit Hartz-IV-Hintergrund zeigte – mit ihren zweifellos vorhandenen Talenten nicht nur für Unternehmen auf Fachkräftesuche ein bisher weitgehend unerschlossenes Reservoir, sie sollen sich auch selbst bessere Arbeits- und Lebenschancen eröffnen können. Eine Begrenzung des Studienzugangs bedeutete, die nach wie vor vorhandene soziale Undurchlässigkeit zu zementieren, nach dem Motto »die Universitäten den Bildungsbürgern, die berufliche Ausbildung der Arbeiterschicht«. Und last, but not least: Berufsausbildung und ihre Karriereperspektiven in Unternehmen und Verwaltungen müssen wieder gegenüber einem Studium Vorteile aufweisen, zumindest mit der akademischen Laufbahn gleichziehen. Hier haben sich Unternehmen selbst eine Falle gestellt, als sie begannen, ihr betriebliches Laufbahnsystem voll zu akademisieren.

Meine zweite wichtige Erkenntnis war, dass das Thema Basisinnovation in Deutschland zu kurz kommt. Wir sind ja im Gegensatz zu anderen Wirtschaftsnationen bärenstark im Maschinen- und Anlagenbau, in der Automobilindustrie sowie Spezialchemie. Aber die

Dominanz dieser wenigen Pfade hat zur Konsequenz, dass wir auf dem Gebiet der Informations- und Kommunikationstechnologie, beim Internet, insbesondere bei Geschäftsmodellen des mobilen Internets, und auf dem Gebiet Biotech große Schwächen aufweisen. Doch gerade das sind die Zukunftstechnologien. Deutschlands starke Industrien wurzeln im zweiten und dritten Kondratieff-Zyklus, der Entdeckung und Entwicklung der Elektrizität und Energiegewinnung, und stammen aus den Zeiten eines Werner von Siemens oder eines Gottlieb Daimler. Somit laufen wir hochgradig Gefahr, dass jährlich Zehntausende gut ausgebildeter Ingenieure in den Legehennenbatterien der Automobilhersteller und ihrer Zulieferer verschwinden, in denen ihr Innovationspotenzial gar nicht erst zum Tragen kommt beziehungsweise ausschließlich auf Effizienz- und Rationalisierungsinnovationen im bestehenden Geschäftssystem gerichtet ist. Ich führe da stets gerne jenen jungen Absolventen der Münchner TU ins Feld, der mir erzählte, er sei nun schon zwei Jahre lang damit beschäftigt, den Türgriff am Auto zu gestalten. Als ich dieses Beispiel auf einem Symposion in Berg am See unter dem Motto »Bergperspektiven« zum Besten gab, sagte mir mein früherer Conti-Vorstandskollege Wolfgang Ziebart, heute Technikvorstand bei Jaguar Land Rover in England: »Ja, ja, Herr Sattelberger, ich war auch mal vier Jahre lang nur Bremspedale.« Wie fördern wir eigentlich die Innovationsfreude und das unternehmerische Potenzial junger und auch gereifterer MINT-Absolventen? Das beschäftigt mich sehr. Und noch mehr beschäftigt mich, wie wir das Gründertum neuer MINT-Unternehmen voranbringen können, eben nicht nur das der Samwer-Brüder und ihrer Epigonen, sondern umfassend MINT. Und wie wir die eisige Innovationsstarre großer Konzerne abschmelzen können.
Hinzu kommt mein drittes Anliegen: die aus den USA herübergeschwappte, sogenannte »Maker«-Szene, eine MINT-do-it-yourself-Initiative. Diese Bewegung versammelt Menschen, die zum Beispiel sagen: Ich werfe diesen defekten Kaffeeautomaten jetzt nicht weg, sondern repariere ihn. Und mein Fahrrad gleich dazu. Obendrein könnte die alte Stereoanlage vielleicht auch zu neuem Leben erweckt werden.

Diese Szene reicht bis hin zu Freizeitzentren, in denen man sich von der Fräsmaschine bis zum 3-D-Programm der Werkzeuge bedienen kann und dabei von Coaches im Gebrauch unterstützt wird. Dieses US-Konzept unter dem Label »TechShop« wurde vom Zentrum UnternehmerTUM der Technischen Universität München nach Garching geholt. Dort entsteht auf Tausenden von Quadratmetern ein Tech-Shop, und ich bin Schirmherr dieses Projekts.

In Deutschland gibt es bereits eine Vielzahl solcher naturwüchsig entstandenen Zentren, natürlich kleiner, die mal als »Haus der Eigenarbeit«, »Werkstatthaus« oder »Reparatur-Café« firmieren. Wir haben jetzt die Namen »MINT-Garage« und »MINT-Maker« patentieren lassen. Daraus glauben wir, eine Bewegung vernetzen und anschieben zu können, in der Technik, Community und Vergnügen in einem nicht durch formelle Schule geprägten Raum zusammentreffen und unternehmerische MINT-Kompetenz und -Lust fördern.

Viertens beschäftigt mich im Rahmen der MINT-Initiative intensiv das Thema Migranten. Da haben wir allerdings ziemlich leidvolle Erfahrungen gesammelt: Es ist extrem schwierig, zumindest über Migrantenvereinigungen mit jungen Leuten ins Gespräch über die Chancen und die Zukunftsträchtigkeit technisch-naturwissenschaftlicher Ausbildung zu kommen. Dabei zielen die Bestrebungen von »MINT – Zukunft schaffen« gerade auch darauf ab, Bildungskarrieren für Menschen aus bildungsärmerem Umfeld zu ermöglichen. Gibt es eigentlich in Deutschland keine Migranteninitiative, die uns dabei unterstützen möchte? Soweit wir festgestellt haben, leiden diese Initiativen oft unter kümmerlichen Ressourcen und Ausstattungen, getragen im Wesentlichen von ehrenamtlichem Engagement in dieser angeblich so offenen deutschen Gesellschaft. Das hindert uns aber nicht daran, unser Anliegen weiter systematisch zu verfolgen.

Schließlich und nicht zuletzt wollen wir dem MINT-Lehrermangel zu Leibe rücken. Den gibt es definitiv, wie viele Schulen zu beklagen wissen. Aber davon abgesehen gibt es im kulturföderalen Deutschland keinerlei Statistiken darüber, wie viele Lehrer in welchen Fächern genau fehlen und wie eine adäquate Personalplanung für die Zukunft der Zunft aussehen müsste. Es existieren lediglich Schätzwerte darüber, dass mit steigender Tendenz derzeit rund 40 000 Lehrkräfte, vor allem in MINT-Fächern, auch und gerade an Berufsschulen fehlen, und dass die entsprechende Ressourcenausstattung der Schulen miserabel ist. Dazu haben wir ein nationales MINT-Lehrer-Forum ins Leben gerufen, woraus inzwischen ein eigenständiges Netzwerk von Akteuren unterschiedlichster Lehrerorganisationen entstanden ist, die ihr Aktionsprogramm vorantreiben.

In einem weiteren Kraftakt haben Henning Kagermann, früher Vorstandsvorsitzender der SAP AG und heutiger Präsident von acatech (Deutsche Akademie der Technikwissenschaften), und ich dann das Nationale MINT-Forum aufgebaut. Weit über 20 Stiftungen, Verbände, Akademien und Forschungseinrichtungen sind vereint, um deutlich zu machen, dass Technikbildung und Menschen mit Technikkompetenz sowohl Voraussetzung wie Rückgrat unserer Volkswirtschaft sind als auch zentrale zivilbürgerliche Kompetenz, die zum Verstehen und Gestalten unserer Gesellschaft dazugehört. Wir veranstalten jährlich den »Nationalen MINT Gipfel« und erarbeiten Positionierungen zur MINT-Lehrerausbildung bis hin zur Gestaltung von MINT-Regionen. Unsere Stimme wird zunehmend im politischen Raum gehört und geschätzt.

Auf meinem zweiten großen Betätigungsfeld, INQA, ist eine interessante Entwicklung zu verzeichnen. INQA findet seine geistigen Wurzeln in den Humanisierungsprojekten, die in den sechziger und siebziger Jahren vom damaligen Bundesforschungsminister Hans Matthöfer in die Wege geleitet wurden. Der spätere Wirtschafts- und Arbeitsminister Wolfgang Clement hat diese breiten, aber unter dem Druck der Shareholder-Value-Doktrin erodierenden Ansätze dann überführt in die »Initiative Neue Qualität der Arbeit«. Diese war allerdings in die Jahre gekommen und musste zum Teil auch als Instrument von Partei- oder Verbandspolitik herhalten. Dann haben sich einige tüchtige Experten aus dem Bundesarbeitsministerium 2011 zusammengesetzt und einen Neustart der Initiative gewagt. Anfangs im großen Sitzungsraum des BMAS (Bundesministerium für Arbeit und Soziales), wo es erst mal zuging wie bei Tarifverhandlungen. Die »Bänke« der Arbeitgeber und Gewerkschaften saßen sich misstrauisch gegenüber und betrieben Verhandlungspoker. Und vier inhaltlich getriebene »Themenbotschafter«, darunter ich als deren Sprecher, wurden neugierig wie skeptisch beäugt. Inzwischen ist daraus eine vitale und sachlich weiterführende Initiative erwachsen, die zum Beispiel intensiv Aufklärung zu psychischer Gesundheit und Belastung betreibt oder Denklabore zum Thema »Führung der Zukunft« veranstaltet.

Ein ganz spannendes Projekt hierzu hat Peter Kruse, geschäftsführender Gesellschafter der nextpractice GmbH Bremen im Auftrag von INQA unternommen. Er führte mehr als 400 Tiefeninterviews mit Führungskräften aller Betriebsgrößen jedweden Alters und jeglicher Hierarchiestufe. Dabei fand er heraus, dass mehr als 70 Prozent der Führungskräfte heute schon ganz andere Modelle der Menschen- und der Unternehmensführung mental mit sich herumtragen, als sie es leben. Sie sind also derzeit noch Gefangene der Realität, aber der Fortschritt ist zumindest schon in ihren Köpfen und Emotionen verankert. Wasser auf meine Mühle: Behaupten doch viele, wie gut Führung in Deutschland sei. Nur dass sie dabei gute Führung mit effizientem technischem Management einer Ingenieurkultur verwechseln, kommt ihnen nicht in den Sinn.

INQA ist inzwischen vielfältig gewachsen: Netzwerkkreise, Akteure und Brückenbauer zu den Unternehmen, aber auch Unternehmen selbst engagieren sich zunehmend. Dabei ist für mich immer wieder etwas frustrierend und erschreckend, aber im Sinne meiner Mission auch anregend und motivierend, wie mittelmäßige oder wenig gute Personalarbeit nicht nur in den Konzernen, sondern auch im Mittelstand betrieben wird. Die Innovationsträgheit im Geschäft korrespondiert mit der Innovationsstarre in Personalarbeit und Arbeitswelt. Und das vor dem Hintergrund, dass der Mensch wegen der demografischen Entwicklung künftig zum Engpassfaktor schlechthin werden wird. Gar nicht zu reden davon, dass jährlich 20 000 Mittelständler die Unternehmensführung aus Altersgründen und wegen Nachwuchsmangels aufgeben. Können wir uns das leisten? Ich meine: Nein!

Das Deutschlandstipendium wiederum hat sich inzwischen von einer Art Paria der Politik in den Anfängen doch ganz gut entwickelt. Die damalige Bundesbildungsministerin Annette Schavan hatte wohl den Mund etwas voll genommen, als sie dereinst als Ziel ausgab, acht Prozent aller Studierenden sollten mit einem Deutschlandstipendium ausgestattet werden. Aber nach den anfänglichen Kinderkrankheiten hat sich das Deutschlandstipendium zu einem respektablen Spieler in der Hochschulstipendienlandschaft gemausert. Das Interessante ist ja nicht nur das Stipendium für die einzelnen Studierenden, sondern dass es sich um ein Konstrukt der »Public Private Partnership« handelt. Das heißt, dass für die Zuwendung jedes privaten Sponsors oder eines Sponsors aus der Wirtschaft der Staat den gleichen Betrag noch einmal drauflegt. Damit sehen wir in Deutschland etwas Neues, nämlich dass Hochschulen beginnen, Brücken in die Gesellschaft und Wirtschaft hinein zu bauen, und dass sich Private – Bürger wie Unternehmen – für Hochschulqualität mit einsetzen. Eine meiner großen Aufgaben war es, einen »Code of Conduct« für Hochschulen zu initiieren und zu Ende zu moderieren, damit sich alle Partner mit dem nötigen Respekt bei diesem altruistisch-egoistischen Thema begegnen.

Langeweile kommt in meinem Unruhestand also keineswegs auf, ganz im Gegenteil. Ich genieße es, »nur« noch in einer 60-Stunden-Arbeitswoche eingespannt zu sein; früher, im Konzernhamsterrad, waren es eher 90 Stunden. Ich werde obendrein noch für eine Vielzahl von Reden und Vorträgen eingeladen, in denen ich vor allem über den nötigen Wandel in der Arbeitskultur spreche, aber auch über die Themen Diversity, insbesondere Frauenquote, über Bildung, Führung der Zukunft, digitale Revolution und Globalisierung – kurz: über die gesamte Themenpalette rund um die Arbeitswelt der Zukunft. Gerade bei diesen, mich zutiefst bewegenden Themen habe ich mir einen Namen gemacht als einer, der zwar aus betrieblich-praktischer Sicht nicht gerade die etwas abgehobenen Visionen eines Richard Sennett, Jeremy Rifkin oder Matthias Horx entwickelt, aber dafür robuste und pragmatische Ideen für eine künftige, digitalisierte

Arbeits- und Wirtschaftswelt und den Weg dorthin anzubieten hat. Dabei beschäftigt mich vor allem das Thema Führung der Zukunft zutiefst. Eigentlich müssten die Hochschulen im Sinne der »Universitas«, der Ganzheitlichkeit, Lernarenen für Selbstführung, Selbstmanagement, Souveränität, Wertorientierung und gemeinsames Lösen von Problemen sein, damit junge Menschen bereits mit jener Gestaltungs- und Reflexionsfähigkeit ausgestattet werden, um in den Unternehmen auf klügere und weisere Art Führungsaufgaben wahrnehmen zu können. Heute lernen sie, wenn überhaupt, gerade mal technisches Projektmanagement und oberflächliche »Soft Skills«. Und ihre Professoren gerieren sich oft mehr als fachliche Genies denn als Pädagogen und Mentoren. Deren Geschwätz über das humboldtsche Bildungsideal kann ich nicht mehr hören, weil sie es selbst nicht leben, sondern nur über äußere Umstände jammern. Die Digitalisierung der akademischen Wissensvermittlung erzwingt im nichtdigitalen Raum einen stärkeren Fokus auf tiefschürfende Reflexion von Sache und Mensch. Das wird sie Mores lehren, und die Guten unter ihnen werden tatsächlich eine Renaissance aufklärerischer und kritischer Bildung gestalten können.

Seit relativ Kurzem erst bin ich zudem Mitbegründer der »Stiftung Nächste Gesellschaft« alias »Next Society Foundation«. Der Begriff stammt von dem namhaften Managementvordenker Peter F. Drucker, der mit der Vagheit dieser Bezeichnung andeuten wollte, dass zwar ein politischer, gesellschaftlicher und ökonomischer Paradigmenwechsel bevorsteht, er sich aber heute noch nicht präzise beschreiben lässt. Drucker hat die Gesellschaft, die umfassend auf den Computer zu reagieren beginnt, vor allem deswegen »Next Society« genannt, weil sie sich in allen ihren Formen der Verarbeitung von Sinn, in ihren Institutionen, Theorien, Ideologien und Problemen von der heutigen Gesellschaft unterscheiden wird. »Next Society« benennt diese nur schemenhaft sichtbaren Umrisse einer neuen Entwicklungsstufe moderner Gesellschaft.

Aus dieser »Stiftung Nächste Gesellschaft«, so stelle ich mir vor, könnte einmal ein geistiger Nukleus entstehen für die intensive, interdisziplinäre Auseinandersetzung von Denkern und Praktikern: Was kann aus uns werden und was müssen wir dafür tun? Mal sehen! Gleichzeitig habe ich den Prozess der Konsolidierung von Initiativen am und im System Arbeit vorangetrieben. Mitte September 2014 haben wir das Memorandum für eine »ZukunftsAllianz Arbeit und Gesellschaft« unterschrieben. In der werden sich erst einmal die Selbst GmbH, die Deutsche Gesellschaft für Personalführung, das Demographie-Netzwerk und der Goinger Kreis als ein Forum, Thinktank und Aktivistennetzwerk zusammenfinden. Ziel ist es, einen größeren Verbund von Akteuren am und im System Arbeit sowie den damit verbundenen gesellschaftlichen Aktionsfeldern wie etwa Bildung oder Migration auf einer Aktionsplattform zu versammeln, sodass sich dort weitaus mehr gesellschaftliche Initiativen und Interessengruppen einbringen können, als es auf den alten Einzelforen mit großer Personalerlastigkeit möglich war. Schon ein weiteres halbes Dutzend guter Initiativen hat Interesse angemeldet. Es handelt sich um eine Art Bündelungsbewegung fortschrittlicher Kräfte in der Wirtschaft und assoziierter Bereiche – wenn man so will: im Muster ähnlich den Sammelbecken zivilgesellschaftlicher Bewegungen.

Dem gesellschaftlichen Fortschritt auf dem Feld der Diversity verschrieben hat sich auch die Bundesstiftung Magnus Hirschfeld, deren neu gegründetem Förderkreis ich seit September 2014 angehöre – neben der früheren FDP-Justizministerin Sabine Leutheusser-Schnarrenberger, der *taz*-Chefredakteurin Ines Pohl und anderen Persönlichkeiten. Die Stiftung will mit ihrem Namen an den deutschen Arzt und Sexualforscher sowie Mitbegründer der ersten Homosexuellenbewegung Magnus Hirschfeld (1868 bis 1935) erinnern. Dazu fördert die Stiftung Bildungs- und Forschungsprojekte, um einer gesellschaftlichen Diskriminierung von Homosexuellen in Deutschland entgegenzuwirken. Beim zweiten Charity-Dinner der Hirschfeld-Stiftung Anfang September 2014 in Berlin nutzte ich ein kurzes Interview auf der Bühne dazu, meine Freude über meine Mitwirkung in der Stiftung auszudrücken, sozusagen als sinnstiftende Fortführung meiner bisherigen beruflichen Diversity-Arbeit, und dass ich die heutige Festveranstaltung zusammen mit meinem langjährigen Lebenspartner Steven sehr genießen würde. Das Publikum reagierte mit tosendem Applaus und Bravorufen. Inszenierte Coming-outs sehe ich mit Widerwillen, als häufig nur den Medien dienendes Spektakel. Für mich war der Berliner Abend der richtige Zeitpunkt und die richtige, passende Gelegenheit.

Es beginnen sich also so langsam in meinen Betätigungsfeldern drei, vier Nuklei herauszuschälen, an denen ich in den nächsten Jahren mit Nachdruck weiterarbeiten möchte. Und das heißt für mich: die Zukunft und gleichzeitig meine eigene Zukunft zu gestalten.

Wie ich die Herausforderungen der Zukunft in Wirtschaft und Gesellschaft sehe?

Ideale, Bilder, Prägungen und Zukunftshoffnungen kollektiver Art sind immer auch ein Spiegel persönlicher Erlebnisse und deren Verarbeitung. Mein Leben ist stets geprägt gewesen von Freiheitsliebe, von Streben nach Souveränität für die freie Entfaltung meiner Talente, von Mitsprache und Teilhabe, vom Willen, meinen Kopf und meine Eigenartigkeit durchsetzen zu können – und diese Optionen auch anderen zu ermöglichen. Insofern sah ich in mir selbst auch immer ein »lebendiges Laboratorium« für Mögliches und Notwendiges und in meinen manageriellen Gestaltungskonzepten immer auch ein »Social Lab« für Mögliches und Notwendiges in Organisationen.

Diese Ambitionen übertrage ich auch auf ein Zukunftsbild von Wirtschaft, Unternehmen und Führung. Ich habe das Bild einer Wirtschafts- und Arbeitswelt vor Augen, in der Meritokratie, Fairness und Freiheit für Talent die entscheidenden Maßstäbe bilden, nicht kalter Egoismus, schieres Machtstreben von Eliten und Exklusion von Talent.

Wenn ich meine mehr als 40 Berufsjahre in Konzernabteilungen und Konzernvorständen Revue passieren lasse, bewegt mich die Frage, wie sich aus meinen Erfahrungen, meinen inkrementellen wie radikalen Veränderungsinitiativen die Brücke in die Zukunft schlagen lässt.

Wie verändert sich Wirtschaft angesichts disruptiver Veränderungsprozesse? »Disruptiver Wandel« meint eine eher sprunghafte, alte Gewohnheiten, Gepflogenheiten, Techniken und Routinen zerstörende Erneuerung von Technologie, Märkten, Produkten, Arbeitswelten, Wirtschaftsstrukturen und Volkswirtschaften. Diesen Wandel können wir überall in der globalisierten Welt betrachten.

Wie müssen sich Unternehmen heute aufstellen zwischen politischen, zivilgesellschaftlichen und eigenen unternehmerischen Interessenlagen? Welche Art von Führung brauchen Unternehmen in Zukunft? Welche Rolle spielen dabei Themen wie Macht, Demokratie und Verantwortung? Wie gelingt es, geschlossene Systeme, die sich dem unaufhaltbaren Wandel nach Kräften verschließen, aufzubrechen und zu transformieren? Oder ist Sterben, Absterben, ein normaler Prozess, schmerzlich, aber unumgänglich?

Zukunft der Wirtschaft

Keine Frage, die Wirtschaft unterliegt seit jeher permanentem Wandel. Der österreichische Nationalökonom Joseph Schumpeter wies schon in den zwanziger Jahren auf jene »schöpferische Zerstörung« hin: Kapitalismus ist Unordnung, die fortwährend durch innovative Unternehmer mit neuen Ideen in den Markt getragen wird. Aus dieser Unordnung entstehen Fortschritt und Wachstum. Wohin aber bewegt sich diese »Unordnung« heute, im zweiten Jahrzehnt des 21. Jahrhunderts? Der Zukunftsforscher Rolf Kreibich formuliert drei Anforderungen an einen Megatrend. Erstens grundlegende Veränderungen im Bereich der menschlichen Sozialentwicklung, zweitens Langfristigkeit mit starken Folgen und drittens eine hohe Reichweite bis hin zur globalen Vernetzung. Dieses Verständnis aufgreifend sehe ich fünf Megatrends, die die Gesellschaft – und in ihr eingebettet Wirtschaft und damit die Zukunft des Systems Arbeit – bestimmen: der gesellschaftliche Wertewandel, die demografische Wende, disruptive Veränderungen durch die Digitalisierung, der Druck zivilgesellschaftlicher und politischer Akteure sowie die Migrations- und »Brain«-Wellen. Diese

Trends stellen zentrale Herausforderungen für Unternehmen und Verwaltungen dar. Der Umgang mit diesen Herausforderungen in einer Arbeitswelt 4.0 wird eine wichtige Antwort auf zentrale Fragen der Entwicklung der Gesellschaft geben.

Den Begriff »Arbeitswelt 4.0« habe ich in Anlehnung an den der »Industrie 4.0« geprägt. Seit Beginn der industriellen Revolution Ende des 18. Jahrhunderts – sozusagen die »Industrie 1.0« – haben sich technische Innovationen stets auch als Treiber sozialen Fortschritts erwiesen.

Der Industrialisierungsprozess begann mit der Einführung mechanischer Produktionsanlagen Ende des 18. Jahrhunderts, als Erfindungen wie der mechanische Webstuhl die Warenfertigung revolutionierten und in Folge die menschliche Handarbeit mechanisierten. Die zweite Stufe der industriellen Revolution – die arbeitsteilige Massenproduktion von Gütern mithilfe elektrischer Energie Ende des 19. Jahrhunderts – begründete die Arbeitswelt 2.0 mit Einführung der Fließbandarbeit in der Blütezeit des Fordismus. Die mündete mit der dritten Stufe der industriellen Revolution Anfang der siebziger Jahre in die Arbeitswelt 3.0 – der Einsatz von Elektronik, Informationstechnologie und die dadurch ermöglichte weitere Automatisierung der Produktion durch Speicherprogrammierbare Steuerungen (SPS) krempelten erneut die Anforderungen an die Arbeit um. Ein signifikanter Teil der »Handarbeit« wurde fortan vielfach von Maschinen übernommen, und die administrative Arbeit wurde computerisiert. Null-Fehler-Kultur, »just in time«, Beseitigung jeglicher Verschwendung waren Ausdruck des Toyotismus, der herausragendsten Ausprägung der Industrie 3.0.

Die Ausbreitung der cyber-physischen Systeme leitet die vierte Stufe der Industrialisierung ein. Die neue Arbeitswelt 4.0 ist aber erst in Schemen erkennbar. Sie kann zur modernen, technikgetriebenen Revitalisierung früherer Humanisierungsansätze, ja zu einer Demokratisierung der Unternehmen führen, sie kann aber auch, und das ist die Schattenseite, die menschliche Arbeit einem neuen, digitalen Taylorismus unterwerfen.

Es hängt davon ab, was Unternehmen aus den neuen Möglichkeiten machen. Unternehmen selbst, zumal gesunde, sind die möglicherweise wichtigsten sozialen und wirtschaftlichen Institutionen der Moderne. In ihnen findet letztlich der Fortschritt statt. Da bin ich mit einem verstorbenen Freund, dem indischen Wirtschaftswissenschaftler Sumantra Ghoshal (1948 bis 2004), einig, der sagte: »Es ist der Glaube, dass die Geschäftswelt – und im Folgeschluss die Investoren und das Management – die Motoren des wirtschaftlichen und sozialen Fortschritts geworden sind. Es ist die Geschäftswelt, die den größten Teil des Wohlstandes eines Landes erzeugt und verteilt, die erfindet, handelt und den Lebensstandard der Menschen steigert. Daher muss die Geschäftswelt eine Kraft des Guten sein.« Diese Überzeugung ließ ihn mit aller Kraft auch die Kräfte des Bösen in der Geschäftswelt und der Führungsausbildung geißeln.

Die Entwicklung hin zum guten, gesunden Unternehmen, das den Fortschritt befördert, kann nicht zuletzt durch eben jene fünf gesellschaftlichen und technologischen Megatrends gestützt oder auch konterkariert werden.

Megatrend 1: Demografischer Wandel. Wenn dieser Wandel nicht in einen gnadenlosen »war for talents«, einen sozialdarwinistischen Verdrängungswettbewerb um Arbeitskräfte ausarten soll und damit zu einem volkswirtschaftlichen Nullsummen- wenn nicht gar Negativspiel, fordert er dazu heraus, diverse Organisationen zu schaffen und damit übersehene, ausgegrenzte, vernachlässigte, also bisher nicht gewünschte Talentsegmente zu öffnen und ihren Potenzialen Freiraum zu geben. Egal ob – klassisch definiert – Migranten, Ältere, Frauen, Menschen mit unterschiedlichstem sozialem und kulturellem Hintergrund, sexueller Identität oder – weiter gefasst – Nerds, Quertreiber, »Verrückte«, Eigenwillige, eben Menschen mit individuellen Unterschieden und Eigenarten. Durch die durch Geburtenrückgang und -stagnation verursachte Knappheit an Talenten verschieben sich auch langsam die Machtverhältnisse auf den Arbeitsmärkten zugunsten der Talentanbieter. Wenn dann Unternehmen, Regionen, Nationen nicht adäquate Anziehungskraft entfalten, werden sie demografisch und geistig und ökonomisch stagnieren, schrumpfen oder gar ausbluten.

Megatrend 2: Migration. »Brain drain« oder »brain gain«? Das ist hier die Frage. Dabei geht es überhaupt nicht darum, aus den Krisenstaaten Europas qualifizierte Einwanderer anzulocken oder Flüchtlinge aufzunehmen, die dann früher oder später nach Beendigung der jeweils nationalen Krisen in ihre Heimatländer zurückkehren. Es geht vielmehr darum, dass dieses Land Deutschland ein »Talentmagnet« wird, dass Menschen also nicht nur aus der Not heraus, sondern wegen unserer wertschätzenden, offenen Talentkultur mit florierender Wirtschaft zu uns kommen, als Wissens- und Kreativarbeiter mit expliziten Ansprüchen. Dieser Trend ist eng gekoppelt mit dem

Megatrend 3: Gesellschaftlicher Wertewandel. Der Wandel der Werte durchzieht natürlich auch die eigene Gesellschaft. Ein ungebrochener Langfristtrend der letzten 20 Jahre ist, dass Menschen in ihrer Einzigartigkeit wertgeschätzt, in ihrer Individualität respektiert werden und ihre Teilhabechancen wahrnehmen wollen. Ich spreche hier nicht von der völlig überschätzten »Generation Y«, sondern von einem Trend der Individualisierung, der alle Generationen in ihrer sozialen Ausdifferenzierung durchzieht. Nicht zuletzt wächst als

Megatrend 4: der politische und zivilgesellschaftliche Druck auf Unternehmen, sich sozusagen »anständig« zu verhalten. Druck seitens der Politik und Parteien, Gewerkschaften, durch zivilgesellschaftliche Organisationen von Amnesty International über Verbraucherschützer bis zu Transparency International, durch Medien, Frauen- wie Migrantenverbände neben vielen anderen. Diese Multi-Akteurs-Community stellt schlicht und einfach klare Erwartungen an eine »gute« Wirtschaft. Sie übt Druck aus und veranlasst Unternehmen, sich gesellschaftlich zukunftsfest zu machen, sei es beim Energieverbrauch, bei der Korruptionsbekämpfung, Förderung von Diversity oder in

Sachen Vergütungstransparenz. Der Managementvordenker Peter F. Drucker hat dazu einmal treffend ausgeführt, dass Unternehmen quasi als »Organe« eines sie umgebenden gesellschaftlichen Umfelds gar nicht ohne die Akzeptanz dieses Umfelds überleben können. Nicht zuletzt werden sie heute dazu gezwungen durch den

Megatrend 5: Digitalisierung. Digitalisierung bedeutet gleichzeitig Entgrenzung: Die Internetökonomie und -welt mit ihren Netzcommunitys, die offen für alle sind, jenseits von Nationalität, Alter, Kultur, Religion oder Geschlecht, prägen die Zukunft. Sie durchpflügen tradierte Geschäfte, ihre Strukturen und Prozesse. Durch die Digitalisierung überschneiden sich die Geschäftsfelder verschiedenster Branchen und Unternehmen – immer mehr Marktteilnehmer müssen ihre althergebrachten Geschäftsmodelle infrage stellen und sich auf die neuen Spielregeln der Digitalökonomie einstellen. Einst erfolgreiche Geschäftsgewohnheiten müssen sich radikal verändern, da sie durch die Digitalisierung in ihrer Existenz infrage gestellt werden: Musik, Film, TV, Energie, Print und Druck, um nur einige Beispiele zu nennen. Neue Geschäftsmodelle und Branchen entstehen, die es noch vor wenigen Jahren gar nicht gab: soziale Medien, Gaming, Suchdienste, Online-Wetten und -Glücksspiel und viele mehr. Auch Bereiche und Geschäftsprozesse, die auf den ersten Blick wenig mit der Digitalisierung zu tun haben, durchlaufen einschneidende und in vielen Fällen schmerzhafte Veränderungsprozesse. Man denke beispielsweise an das Gesundheitswesen (Stichwort »elektronische Gesundheitskarte« und Telemedizin), Infrastruktur und Verkehrssteuerung, Energiewirtschaft, Banken (Stichwort: Online-Payment), Versicherungen (Stichwort: Online-Vertrieb) und natürlich auch Produktionsbetriebe (Stichwort: Industrie 4.0). Und nicht zuletzt die deutsche Vorzeigeindustrie, die Automobilbranche, wird durch das neue »Google-Auto« aufgewirbelt. Die Digitalisierung führt dabei gleichzeitig zu wichtigen Debatten über die Kultur der Privatheit, des Rechts auf Vergessen, des Datenschutzes und der Machtmonopolisierung der neuen Internetriesen wie Amazon, Google oder Facebook.

Diese fünf Trends erfordern geradezu, dass die Wirtschaft dem gesteigerten Öffnungs- und Rechenschaftsbedürfnis, dem Druck zu breiterer Verantwortung und tieferem Engagement entsprechen muss. Sie ist gut beraten, dazu Angebote eines neuen »Social Contract« zu unterbreiten. Fünf Handlungsstrategien scheinen mir dafür erfolgreich:

1. Transparenz ist einer der wichtigen Schlüsselbegriffe. »What gets measured, gets managed, gets shared publicly« – »Was gemessen werden kann, kann gesteuert und schließlich öffentlich gemacht werden.« So die Devise des sogenannten »Nackten Unternehmens«, nackt, egal ob aus der Defensive kommend oder aus eigener Haltung heraus. »No-Secret-Organization« nennen die Internetaktivisten dieses Vorgehen: Offenlegung, Unverfälschtheit und Ehrlichkeit der hybriden externen und internen Kommunikation, der Diskursfähigkeit und Auseinandersetzungskultur. Dies nicht zu beherzigen, wird Unternehmen wie Lidl, Aldi, Murdoch's News Corporation, Samsung und viele andere treffen, die als verschworene Gemeinschaften agieren, sich von der Außenwelt abschotten und glauben, durch ihr Versteckspiel mit der Öffentlichkeit vor ihr geschützt zu sein.

2. Eine aktive Zivilgesellschaft fordert, dass die Wirtschaft der »Triple Bottom Line« gerecht wird, also dreifach, sowohl traditionell den ökonomischen, aber auch ökologischen und sozialen Einfluss von Planungen und Entscheidungen, abwägt. Ökonomischer Autismus ist in einer solchen Dreifachbilanz nicht mehr zukunftsfähig, übrigens genauso wenig, wie das Bruttosozialprodukt noch die Zukunftsfähigkeit einer Nation abzubilden vermag. Banken wie Barclays, Deutsche Bank, UBS, aber auch Unternehmen wie Schlecker, Airports und Luftverkehrsgesellschaften spüren dies schmerzhaft oder gehen daran zugrunde.

3. Die Wirtschaft muss mit allen Interessengruppen in Kontakt treten, bevor diese die Wirtschaft in den Clinch nehmen. Wirtschaftsverbände und Unternehmen müssen als Erste den gesellschaftlichen Dialog oder die Debatte eröffnen. In einer von unzähligen Reizen

und Einflüssen bestürmten Welt, in der Kontexte rapide wechseln, ist das der einzige Weg, um früh Feedback zu erhalten, Trends aufzudecken, Koalitionen zu bilden und Konsens zu schaffen. Energieversorger zum Beispiel zahlen in Zeiten der Energiewende derzeit bitteres Lehrgeld für ihr vormaliges erpresserisches Diktat zur Verlängerung der Laufzeit der Atommeiler.

4. Kein Weg führt an Kollaboration vorbei. Eine Institution allein kann nicht mehr mit eigenen Fähigkeiten ihre großen Herausforderungen lösen: Herausforderungen wie Ressourceneffizienz, Infrastrukturausbau, Energiewende und Bildungspolitik brauchen die Skalierungsfähigkeit der Wirtschaft, die Flexibilität der Bürgergesellschaft und das Mandat der Politik. Die Erfahrungen der Deutschen Bahn AG angesichts der heftigen Bürgerproteste gegen ihr Neubauprojekt »Stuttgart 21« sind dafür ein Signal.

5. Wirtschaft wie einzelne Unternehmen brauchen Diversity-Sensorik und -Reaktion, also die organisationalen Fähigkeiten, alternative Optionen/Zukünfte nicht nur auszudenken, sondern sie im »Hier und Jetzt« in Handeln zu übersetzen, statt im Ernstfall einer Krise plump und einfältig zu reagieren. Sony, RIM, aber auch die alte Swissair sowie regenerative Energieerzeuger wie Conergy und SolarWorld haben dies schmerzlichst versäumt. Die Vielfalt einer Organisation muss noch vielfältiger sein als die Umwelt, in der sie agiert. Dabei hat die Varietät beziehungsweise Vielfalt viele Gesichter: biologische Vielfalt (Ethnie, Geschlecht, Größe, Alter), soziale Vielfalt (soziales Milieu, Bildungsstand beziehungsweise -biografie, Ethik, Religion) oder auch personale Vielfalt (Ideen, Denkmuster, Lebensentwürfe, Lebensformen und die Art und Weise, wie sich Wissen vermittelt). Hier greift das alte Gesetz des Systemtheoretikers William Ross Ashby, wonach Unternehmen nur dann überleben, wenn ihre Komplexität und Varietät mindestens so hoch ist wie die der sie umschließenden Umwelt. Anders dagegen bei Organisationen, deren Strukturen fast bolschewistisch erstarrt sind, deren Dialogfähigkeit zur Umwelt sich auf eine Propagandamaschinerie reduziert, deren Kultur durch und durch ge-

säubert und stromlinienförmig ausgerichtet ist, die Vielfalt nicht erträgt, sondern aussondert und ausschwitzt.

Zukunft der Unternehmen

Schon lange beschäftigt mich die Frage, ob Netzwerkorganisation, Hierarchiearmut, Open Innovation, Diversity, Führung auf Zeit und Kollaboration nur Themen in der Organisations- und Managementliteratur sind, oder ob sie bereits in der Realität angekommen sind. Als ich 2013 und 2014 als Schirmherr des »New Work Award« in der Jury des Ausrichters, der Internetplattform XING, saß, sind mir die Dimensionen von Unternehmen über ihre ökonomische Wertschöpfung und ihre Schaffung von Kundennutzen hinaus erst so richtig bewusst geworden. Und die befanden sich auf genau meiner Wellenlänge, stimmten mit meinen Motivationen und Hoffnungen überein. Wir in der Jury kamen im Herbst 2013 überein, dass Unternehmen der Zukunft die Begriffe Autonomie, Kollaboration, Diversität, Demokratie und Solidarität mit Leben erfüllen. Unternehmen, die auf diesen Prinzipien aufgebaut sind, scheinen nicht nur bessere Innovationschancen, sondern auch in Krisenzeiten höhere Wetterfestigkeit, also mehr Überlebenschancen zu besitzen als hochgezüchtete, skalierte Monokulturen und Effizienzmaschinen.

Ich weiß natürlich auch, dass wir die Welt der Unternehmen nicht in einem Streich oder mit einem Rundumschlag »heilen« können. Und sicher werden wir in der Zukunft eine Vielzahl von verschiedenen Organisationsformen besichtigen können; es gibt nicht die eine, für alle Unternehmen angemessene Form. So dürften auch die alten Schlachtrosse des Industriekapitalismus noch eine Weile überleben, aber ergänzt und zum Teil auch bedrängt durch neue, agilere Organisationen. Wie sieht die gegenwärtige Unternehmenslandschaft aus und wie wird die künftige aussehen? Wie gestaltet sich der Systemwettbewerb zwischen den Unternehmen der Zukunft? Ich sehe fünf Typen.

Ich entdecke Gründerunternehmen, die ich als »Neuen Mittelstand« bezeichnen würde. Diese Unternehmen agieren nicht wie Rocket Internet rein finanzgetrieben in ihrem Gründungszweck und in ihren Entwicklungsprozessen, sondern orientieren sich an Dimensionen wie die eben genannten: Autonomie, Kollaboration, Diversität, Demokratie oder Solidarität, zumindest an einigen davon. Mich hat zum Beispiel beim »New Work Award« persönlich sehr berührt, wie viele dieser jungen, kleinen oder mittelständischen Unternehmen schon jetzt mit modernen Formen der Teilhabe an der Unternehmenswertschöpfung, der Souveränität hinsichtlich Zeit, Ort und Inhalt der Arbeit, der Strategiediskurse, Einkommensegalität oder demokratisch gewählten Führung experimentieren – allesamt Beispiele für »New Work«: Kreative Ökosysteme, »creative ecologies«, wie der US-Soziologe Richard Florida sie nennt, sind heute die Biotope für soziale Innovation. Da gibt es inzwischen viele ermutigende Zeichen am Horizont. Wenn heutzutage über Mitarbeiter in Unternehmen geredet wird, sprechen die meisten immer noch vom »Personalkörper«, von »Angestellten«, »Belegschaften« oder »Beschäftigten«, allesamt schreckliche Passivkonstruktionen. Diese Sprache entmündigt den arbeitenden Menschen. Er wird »in den Schaft gesteckt – er wird beschäftigt«, er »nimmt sich Arbeit« und nicht: »Er gibt (seine) Arbeit.« Und das alles steht den Prinzipien des »New Work«, nämlich der Selbststeuerung, Selbstbestimmung und Balance mit anderen Lebenssphären diametral entgegen. Obwohl doch der arbeitende Mensch der Wissenskapitalist ist, der sein Kapital, seine Fähigkeiten und Motivationen investiert.

Als ich mich gefragt habe, was denn die richtige Beschreibung für einen »New Worker« wäre, bin ich beim »Unternehmensbürger« gelandet. Er gibt seine Arbeit, er ist souverän darin, wo und wie und in welchem Umfang er seine Arbeit macht. Er kann mal rausgehen aus seinem »Arbeitshaus« und wieder reingehen. Er hat Rechte, er kann sagen, wie es ihm im Haus gefällt, und er hat ein Anrecht darauf, dass auf diese Aussagen gehört wird. Er kann auch sagen: Mit diesem Chef oder Vorgesetzten möchte ich nicht mehr arbeiten. Er hat aber auch seine Bürgerpflichten – nicht nur Teilhabe, sondern auch Teilnahme an den Willensbildungs- und Entscheidungsprozessen.

Der zweite Typ von Organisationen der Zukunft wird wahrscheinlich der heutige sein: routinierte, ältere Ozeandampfer, nach wie vor hoch hierarchische, fast feudal geführte Unternehmen, die relativ abgeschottet sind von der Außenwelt und mit »Open Innovation« und »Crowdsourcing« nichts am Hut haben – stattdessen aber die gewohnte Präsenzkultur hochhalten und eine fast hündische Loyalität ihrer »Arbeitnehmer« erwarten. Als einer, der diesen Typ Organisation aus dem Effeff kennt und beherrscht, bin ich seit Mitte der neunziger Jahre, unterbrochen vom Rückfall bei Continental, zu seinem Kritiker, schrittweise vom Saulus zum Paulus geworden. Die frühen neunziger Jahre, meine Zeit bei Conti, waren auch meine Saulus-Jahre: Schaffung von Höchstleistungsorganisationen ohne Rücksicht auf menschliche Verluste. Heroische Führungskonzepte und mit abstrakter Strategie vollgestopfte Managementkonzepte, Top-down-Denken, Projektorganisationen und Reorganisationen ohne Unterlass. Das war das Mantra der Wirtschaft. An welchen Vorbildern orientierten wir uns? Natürlich an General Electric mit der heroischen Figur Jack Welch an der Spitze. Welch galt als die Inkarnation von Veränderungswillen und Macht schlechthin. Heute würde man seinen Weg als blinde »Mehr-höher-schneller-weiter-Strategie« hinterfragen. Wir waren bewusstlos vor Begeisterung über die eigene Kraft. Dass ein nonstop rotierender Motor irgendwann ausbrennt, kam mir als damals Anfang Vierziger überhaupt nicht in den Sinn. Ich hielt mich für genauso omnipotent wie meine Kollegen. Mitte der neunziger Jahre nahm das Dogma des grenzenlosen Profitstrebens so richtig Fahrt auf. Lufthansas »Magisches Dreieck« war die Ausnahme. Der alles dominierende Fetisch Effizienz wurde geboren, und von den Arbeitnehmern wurde zunehmend erwartet, dass sie sich freudvoll von Betrieb und Arbeit vereinnahmen ließen. Und diese oft rostigen, in die Jahre gekommenen, häufig innovationslosen und Routinen abarbeitenden, margenorientierten Riesentanker werden als Typus natürlich noch eine längere Weile so existieren. Ich sehe diese Tanker in zwei Ausprägungen. Die einen, die geradezu blind in den Nebel fahren und wie einst die »Titanic« ihre Zukunft verspielen, weil sie gar nicht mehr imstande sind, sich neuen Logiken zu öffnen. Die anderen, die durch starke Dezentralisierung – durch ein »loosely coupled system«, wie ich es bei der Continental AG beschrieben habe – eine mittelständische Struktur von Geschäften unter einer schlanken Konzernholding geschaffen oder erhalten haben. Im Gegensatz zur ersten Variante Ozeandampfer dürften diese Organisationen erheblich mehr Erfolgs- und Überlebenschancen besitzen. Zumal sie auch erheblich mehr Autonomiegrade aufweisen. In solchen eher mittelständisch-dezentral geprägten Organisationen können auch einzelne Unternehmensteile innovative Biotope bilden, ohne dass die Gesamtorganisation davon viel mitbekommen oder sich gar dirigistisch einmischen müsste. Kurz: Solche Organisationen können arbeitslebenserleichternde Schneisen, wenn nicht gar Zukunftsschneisen schlagen.

Der dritte Unternehmenstyp ist eine Art Hybrid, wie man es – fast schon paradoxerweise – heute bei den Internetgiganten Google oder Apple erkennen kann. Wenn solche Techkonzerne der »New Economy« von Halbdiktatoren wie Sergey Brin oder einst Steve Jobs geleitet werden, scheren die sich nicht um Partizipation oder Kooperation, sondern führen an der Spitze beinahe militärisch-despotisch. Doch diese hybriden Organisationen haben zwei Zentren: Einmal besagte hochfeudale Macht an der Spitze, die Strategie und Finanzen beherrscht. Im Bauch der Organisation aber findet sich ein hohes Maß an Autonomie, an »Empowerment«, an Freiheitsgraden insbesondere für die vielen Tausend Entwickler, die diesen Internetgiganten das innovative (Über-)Leben und das weitere Wachstum sichern. Ein Modell ähnlich einem Apfel, der einen steilen, spitzen Hut trägt. Da geht es nicht zuletzt auch ums Thema »Firma als Familie«. Unternehmen wie Google beispielsweise bieten ihren Mitarbeitenden bereits heute komplette Wohlfühlwelten mit Sofalandschaften, Gärten und firmeneigenen Fitnessklubs. Statt dass Mitarbeiter von zu Hause arbeiten, wird die Arbeit selbst das Zuhause, sozusagen das Heim der Unternehmensfamilie. Damit greifen diese Unternehmen sehr geschickt ein menschliches Bedürfnis auf und instrumentalisieren es für ihre Zwecke. Auch wenn sie sich nicht den Anschein geben, agieren sie damit möglicherweise totalitär, denn sie betrachten den Menschen als Ressource, der sie die Subjektivität nehmen. Der Industriekapitalismus nimmt den Menschen als Objekt, der Google-Kapitalismus verwertet auch das Subjekt mit seiner Subjektivität.

Der vierte Organisationstyp ist der traditionelle deutsche Mittelstand, der sich interessanterweise zweifach ausprägt: als vom Patriarchen geführtes oder als beteiligungsorientiertes Unternehmen. Letzterem gehört die Zukunft, Ersterem bleibt das langsame Absterben oder die radikale Neuorientierung unter den Nachfolgern.

Der fünfte Organisationstyp ist die Söldnerorganisation. Unternehmen, die sich am Markt die Ware »Söldner« für begrenzte Zeit und für begrenzte Projekte einkaufen, vorzugsweise, um damit kurzfristige Profitmaximierung zu erzielen. Dazu zähle ich zum Beispiel Investmentbanken, Strategieberatungen, aber auch inzwischen die Medienbranche. Schnelllebige Branchen mit zum Teil begrenzter Lebensdauer der einzelnen Unternehmen, aber auch mit geringem Interesse an langfristigen Mitarbeiterkarrieren. Sie ziehen deshalb oft auch den entsprechenden Typ Mensch an.

Unter diesen fünf Typen ist für mich der gründerbasierte, netzwerkorientierte »Neue Mittelstand« selbstredend der attraktivste und zukunftsträchtigste. Ich bin aber realistisch genug, um zu wissen, dass auch die vier anderen geschilderten Unternehmenstypen weiterexistieren werden. Zwei Varianten – erstens die dezentral geführten Konzerne und zweitens die beteiligungsorientierten Mittelständler – haben dabei gute Entwicklungschancen. Die Transformationsfähigkeit dieser Organisationstypen ist aber sehr unterschiedlich ausgeprägt. In den Ozeandampfern dieser Welt, selbst wenn sie sich stark dezentralisieren sollten, wird es vermutlich nur gelingen, dosiert und selektiv Demokratie- und Souveränitätsschneisen zu schlagen. Ich spreche hier ganz bewusst von »Schneisen« und nicht vom breitflächigen Durchdringen des letztlich bürokratisch-hierarchischen Dschungels. Beim »Neuen Mittelstand« ist sicherlich aufgrund des Pioniercharakters eine größere Transformationsbereitschaft und -fähigkeit vorhanden, wobei man auch da genau differenzieren muss. Betrachten wir zum Beispiel Zalando und deren Gründer, die Samwer-Brüder mit ihrem Internetinkubator »Rocket Internet«: Der Internethändler Zalando ist letztlich ebenfalls nur ein auf kurzlebiges Söldnerwesen und rascher Veräußerbarkeit aufgebautes Unternehmen. Solche Organisationsgewächse sind trotz ihrer internetaffinen Zukunftsausrichtung pervertierte Organisationsgeschöpfe. Die Samwer-Brüder haben sich letztlich dem Old-Economy-Modell verschrieben, das da lautet: Das Einzige, was wir wollen, ist, nach dem »Noch-schneller-noch-höher-noch-weiter-Prinzip« zu wirtschaften. Aber nicht neu und nicht anders. Insofern scheue ich mich nicht, die Zalandos dieser Wirtschaftswelt als Kreaturen aus dem Schoß der nach wie vor obwaltenden Effizienzmaschinen zu bezeichnen, diktatorial geführt, soldatisch in der Umsetzung, nur mit jung und modern anmutendem Internetetikett. In solchen Organisationen ist die Fluidität, die Durchlässigkeit zwar auch Lebensprinzip, aber nicht aus einer Sinnlogik, sondern aus einer Söldnerlogik heraus.

Wenn ich jetzt noch einmal auf die Dimensionen eines einzelnen, fortschrittlichen Unternehmens eingehen darf: Autonomie, Kollaboration, Diversität, Demokratie und Solidarität, dann halte ich das Element Demokratie für eine der tragenden Säulen für unternehmerische Zukunftsfestigkeit. Zumal auch in der Gesellschaftspolitik über Jahrzehnte hinweg Marktwirtschaft und Demokratie sozusagen Hand in Hand gegangen sind. Nicht dass Marktwirtschaft immer und zwangsläufig mit einer demokratischen Regierungsform verknüpft gewesen wäre, aber eine demokratische Regierungsform ging stets mit Marktwirtschaft einher. Demokratie ist unter anderem die Antwort auf die Frage »Wer führt eigentlich wie lange?«. Auf Unternehmen übersetzt bedeutet das, dass Führung temporär und für bestimmte Projekte erfolgt. In Projektorganisationen ist dies allemal schon der Fall. Die Effektivität von Führung in solchen begrenzten Projekten ist zutiefst abhängig von der Frage, ob die Geführten diese Führungskräfte überhaupt akzeptieren. Insofern ist es aus meiner Sicht ein konstitutives Gestaltungsprinzip neuer, fortschrittlicher Or-

ganisationen, Führung temporär wählen und damit auch wieder ab-
wählen zu können.

Ein radikales Beispiel ist das US-Unternehmen Morning Star, das
schon Managementgurus wie Gary Hamel beeindruckte. Die Firma
aus dem kalifornischen Woodland ist einer der größten Tomatenver-
arbeiter der Welt mit einem Umsatz von zuletzt 600 Millionen US-
Dollar. Vorgesetzte gibt es bei Morning Star nicht. Die Firma setzt auf
Selbstmanagement: Jeder Mitarbeiter handelt eigenverantwortlich,
ob im Umgang mit Kunden, Lieferanten oder Kollegen. Die füh-
rungslose Selbstorganisation wirkt – der Betrieb wirtschaftet seit vielen Jahren erfolgreich.

Über Semco las ich schon in den neunziger Jahren. Bereits damals
starrten Manager weltweit etwas fassungslos auf die sehr breit aufgestellte, brasilianische Dienstleistungsfirma, die von Industrieequip-
ment bis zu Postlösungen in diversen Feldern tätig ist. Was dort
passiert, widerspricht allen dogmatischen MBA-Glaubenssätzen von
»Leadership«. Die 3000 Semco-Mitarbeiter wählen ihre Vorgesetzten,
bestimmen ihre eigenen Arbeitszeiten und Gehälter. Es gibt keine
Geschäftspläne, keine Personalabteilung, fast keine Hierarchie. Alle
Gewinne werden per Abstimmung aufgeteilt, die Gehälter und sämtliche Geschäftsbücher sind für alle einsehbar, und wie viel Geld die
Mitarbeiter für Geschäftsreisen oder ihre Computer ausgeben, ist
ihnen selbst überlassen.

Das Prinzip lässt sich fortsetzen bis zur Wahl sogar des Vorstandsvorsitzenden, wie das etwa die Softwarefirma Haufe-umantis AG aus
Freiburg praktiziert. Geschäftsführer Marc Stoffel, der 2014 – so wie
die weiteren Führungskräfte auch – von seinen Mitarbeitern in das
Amt gewählt wurde, sieht dieses Vorgehen als natürlichen und logi-
schen Schritt, das gelebte Verständnis von Unternehmensführung zu
vertiefen: »Wir sind davon überzeugt, dass Haufe-umantis erfolgreicher ist, wenn wir Mitarbeitern Vertrauen schenken und sie mitbe-
stimmen lassen. Bisher haben wir diesen Ansatz bei der Strategie-
entwicklung und bei Einstellungsentscheidungen gelebt – jetzt auch
bei der Wahl der gesamten Führungsriege.« Mit der Wahl des gesam-

ten Führungsteams möchte sich das Unternehmen bestmöglich für die Herausforderungen im Markt für Talentmanagement und für die anhaltende Wachstumsphase aufstellen.

Auch das gehört zum konstitutiven Prinzip von Unternehmensdemokratie, die Beteiligung der Unternehmensbürger an zentralen Themenstellungen. Wie etwa im gesellschaftspolitischen Bereich im Sinne von Bürgerbeteiligung und direkter Demokratie. Moderne Organisationen, zusätzlich beflügelt durch die sogenannte Schwarmintelligenz, werden Stätten kollektiver Formen der Meinungsbildung und Entscheidung. Ich glaube, dass durch den Wertewandel, der gekoppelt ist mit der Digitalisierung, immer mehr gesellschaftliche Teilbereiche auch in der Wirtschaft auf Augenhöhe und damit demokratischer gestaltet werden und gestaltet werden müssen. Wie etwa beim eruptiven Ausbruch ums Bahnprojekt »Stuttgart 21« zu studieren war, der symptomatisch zeigte, was man tun muss, aber nicht getan hat, damit Menschen auch mündig solche großen Vorhaben bewerten können. Wieso nicht auch immer häufiger in Unternehmen?

Ich spreche schon deswegen gerne vom »Unternehmensbürger«, weil dieser Begriff impliziert, dass moderne Organisationen Mitarbeiter auf Augenhöhe wie Souveräne behandeln sollten. Ich bin noch groß geworden in Zeiten, da die Devise galt: Die Demokratie endet vor den Fabriktoren. Aber diese Zeiten neigen sich dem Ende entgegen. Schließlich geht es um die Freiheitsrechte des Unternehmensbürgers, um seine Autonomie und Souveränität. Unternehmensbürger der Zukunft werden ganz anders als heute über den Ort, die Zeit, den Inhalt und die Art der Zusammenarbeit mit anderen bestimmen. Elemente davon sind heute schon zu besichtigen, etwa in Wahlmöglichkeiten zwischen Homeoffice oder Büro, bei Auszeitmodellen, der Vertrauensarbeitszeiten oder Telearbeit. Aber das sind aus meiner Sicht nur die Vorboten dessen, was an Souveränität des Unternehmensbürgers künftig möglich sein wird. Er oder sie werden selbst entscheiden, wie und wann und unter welchen Bedingungen sie der Organisation verbunden sein wollen. Damit werden dann übrigens auch die Grenzen zwischen Unternehmensbürger und selbstbewusstem Freelancer kräftig verschwimmen.

Getrieben wird dies alles durch die digitalen Möglichkeiten des Austauschs im Internet und durch Social Media. Dadurch ergeben sich neue Formen, interne und externe Akteure gemeinsam an einer Sache arbeiten zu lassen. Kollaboration ist das Gegenteil von Konkurrenz. Der Begriff der »Industrie 4.0« zum Beispiel, also der sich selbst steuernden Wertschöpfungsketten, setzt von Beginn an voraus, dass sich alle Prozessbeteiligten in einem Zusammenarbeitsmodus wiederfinden. Anderenfalls optimiert jeder nur sein eigenes Subsystem, vernachlässigt aber jene der Lieferanten, Kunden oder Unternehmenspartner. Hierbei treiben die neuen Techniken die Notwendigkeit der Kollaboration voran. Das wiederum reicht hinein bis zu Fragen der gemeinsam definierten Vergütungsgerechtigkeit, da der gemeinsame Beitrag zu einem Werk ganz anders und neu bemessen und gemessen werden kann. Vielleicht wird sich nicht zuletzt auch zeigen, dass gravierende Einkommensunterschiede zwischen oben und unten zunehmend obsolet werden.

Genauso wichtig ist die Dimension der Solidarität: Unternehmen sind nicht nur dazu da, Geld zu verdienen, sie tragen auch gesellschaftliche Verantwortung – Stichwort: Corporate Citizenship. Firmen wie Individuen helfen anderen, die sich in Not befinden. Dahinter verbirgt sich der relativ simple Gedanke der katholischen Soziallehre, dass man dann subsidiär eingreift, wenn jemand zu schwach zur Selbsthilfe ist. Themen gesellschaftlicher Solidarität und sozialer Verantwortung sind für Unternehmen im Alltagshandeln präsent und wichtig. Ein Unternehmen, eingebettet in die gesamte Wirtschaftswelt, gleicht einem Organ in einem Körper, und ein Organ allein kann ohne Einbindung in das Gesamtsystem nicht funktionieren. Das heißt, Unternehmen haben sich als Teil eines größeren Ganzen zu begreifen. Dabei schließt das Prinzip der Solidarität auch die Forderung mit ein, dass die riesige Kluft zwischen den Gehältern eines Bandarbeiters und eines Vorstands verringert wird. Solidarität kann nicht an die »Abteilung für das Gute« oder neudeutsch einen »Corporate-Responsibility-Bereich« zur Kosmetik an der Oberfläche des Unternehmens delegiert werden. Sie muss das Unternehmen tief durchdringen.

Schließlich gehört Diversität zur Organisation der Zukunft, zu der es verschiedene Zugänge gibt. Einerseits einen sehr einfachen, abgeleitet von der eben erwähnten Tatsache, dass ein Unternehmen die sozialen Realitäten und Erwartungen der umgebenden Gesellschaft inkorporieren muss. Mit anderen Worten, ein Unternehmen muss die Diversität des Umfelds widerspiegeln. Will heißen, das Thema Diversität hat erst einmal nicht viel zu tun mit der verkürzten Betrachtung, auf die es in der öffentlichen Debatte reduziert wird: Männer und Frauen, Alt und Jung, sexuelle oder religiöse Identitäten, ethnische Hintergründe. Diversität heißt in erster Linie, dass so viel Unterschied in einer Organisation inkorporiert ist, dass sie antwortfähig ist auf die Unterschiedlichkeit der Umwelt, in die diese Organisation eingebettet ist. Dabei ist dann auch wichtig, wie homogen oder heterogen sich ein soziales Gebilde wie ein Unternehmen ausstattet, vom Rekrutierungs- über den Beförderungs- bis hin zum Austrittsprozess.

Die ganzheitliche Betrachtung offenbart, dass ein Unternehmen tatsächlich in einer Multiakteurgesellschaft allen wesentlichen Anspruchsgruppen gerecht werden muss – den Mitarbeitern, Aktionären beziehungsweise Eigentümern, den Kunden und Menschen in der restlichen Gesellschaft – und eben nicht nur den Aktionären oder Eigentümern allein. Das halte ich für das Unternehmensmodell der Zukunft. Und das ist auch mein Leitbild des »Gesunden Unternehmens«. Ein Unternehmen, das in der Not solidarisch handeln kann, das bei disruptiven, also unvorhergesehenen, revolutionierenden Attacken genügend Widerstandskraft besitzt durch Diversität und das in hohem Maße durch die lose Kopplung der verschiedenen Subsysteme als Gesamtsystem robust bleibt und nicht durch die Schwäche eines einzelnen Bereichs infiziert und in Gänze gefährdet wird. Ein Unternehmen, das sich und seine Entwicklung nicht als autistische Einheit begreift, sondern sich organisch eingebettet in sein Umfeld wahrnimmt. Das könnte man dann auch eine nachhaltige Unternehmensentwicklung nennen.

Gleichzeitig gibt es aber auch ein Zerrbild. Es macht die Konflikte deutlich, die entstehen können, wenn die alte Arbeitswelt 1.0 mit ihren dirigistisch gesteuerten Innovationsprozessen, steilen Hierarchien, Silodenken und Silostrukturen, ihrer individuellen variablen Vergütung, Belastungs- und Präsenzkultur, restriktiven Social-Media-Nutzung bis hin zur Zensur auf eine neue digitale Technikwelt trifft. Das zeigt, wie dringend notwendig es ist, Reformen der Arbeitswelt hier und heute einzuleiten, um die soziale Dimension der neuen Technikwelt frühzeitig zu identifizieren und im Sinne einer Arbeitswelt 4.0 neu zu gestalten. Die Trends zu sozialen Innovationen in der Arbeitswelt treffen nun aber meist auf MINT-Experten und die von ihnen entwickelten cyber-physischen Systeme und Smart Services. Die Herausforderung besteht darin, dass sich Technikwelt und Arbeitswelt simultan oder zumindest ohne große Brüche miteinander verzahnen. Denn eine Diskussion über die »menschenleere Fabrik«, wie wir sie in den achtziger Jahren geführt haben, die uns psychologisch viel an Veränderungsenergie gekostet hat, die können wir uns hier und heute nicht mehr leisten.

Bislang jedoch dominieren technische Aspekte die Diskussion über die digitale Welt und die digitalisierte Wirtschaft. Dem Menschen fällt eher die Rolle des Getriebenen oder Objekts zu. Dieser Ansatz greift zu kurz, weil es keine moderne Arbeitswelt ohne Menschen geben wird. Ebenso wenig wird es eine digitale Arbeitswelt geben, wenn wir es nicht schaffen, die Menschen dafür zu gewinnen. Wir müssen die »Belegschaften« auf diesem Weg mitnehmen.

Dringend benötigt: Ein neues Gründertum!

Wie auch immer sich alte Konzerndampfer und neue Unternehmensschnellboote in Zukunft entwickeln werden, es hapert nach wie vor gewaltig an viel mehr Unternehmensneugründungen in Deutschland. Warum hat Deutschland nur eine SAP und so viele Automobilhersteller? Warum hat Deutschland nur noch die zwei Chemiegiganten BASF und Bayer und fast dreimal so viele Automobilhersteller?

Warum hat Deutschland nach der Spaltung von E.ON nur noch einen – noch dazu krisengeschüttelten – Energiekonzern von Weltrang? Warum hat Deutschland in der Biotechnologie gar keine großen internationalen Spieler vorzuweisen? Und warum immer weniger Gründer – und das in einer Zeit, in der in anderen Regionen der Welt Gründungen rasant zu kritischer globaler oder kontinentaler Größe wachsen können? Kreative Ökosysteme, die die offenen akademischen Kulturen, Wagniskapital, Gründer und Business Angels wie im »Heißen Brüter« zusammenbringen, sind in Deutschland so gut wie nicht existent. Weltweit wird Deutschland für seine wirtschaftliche Stärke gepriesen. Der industrielle Sektor Deutschlands ist so erfolgreich wie nie zuvor und hat das Land gestärkt durch die Krise gebracht. Allen Deindustrialisierungsszenarien zum Trotz: Zwischen 2009 und 2011 ist der deutsche Industrieanteil um absolute drei Prozent auf 26 Prozent gestiegen, während beispielsweise Frankreichs Industrieanteil in der gleichen Zeit weiter von 13 auf 12,6 Prozent des Bruttoinlandsproduktes sank. Vielerorts wird Deutschland als Modell für industrielles Wachstum, Beschäftigung und Wetterfestigkeit gesehen. Doch bei genauerem Hinsehen gibt es schwerwiegende Schattenseiten. Deutschland hat nur fünf Prozent Anteil am IKT-Weltmarkt. Die USA nehmen als Marktführer einen Anteil von rund 29 Prozent ein, Japan nimmt rund neun Prozent und China rund sieben Prozent. Eine Befragung von 1200 Führungskräften in multinational tätigen Unternehmen aus forschungs- und entwicklungsintensiven Branchen ergab dazu, dass jede zweite befragte Führungskraft aus anderen Ländern die Informations- und Kommunikationstechnologie beziehungsweise das Internet als Schlüsseltechnologien sieht, dass aber nur etwas mehr als jede vierte deutsche Führungskraft dieser Ansicht ist. Also selbst das Denken ist pfadabhängig geprägt durch die Abhängigkeit von Maschinen-, Anlage- und Autobauern. Das spiegelt sich dann in der besorgniserregend schwachen Gründerszene wider. Deutsche wie auch Führungskräfte weltweit halten zum Beispiel erneuerbare Energien und insbesondere den Solarsektor – auf dem Deutschland nach vernichtenden Angriffen aus China schon nicht mehr federführend mitspielt – für übergeordnete Technologien im 21. Jahrhundert. Der Lebenszyklus unserer Volkswirtschaft ähnelt unserer demografischen Entwicklung. Die Reproduktionsquote schrumpft bei Menschen- wie bei Unternehmensgeburten – mit in Teilen ähnlichen Folgen der Überalterung und Erstarrung.

Seit 2004 ist die Gründungsintensität in Deutschland stark zurückgegangen: Während wir damals noch 553 000 Existenzgründer zählten, waren es 2013 noch 338 000, und die MINT-basierten Gründungen haben nur einen Anteil von leicht über acht Prozent daran. Natürlich haben die guten Erwerbschancen der letzten Jahre »abhängige Beschäftigung« wachsen lassen. Doch der internationale Vergleich zeigt zudem, dass der Entrepreneurship-Geist in Deutschland nicht stark ausgeprägt ist. Nur jeder 17. Deutsche im Alter zwischen 18 und 64 Jahren hat seit 2008 ein Unternehmen gegründet oder bereitet diesen Schritt gerade vor; in China ist es jeder Vierte, in Australien jeder Neunte. Unter den innovationsbasierten Volkswirtschaften liegt Deutschland damit an viertletzter Position.

Nach den Ursachen für die fehlende Gründerkultur in Deutschland und die damit verbundene niedrige Zahl an Gründungen gefragt, stimmen laut einer Ernst-&-Young-Studie nur 26 Prozent der Jungunternehmer voll zu, dass die deutsche Kultur Unternehmertum fördert; für die USA sind es 60 Prozent, die sich durch den US-Gründerspirit unterstützt fühlen. Außerdem – und das ist das kulturell Problematischste, weil es an das Herz von Unternehmertum geht – ist hierzulande weitverbreitet, dass Fehler und Misserfolge als die Barriere für künftige Geschäftsprojekte gesehen werden. Deutschland steht mit dieser Einstellung an erster Stelle. 45 Prozent der befragten deutschen Jungunternehmer sagten das. In den USA und selbst in China – wo die Wahrung des Gesichts eine besonders hohe Stellung einnimmt – gaben dies nur zehn beziehungsweise zwölf Prozent der befragten Jungunternehmer an. Auch die Angst vor dem Scheitern ist in Deutschland besonders hoch. 50 Prozent der Menschen in Deutschland gründen deshalb kein Unternehmen, weil sie Angst vor dem Scheitern haben. Damit befindet sich Deutschland an dritthöchster Position hinter den krisengeplagten Ländern Spanien und Griechenland. In der Schweiz, den Niederlanden und den USA haben nur rund ein Drittel derartige Befürchtungen. Wie soll eine Nation wie Deutschland seine Volkswirtschaft erneuern, wenn in der Startphase wirtschaftlicher Geburten und Pioniere die »Reproduktionsquote« so deutlich abnimmt und am hinteren Ende des volkswirtschaftlichen Lebenszyklus die Zahl organischer Nachfolgen im Mittelstand immer schwieriger wird?

Hier sind zuallererst die bildungspolitisch Verantwortlichen als Rahmengeber für unternehmerische Bildungsziele und natürlich die Lehrenden aller Couleur gefordert, ihre Denkhaltungen, Lernphilosophien, Motivationsimpulse und Lerninhalte für Unternehmertum gründlichst zu hinterfragen. Dass simultan dazu Unternehmen alles tun müssen, um Strukturen und Kulturen zu entwickeln oder zu sichern, die unternehmerischen Spirit ermöglichen, ist selbstredend notwendig. Doch wie schon mehrfach ausgeführt, sind viele Unternehmen durch überbordende Hierarchie sowie durch eine antiquierte Kultur und Abtöten des Neuerungsspirits dazu immer weniger imstande. Dazu passt übrigens, dass gerade einmal vier Prozent aller Vorstandsmitglieder in DAX-Konzernen unternehmerische Erfahrung besitzen.

Deutschland muss sich also künftig warm anziehen. Seine Wirtschaft ist pfadabhängig, was die jahrzehntelang eingetrampelten, ökonomischen Pfade des zweiten und dritten Kondratieff-Zyklus anbetrifft. Der russische Ökonom Nikolai Kondratieff (1892 bis 1938) hat 1926 seine Theorie der Langen Wellen veröffentlicht, nachdem sich die Wirtschaft alle 40 bis 60 Jahre in langen Auf- und Abschwüngen bewegt, je nach jeweils neuen »Basisinnovationen« wie Dampfmaschine, Eisenbahn, Elektrizität, Chemie und danach – wie sich nach seinem Tod erwies – durch die Informations- und Telekommunikationstechnologie. Die deutsche Wirtschaft ist nach wie vor groß in den Basiserfindungen wie Maschinenbau und Automobilität, aber wird in dieser »Stärke« zunehmend wie eine Bulette im Hamburgersandwich eingeklemmt. Einmal von der oberen, luftigen Brötchenhälfte namens »Digitales Innovationshaus USA«, zum anderen von der stabiler werdenden, unteren Hälfte, dem effizienteren, inzwischen qualitativ ordentlichen »Maschinenhaus China«. Und wie soll die digitale Revolution angepackt werden, wenn deutsche Unternehmen von Managern geleitet werden, die in den neunziger Jahren für Effizienzmanagement ausgebildet und getrimmt wurden, von Unternehmertum keine Ahnung haben, in Unternehmen agieren, die Ende des 19. Jahrhunderts ihre Wurzeln haben und die sich Innovationskompetenz durch touristische Touren durch das Silicon Valley anzueignen versuchen? Etablierte, tradierte Konzerne und patriarchalisch geführte Mittelständler benötigen entweder eine umfassende Kulturreform, die Zweihändigkeit des Managens ihres Effizienz- beziehungsweise Stammgeschäfts und das Experimentieren mit Neuartigem oder gar die Zweiteilung, wie sie der Energiekonzern E.ON jetzt radikal anstrebt.

Zukunft der Führung

Was heißt das alles für Führung, für ein Thema, mit dem ich mich mehr als vier Jahrzehnte, und das in den unterschiedlichsten Unternehmen, beschäftigt habe? Wenn die Zeichen der Zeit derart auf Veränderung stehen, dann gilt das, auf Organisationen bezogen, auch und gerade für die Art und Weise ihrer Führung.

Zumal es in Unternehmen drei Dimensionen von Führung gibt: einmal das Managen von Projekten und Aufgaben unter betriebswirtschaftlichen Maximen der Input-Output-Optimierung, eigentlich fälschlicherweise Führung genannt. Zum Zweiten das Führen von Menschen in ihrer Diversität, mit Respekt und Wertschätzung, aber auch zum Teil im Konflikt und mit professioneller Distanz. Schließlich drittens ist Führung auch Unternehmensführung im Veränderungsstrudel der Verhältnisse, die immer neue Würfe wie Anpassungen verlangen: also das Gestalten von Veränderung wie das resiliente Reagieren auf Veränderung. Und das vor dem Hintergrund, dass sogenannte erfolgreiche Führungskräfte geprägt sind von eigenen Erfolgsrezepten der Vergangenheit und ideologischen Paradigmen der Gegenwart. Oft besitzen sie nicht die Kompetenz für das Navigieren in unbekannten Gewässern.

Hier gilt auch für Führungskräfte jenes Gleichnis von Fuchs und Igel. Der Fuchs weiß viele Dinge, aber der Igel weiß nur ein großes Ding, bemerkte schon der griechische Dichter Archilochos (um 680 bis 645 vor Christus). Der britische Philosoph Isaiah Berlin traf darauf aufbauend in den frühen fünfziger Jahren die legendär gewordene Unterscheidung zwischen zwei Arten von Denkern: dem Igel und dem Fuchs.

Die Igel unter den Denkern betrachten die Welt gerne durch die Brille ihrer Weltanschauung. Die Füchse hingegen streunen durch die Welt und lassen sich beeindrucken von ganz unterschiedlichen Eindrücken: mal dies, mal das. Der Igel steht deshalb vor ganz besonderen Schwierigkeiten bei Veränderungsnotwendigkeiten, was von seiner Weltanschauung abweicht, ängstigt und verunsichert ihn. Seine Ad-hoc-Reaktion auf Herausforderungen ist klar: Er igelt sich ein.

Welche dramatischen Konsequenzen solches Einigeln nach sich ziehen kann, untersuchte Karl Weick. Seine Studie macht deutlich, weshalb es uns allen als Zöglingen bestimmter Ideologien und Überzeugungen so schwerfällt, eingeschliffene Denk- und Handlungsmuster abzulegen. Wir vertrauen auf sie, um vereinfacht Sinn und Steuerung unserer komplexen Realität zu ermöglichen. Sie sind Rahmengeber unseres Weltbildes und damit unserer Identität. Weick untersuchte das Verhalten Dutzender Feuerwehrmänner, die bei vier unterschiedlichen Waldbränden in Colorado in den Flammen umkamen: Hätten die Feuerwehrmänner ihre schwere Ausrüstung abgelegt, so die Untersuchungen, wären sie leicht und schnell genug gewesen, um sich in Sicherheit zu bringen. Da für sie aber die schwere Ausrüstung zum natürlichen Teil ihrer Schutzmontur, ihrer Arbeit und ihrem Selbstverständnis, also zu ihrer Identität, gehörte, haben sie an dieser festgehalten und sind in den Flammen ums Leben gekommen. Es war für sie im wahrsten Sinne des Wortes »undenkbar«, sich von ihrer Ausrüstung zu trennen und ihr Verhalten zu ändern. »Drop your tools«

war daher seine Lehre für Menschen und Organisationen, die vor oder in einem disruptiven Wandel stehen. Ich selbst habe einmal meine »Montur« nicht ablegen können, als wir 2005 im Vorstand der Continental AG (*siehe Kapitel 4*) die Schließung des Lkw-Werks in Hannover-Stöcken beschlossen. Eine ökonomisch bestens begründete Entscheidung, aber eben von kaum jemandem außerhalb des Konzerns nachvollzogen, geschweige denn akzeptiert. Die Hauptverwaltung wurde angesichts monatelanger Demonstrationen und Proteste zur Wagenburg, unsere Interviews repetierten die Kostenargumente, die Medien repetierten die Moralargumente, bis ich mich sehr spät vom Rockzipfel meines mächtigen Vorstandsvorsitzenden löste.

Als ich noch ein junger Mann war und im Bildungsbereich der Daimler-Benz AG arbeitete, haben wir uns mit dem sogenannten Managementkreislauf beschäftigt. Der fußte auf dem damals weithin bekannten »Harzburger Modell« von Reinhard Höhn, dem Gründer der Akademie für Führungskräfte der Wirtschaft in Bad Harzburg. Das dort vertretene Managementmodell dekretierte: Ziele setzen, planen, umsetzen, kontrollieren, rückkoppeln. Heute würde man das technisches Management nennen. Es war – und ist es vielfach noch bis heute – das klassische Managementverständnis in einer ingenieurtechnisch getriebenen Wirtschaftsnation wie Deutschland, in der Führung oft mit »Stellschraubenmechanik« verwechselt wird. Übertragen auf Menschen ist solches Führungsverständnis ein Desaster, wie viele Studien belegen, die das exzellente MINT-Land Deutschland als rückständig im Umgang mit Menschen charakterisieren.

Ich befand mich 1982 in den USA bei einer meiner selbst finanzierten Weiterbildungen, als plötzlich ein Buch in aller Munde war und Furore machte, weil es bis dato bei uns Ungehörtes zum Thema Führung verbreitete. Es handelte sich um das Buch von Tom Peters und Robert H. Waterman: *In Search of Excellence.* Der später erschienene deutsche Titel lautete: *Auf der Suche nach Spitzenleistungen. Was man von den bestgeführten US-Unternehmen lernen kann.* Lernen konnte man unter anderem, wie einen das 7-S-Modell der Führung weiterbringt. Nämlich die vier »weichen« Faktoren Style, Shared Values,

Staff und Skills verbunden mit den drei »harten« Faktoren Strategy, Systems und Structure. Die Kernbotschaft indes lautete: Die wirklich besten Unternehmen dieser Welt führen über die vier weichen Faktoren Wertorientierung, Stil (Kultur), Förderung der Fähigkeiten der Mitarbeiter und Wertschätzung der Mitarbeitenden, der Mitglieder der Organisation. Damit war erstmalig in der breiten Wirtschaftsöffentlichkeit verkündet, dass Führung stets auch eine emotionale und seelische Dimension umfasst.

Da hat sich um den engen »Harzburger« Managementkreislauf, in dem der Mensch mehr als technisches Objekt galt – zwar mit delegierter Freiheit der Aufgabenbewältigung, aber schließlich im engen Rahmen der Effizienzvorgaben –, aus dem angelsächsischen Raum kommend ein neuer Ring gelegt, der sich für mich schon von der Sprache her viel emotionaler und damit auch eingängiger ausnahm. Die Leitideen dieses erweiterten »Leadership«-Zyklus hießen nun: Zukunftsvision kreieren, Mitarbeiter inspirieren, eine Vorbildfunktion einnehmen sowie Menschen für andauernde Höchstleistung coachen. Damals wurde uns allen erstmals die kulturpolitische Seite von Führung klar. Es war auch die Zeit, in der ich Edgar Schein und seine Gedanken zur Unternehmenskultur und Führung als Kulturleistung kennenlernte. Und es war die Zeit, in der – wenn auch einige Jahre später erst – das Buch von Gary Hamel und C. K. Prahalad herauskam: *The Core Competence of the Corporation.* Es weitete sich damit auch die Sicht von der rein marktorientierten Betrachtung der Unternehmen hin zu einer kompetenzbasierten, kulturpolitischen. Es handelte sich für mich um einen Paradigmenwechsel, der übrigens ab Mitte der achtziger Jahre eine richtiggehende Renaissance und Weiterentwicklung von Führungsarbeit auch in deutschen Unternehmen einleitete: Führungskräfte als Rollenvorbilder, Führungskräfte, die sich fürs Dienen nicht zu schade sind, die glaubwürdig und authentisch sind. Führungsleitbilder und -grundsätze, die Richtung weisen und Rahmen geben.

Dann aber verblassten diese hoffnungsvollen Ansätze von »Leadership« in den neunziger Jahren und danach wieder vor dem übergreifend okkupierenden, ja vergewaltigenden US-Konzept des Share-holder-Value, der nun Führung an den Shareholder-Erwartungen ausrichtete und Führung heroisch überhöhte und zelebrierte. Jürgen Schrempp von Daimler-Benz war der erste Adept dieses neuen Trends in Deutschland. Das Pendel schwang jetzt wieder zurück und reduzierte den Erfolg eines Unternehmens auf die fast übermensch-liche Kraft eines herkulischen Führers. Für Frauen in Führung war in dieser machohaften Denkstruktur natürlich kein Platz. Da hatten ausschließlich männliche Helden die Logik des Shareholder-Value-Kapitalismus durchzusetzen, mit der Hand am Steuerrad ihrer Un-ternehmen, die sie wiederum als reine Exekutionsmaschinen des ökonomischen Erfolgs betrachteten. Damit hat sich auf fatale Weise wieder die Reduzierung des Menschen zum Objekt eingeschlichen, der als Mitarbeiter kurz zuvor noch über den erweiterten Kulturbe-griff zum Subjekt erhoben worden war. Jetzt war er wieder Soldat in einer ökonomischen Kriegsmaschinerie. Und der CEO wurde zum Agenten des Prinzipals und Eigentümers. Weswegen dieser Agent auch fürstlich entlohnt werden musste, damit er loyal und bedingungslos der Vorgabe des Prinzipals folgte. So lautete die sogenannte Prinzi-pal-Agent-Theorie. Aber dieser Eigentümer war kaum mehr persön-lich identifizierbar, handelte es sich doch oft um nomadisierendes Finanzkapital. Diese Chefheroisierung war gekoppelt an die Standard-bilanzgrößen wie EBITDA (Earnings Before Interest, Taxes, Depre-ciation and Amortization), EBIT (Earnings Before Interest and Taxes) und EVA (Economic Value Added). Damit, so die Finanzmarktideo-logie des Zeitgeists, sollten sich die Erfolgsfaktoren eines Unterneh-mens zusammenfassen und bewerten lassen. Wirklich?

Als Erstes rächte sich diese vollkommen abgemagerte Sicht auf Un-ternehmensführung und ihren angeblichen Erfolg im Platzen der Dotcom-Blase zur Jahrtausendwende und im anschließenden welt-weiten Konjunktureinbruch auch der Realwirtschaft nach den Terror-anschlägen des 11. September 2001. Dieses Desaster tat jedoch dem heroischen Führermodell keinen Abbruch. Der mystisch überhöhte Unternehmensüberbau hat die Realität erst einmal überlebt, er brach sich in Deutschland zum Beispiel weiter Bahn in der jährlichen Wahl des »Managers des Jahres« durch das *manager magazin*. Es war erbärmlich, zu sehen, wie in einer Mischung von Börsen- und Medienhype einzelne Menschen hochgejazzt wurden für Ergebnisse, die nicht sie und schon gar nicht sie allein erzielt haben, sondern zuallererst die vielen Tausend Mitarbeiterinnen und Mitarbeiter. Dazu waren die erzielten Finanzergebnisse auch gar nicht mehr wie Jahrzehnte zuvor durch Marktwachstum erreicht worden, sondern durch immer neue Effizienz- und Kostensenkungsprogramme. Dass eben diese Wahl zum »Manager des Jahres« häufig als »Todeskuss« bezeichnet wurde, war die Folge davon, dass hochgejubelte »Leader« oft nur wenige Jahre in ihrem »Potemkinschen Dorf« wie in morschem Gemäuer agierten, bis es kurz nach der Preisverleihung einstürzte.

Mehr als zwei Dekaden Wirtschaftsgeschichte waren also gekennzeichnet durch die Dominanz des Shareholder-Value-Prinzips in den neunziger Jahren und dann durch die Degeneration des Verständnisses von Unternehmertum als reines, margengetriebenes Effizienzmanagement. Gerne und inbrünstig betrieben unter den Schlagworten und angeblichen Erfolgsrezepten »Business Process Reengineering«, »Business Redesign«, »Bounderless Enterprise Management« und vielem anderen Beraterkauderwelsch. Die Frage, was gute Führung – Unternehmensführung wie Menschenführung – ausmacht, geriet erst einmal schwer unter die Räder.

Unter denen klemmt sie bis heute. Ein Drittel der deutschen Manager tickt nach dem Motto »Der Zweck heiligt die Mittel, Rücksichtslosigkeit ist normal«. Eine Dissertation im Bereich Psychologie an der Uni Oldenburg, die das belegt, fand unlängst großes mediales Echo. Beispiele sind schnell gefunden: Siemens-Aufseher Gerhard Cromme, der seine Gefährten eiskalt aus dem Spiel nimmt, Air-Berlin-Gründer Joachim Hunold, als Chef berüchtigt für seine derbe, verletzende Art, Internetunternehmer Oliver Samwer, der seine Führungskräfte mit Blut-und-Boden-Mails zu mehr Leistung peitscht.

Dass das Muster der »harten Hunde« sich zusehends ins Mittelmanagement frisst, hat auch Sonja Bischoff seit mehr als 15 Jahren regelmäßig ermittelt. Zuletzt bekannten sich 58 Prozent der Männer und 64 Prozent der Frauen zu ihrer autoritären Seite. Gleichzeitig hat der kooperative Führungsstil seit Ende der neunziger Jahre massiv an Boden verloren. Daten des *Stressreport Deutschland 2012* belegen, dass Mitarbeiter deutscher Unternehmen sich bei Problemen von ihren Führungskräften signifikant häufiger im Stich gelassen fühlen als ihre Kollegen in den anderen EU-Ländern.

Vererben wir also immer noch den Mythos, nach dem es herausragende Feldherren sind, die ihre Truppen unter Entbehrungen, Opfern und bedingungslosem Einsatz zum (ökonomischen) Sieg führen – wie schon im Wiederaufbau unter Adenauer oder in heroischen Führermodellen der Jahrzehnte zuvor? »Le roi, c'est moi!« Egal ob Joe Kaeser bei Siemens oder Martin Winterkorn bei Volkswagen.

Heute ist Deutschland das Land effizientester Massenproduktion, Standardisierung und Skalierung. »Mehr, schneller, höher, weiter« beherrschen wir als Manager hervorragend, dabei wäre oft ein »anders« in der Führung gefragt. Selbst börsennotierte Konzerne haben mehr Spielräume, als sie behaupten. Das kann ich aus meiner jahrzehntelangen Erfahrung nun mit Fug und Recht behaupten.

Wie ich weiter oben bereits ausgeführt habe, müssen die fünf kulturpolitisch wichtigen Dimensionen eines Unternehmens – *Autonomie, Kollaboration, Diversität, Demokratie* und *Solidarität* – integriert zusammen gedacht werden und zusammenwirken können. Bezogen aus den daraus resultierenden Anforderungen an Führung erinnere ich noch einmal an die eingangs dieses Kapitels erwähnte Kernaussage des Bremer Wissenschaftlers Peter Kruse im Rahmen des INQA-Projekts, wonach nur noch knapp 30 Prozent der befragten Führungskräfte sagen, renditesteigerndes und effizienzgetriebenes Management sei für sie das Leitbild ihres Managerhandelns. Fast 18 Prozent skizzieren das Coaching-Modell der Führung als wichtigen Entwicklungsschritt, 24 Prozent empfinden die horizontal strukturierte Netzwerkorganisation für maßgeblich, und schon knapp 16 Prozent gehen einen Schritt weiter und streben innerlich eine solidarische Stakeholder-Organisation an. Zwar trauern immer noch 13,5 Prozent der

Führungskräfte der Studie zufolge der alten, paternalistischen Kultur nach, doch man sieht deutlich, dass eben 70 Prozent der heutigen Führungskräfte das derzeit noch verbreitete Führungsmodell nicht als stimmig sehen, sondern sich Gedanken machen über andere Führung in einer anderen Organisationsform.

Der Weg der Veränderung – oder: Die Transformation geschlossener Systeme

Für vieles, woran es in Deutschland hakt und mangelt – vom Bildungssystem über Gründermangel bis hin zur Führungskultur –, findet sich eine grundlegende Ursache: Viele Unternehmen und Institutionen, vielleicht Deutschland als Ganzes, sind geschlossene Systeme. Systeme, die sich dem Wandel nach Kräften verschließen, natürlich mit dem durchaus ehrenwerten Ziel, den als gut betrachteten Status quo homöostatisch im Gleichgewicht zu halten. Zumal der Status quo ja auf vielen Feldern von Erfolg bestimmt ist, dem ökonomischen Erfolg und dem stabilen Arbeitsmarkt, aber zu hohen Kosten auf anderen Feldern. Und Erfolg ist die Mutter des Misserfolgs.

Einer der subtilsten Gegner von Wandel, gegen den ich schon seit geraumer Zeit angehe, ist die Homogenisierung in geschlossenen Systemen. Mit dem Kybernetiker William Ross Ashby und seinem »law of requisite variety« (Gesetz von der erforderlichen Varietät) argumentieren viele Organisationstheoretiker und zunehmend auch Praktiker für mehr Vielfalt in sozialen Systemen, um den Prozess der Entscheidungsfindung, aber auch der Umsetzung beziehungsweise Veränderung mit mehr Intelligenz, mit mehr Blickwinkeln und Erfahrungshintergründen zu gestalten und damit Wandel grundlegender zu ermöglichen. Wobei natürlich routinierte, homogene Systeme die bestgeölten Maschinen für Umsetzungen sind, aber eben mit den bekannten Routinen für gut strukturierte Problemstellungen und nicht im Umgang mit disruptivem Wandel, also mit chaotisch anmutenden Herausforderungen, die das radikale Um- und Verlernen erfordern.

Meine Betrachtung geschlossener Systeme hat ganz entscheidend mit der Frage zu tun, ob sich nicht auch der Charakter von Wandel gewandelt hat, sodass sich die »Selbstgefälligkeit« dieser geschlossenen Systeme problematischer auswirkt und ihre Krisenanfälligkeit steigt. Als junge Führungskraft, die ich in den achtziger Jahren noch war, erlebte ich Wandel als ein episodisches, aber immer planmäßig lösbares Phänomen. Damals bedeutete Wandel, dass man eine vorausschauende Lagerhaltung betrieb, ein Notstromaggregat bereithielt oder eine »Personalrampe« bei Produktneueinführungen. Letzteres meint, dass man nur ein paar Mitarbeiter mehr einstellt, um für Anlaufschwierigkeiten gewappnet zu sein. Sobald das Problem gelöst war, schwang das System wieder in seinen Ursprungszustand zurück.

In den neunziger Jahren kam indes der Begriff der »atmenden Organisation« auf die Agenda, wonach die Veränderungsdynamik zu einem nicht temporären, sondern dauerhaften Zustand wurde. Um die Veränderungsschübe zu bewältigen, mussten Organisationen und Unternehmen insbesondere an ihren Grenzen atmen. Neuartige Puffer wie Leih- und Zeitarbeit wurden eingesetzt, dazu Outsourcing, wahlweise auch Insourcing. Mal hieß es, Ballast abzuwerfen und unternehmensinterne Aufgaben an Fremdfirmen auszulagern. Mal hieß es, wenn vorhandene, aber brachliegende Produktionskapazitäten ausgelastet werden mussten, ausgelagerte Tätigkeiten wieder zurückzuholen. Da hieß die überwölbende Devise: Wandel, vor allem globalisierungsgetriebenen Wandel, durch »Entgrenzung« der Organisation zu beherrschen. In diesem Zusammenhang sind Firmenfusionen, Akquisitionen und strategische Allianzen nicht zuletzt auch Neudefinitionen von Unternehmensgrenzen durch Atmung.

Natürlich gibt es auch heute nach wie vor den altbekannten, episodischen neben globalisierungsgetriebenem, kontinuierlichem Wandel, dem sich Unternehmen stellen müssen. Aber inzwischen sehen wir uns eben mit ganz neuen, zum Teil sogar destruktiven Veränderungsprozessen konfrontiert.

Die Autobauer müssen sich neu erfinden, wenn sie ihre und unsere Zukunft nicht gefährden wollen. Auch wenn der Absatz auf manchen

Märkten noch brummt, wie zum Beispiel in China, so ist er »gedopt« durch künstliche Konjunkturanreize, geblendete Superreiche und mangelnde chinesische Konkurrenz. Trügerische Trends, denn bei Brennstoffzellen- und E-Autos drohen die innovativen Wettbewerber wie Tesla oder Toyota deutsche Autobauer abzuhängen. Und Google droht mit der radikalsten Innovation, dem fahrerlosen, Stau vermeidenden und unfallfreien Auto. So wie es Verlagen und Printmedien längst ergeht, zunehmend bedrängt von der massenhaften Migration zu digitalisierten Medien. Das klassische Verlagsmodell wird durch das E-Book auf den Kopf gestellt. Das Pew Research Center in Washington zeigte in einer Studie zur Lage der US-Medien plakativ das Fehlen neuer Geschäftsmodelle auf; für jeden Dollar, den die US-Verleger im Digitalgeschäft einnehmen, gehen im Print sieben Dollar verloren. Gleiches gilt für die Musikindustrie, gegen iTunes (Apple) und Spotify mit dem Rücken zur Wand, die Downloads zum Schnäppchenpreis anbietet. Eine behutsame OP am Geschäftsmodell reicht nicht mehr, das Herz(-Stück) muss ausgetauscht werden.

Doch zunehmend werden Unternehmen auch um ihren Zenit herum bedroht. Noch vor Monaten gesund, sind sie plötzlich am Abgrund und ernsthaft bedroht. Telekommunikationsunternehmen wie RIM und Nokia, bis jüngst Weltmarktführer, kämpfen nach kurzem »Nickerchen« verzweifelt ums Überleben oder sind bereits tot. Sie stehen symbolhaft für Unternehmen, die den Anschluss an die Moderne erst ermöglicht und dann verpasst haben. Die Smartphone-Revolution frisst ihre Kinder. Oder die deutsche Energiebranche: Nicht nur der Tod der deutschen Nuklearenergie, sondern auch der Überlebenskampf der hoch subventionierten regenerativen Hersteller – vormalige Weltmarktführer kämpfen ums Überleben oder sind zum Dutzend schon illiquide – zeigt die Intensität der Umwälzung. Disruptive politische Entscheidungen in den Heimatländern brechen den einen eines ihrer Standbeine, globale Low-Cost-Anbieter fordern ihren Blutzoll von den anderen.

Oder sie werden erdrückt von der eigenen Größe. Die Boston Consulting Group nennt das die »Big Company Disease«. Sony hat unser Leben verändert: Vorreiter im Farbfernsehgeschäft, Erfinder des Walkman, Vorbild für Apple-Gründer Steve Jobs. Innovativ, mutig, cool. Und jetzt: Den Ton geben längst die Rivalen Samsung und Apple an. Sony ist nur noch ein Schatten seiner selbst. Stolze Giganten verpassen – geblendet vom eigenen Erfolg – den Anschluss, werden von der eigenen Größe schier erdrückt. Die Innovationskraft zerschellt an der Bürokratie der großen Organisation. So wie beim japanischen Autoriesen Toyota, der mit der Qualität nicht mehr mithalten konnte, nachdem die Konkurrenten seine hoch effiziente Art zu produzieren übernommen hatten. Oder beim Pharmakonzern Pfizer, der einen Konkurrenten nach dem anderen schluckte und mit zunehmender Größe seine Innovationskraft verlor.

Neben den Technologie- und Marktumbrüchen, neben den »Big Company Diseases«, gibt es zudem noch die rapiden Abstürze durch Kollaps vordergründig intakter Unternehmenskulturen durch Reputationsverlust, Betrugs- und Korruptionsfälle, Scheingeschäfte, aber auch durch gesellschaftlich grenzwertiges Verhalten. Einige Beispiele: France Télécoms und Foxconns Suizidkrise; Société Générale und UBS durch Einzelne an den Rand des Abgrunds gezockt, in einer Kultur, die dies förderte; die Korruptionsaffäre von Siemens mit der damaligen Gefahr einer milliardenfachen, firmendezimierenden Strafzahlung; Schleckers Reputationsaffäre durch Lohndumping mit anschließendem Tod; Datenskandale bei Lidl und der Telekom; fehlende Kontrolle und Compliance beim Flughafen Berlin Brandenburg; ThyssenKrupps Mischung aus Korruptionsskandalen, einer Unternehmensführung mittels leistungszerstörender Seilschaften sowie mangelnder Kontrolle. Wie kommt es zu solchen Abstürzen nach zuvor veränderungsresistenter Erstarrungshaltung? »Homosoziale Reproduktion« nennen Soziologen wie Rosabeth Moss Kanter das, was wir als »Old Boys Networks« oder volkstümlich auch als »Schmidt sucht Schmidtchen« kennen, eine der wichtigsten Ursachen für Abstürze. Die Selbstregulierung des Systems geschieht durch die Attraktion von Ähnlichkeit, seien es die »langen Lulatsche« des Preußenkönigs, die Absolventen deutscher Privatuniversitäten wie EBS und WHU beziehungsweise der französischen ENA oder die McKinseys, die den Nachschub für die Talentpipelines spezifischer Unternehmen bis hin zu Topmanagement, Vorstands- und Aufsichtsratsgremien bilden.

Geschlossene Systeme funktionieren nach dem instinktiv gelebten Herdenprinzip »Gleich und Gleich gesellt sich gern«, wodurch soziale, ideologische und gesellschaftliche Durchlässigkeit im Keim erstickt werden. Spezifische Mechanismen der Selektion, Bildung, Förderung, Beförderung und Belohnung wie auch Sanktionierung sorgen nicht nur für die nötige Legitimation, sondern auch für die Sicherung des Systems. Assessment-Center und vergleichbare Verfahren dienen sowohl der Normierung als auch dem Schutz, genauso wie »Messer- und Gabeltests« mit Vorstandsaspiranten und präzis kalkulierte Wirkeffekte von PowerPoint-Präsentationen. In der Unternehmenskultur solcher Unternehmen produziert der Sozialisationsprozess die Heranbildung gleichförmiger Klone, blind marschierender Lemminge. Kritisches, kreatives Denken und Innovationsfähigkeit werden herausselektiert oder verbannt, selektive Wahrnehmung dominiert. Veränderungsresistente Erstarrungshaltung dominiert sie trotz vielfältiger Warnsignale aus dem Umfeld.

Geschlossene Systeme können fatale Folgen haben. Das Beispiel Fukushima zeigt die Konsequenzen. Das »Atomdorf«: Mit dieser Chiffre wird in Japan eine abgeschottete Elite bezeichnet, die sich rund um den Nuklearkomplex des Landes gebildet hatte. Zu den Mitgliedern dieses geschlossenen Systems gehörten die Atomabteilungen von Tepco ebenso wie die zuständigen Bereiche des Industrieministeriums. Aber auch Forscher und Journalisten waren Mitglieder im exklusiven Atomklub. Externe Kontrollen fanden nicht statt.

Der Kitt, der sie alle zusammenhält, ist ein überaus starkes Gefühl der Zusammengehörigkeit und sind verblüffende Ähnlichkeiten im Lebenslauf: Sie kommen alle gleichförmig von derselben Topuniversität in Tokio – der Keio-Universität –, und hinterher arbeiten sie bei Tepco oder eben bei der Behörde, die Tepco überwachen soll. Also ein inklusiver Wechsel vom Kontrollierten zum Kontrolleur und vice versa in einem nahezu hermetisch geschlossenen System. Wir alle haben nach Fukushima von den jahrelangen Missachtungen der Qualitäts- und Kontrollvorschriften gehört. Viele Tausend Opfer hat die Klüngelei der japanischen Polit- und Wirtschaftselite gefordert. Und das Schlimmste: Die Verantwortlichen müssen keine Konsequenzen befürchten. Der Kampf um Ämter und Pfründe läuft wie eh und je in diesem gut geschmierten System der Seilschaften und des Nepotismus. Wo ist der Unterschied zwischen dem japanischen »Atomdorf« und einem ThyssenKrupp oder einer Deutschen Bank?

Ob Tepco oder ThyssenKrupp – das sind natürlich extreme Prototypen solcher rigiden Systeme. Sie zeigen aber symptomatisch, wie alte Kulturen reformunfähig auf Krise, Desaster oder Exitus hinsteuern. Homosoziale Reproduktion und homogenisierte Rekrutierungs-, Integrations-, Belohnungs- und Beförderungsmechanismen müssen aufgebrochen werden, um das Haus kulturell aus- und durchzulüften. Doch selbst Veränderungsversuche scheitern häufig, weil sie alten Mustern folgen. Paul Watzlawick benannte starre, konforme und homogene Problemlösungen als Ultra-Solution oder *Patendlösung*, bei der man wie der Hamster im Rad unfähig ist, radikal neue Lösungswege einzuschlagen, und sich stattdessen immer schneller dreht, immer mehr vom Gleichen versucht – ohne Erfolg, aber die Anstrengungen multiplizierend. Wie lange schon dauert der Kulturwandel bei der Deutschen Bank, bei Siemens, bei der Telekom und anderen, und wie viele haben noch nicht einmal begonnen? Wie gelingt nun die Öffnung solcher geschlossenen Systeme? Wie lassen sie sich transformieren?

Geschlossene Unternehmen folgen oft wie jener Hamster im Rad unausgesprochenen, ewig gültigen Wahrheiten und organisationalen Orthodoxien beziehungsweise Dogmen.

Eine schon zitierte Unternehmensberatung fordert deshalb, dass Unternehmen »Adaptive Advantages« entwickeln, also Vorteile, die sich daraus ergeben, dass Firmen die ambidextren organisationalen Fähigkeiten sowohl zu schöpferischer Reflexion als auch zu Exekution nutzen, also die richtige Balance zwischen strategischer Deduktion von oben und Experimentieren »unten« besitzen.

Diese »Adaptive Advantages« sind aus meiner Sicht vergleichbar den Zellmembranen, die sich gegenüber der Umwelt schließen (»Effektorproteine«) und sich andererseits für den Stoffaustausch öffnen (»Rezeptorproteine«), und sie haben mindestens fünf Ausprägungen.

1. »Signal Advantage«, also die Fähigkeit von Unternehmen, frühe und neuartige Signale aufzunehmen und richtig zu analysieren beziehungsweise zu deuten durch »boundary spanning roles«, wie beispielsweise die »nützlichen Kassandras«, die Vertriebs- und Kundendienstleute, die Andrew Grove in seinem Buch *Only the Paranoid Survive* am Beispiel Intel beschrieb. Oder auch durch Konfrontation der Kultur mit »Außenseitern«, Außenstehenden, Querdenkern, seien es quälende Quereinsteiger oder widerspenstige Organisationsberater, und natürlich durch die Permeabilität und Fluidität der Unternehmensgrenzen, also durch organisatorische Saugnäpfe in die Umwelt hinein, wie zum Beispiel durch Stiftungen, Coworking Spaces und Open Innovation, die ich als quasi »Nano-Antennen« in die Außenwelt bezeichnen würde.

2. »System Advantage«, also die Fähigkeit, Organisationsstrukturen und Systeme rasch anzupassen durch »loosely coupled systems«: also Subsysteme nur lose verzahnen, um Ausfälle und Krankheiten besser zu verkraften oder um in Subsystemen zu experimentieren. Ein Plädoyer gegen Zentralisierung, wie ich es Manfred Wennemer bei Continental zuschrieb. Ein weiterer Weg ist der Aufbau von Resilienz, also der Fähigkeit, nach einer Verformung unter Druck nach Nachlassen des Drucks durch eingebaute Flexibilitätspotenziale wieder in die ursprüngliche Form zu gelangen, wie ich es bei der Bewältigung der Krise der Lufthansa nach dem 11. September 2001 beschrieb.

3. »Social Advantage«: Auf neue beziehungsweise veränderte Erwartungen von Stakeholdern bezüglich etwa sozialen und ökologischen Engagements angemessen reagieren, indem Shared Value beziehungsweise Stakeholder-Value den geistigen Rahmen des Unternehmens bilden und durch Berücksichtigung des »Triple Bottom

Line Impact« bei Entscheidungsprozessen sowie frühe Dialoge die Stakeholder-Interessen gut eingebettet werden.

4. »Simulation Advantage«: Experimentieren mit und Simulieren von anderen Zukünften, also die Transformation der Organisation vorausdenken, wie ich es am Beispiel der präventiven Beauftragung eines Revisionsberichts hinsichtlich der Beschäftigungselastizität im Gefolge disruptiver Erschütterung bei der Lufthansa skizziert hatte. Shell erkannte dies bereits in den achtziger Jahren und erzwang multioptionales Denken durch die Nutzung von Szenariotechniken. Die Frage des Ölmultis »What comes after oil?« ist legendär. Sie hat Shell kulturell und strategisch offener gemacht, aber natürlich nicht vor allen krisenhaften Erschütterungen bewahrt. Übrigens eine ähnlich systemkonfrontierende Intervention wie die der vom früheren Intel-CEO Andy Grove in seinem Buch *Die paranoide Organisation* beschriebenen »Constructive Confrontation«. Auch der preußische Militärtheoretiker und General Carl von Clausewitz hat schon gefordert, dass man alle Optionen der Zukunft während Friedenszeiten austestet, um sich für sämtliche Eventualitäten vorzubereiten.

Und natürlich

5. »People Advantage«, nicht nur, um eine Diversity-Strategie für Resilienz konsequent umzusetzen, sondern auch, um die Kreativität der Unternehmensbürger quasi wie in einer »Volunteer Organization« zu fördern, übrigens auch durch Öffnen der Innovationsgrenzen durch Open Innovation und Open Sourcing.

Erst wenn Unternehmen Kultur, Organisationsdesign und Sensorik entwickeln, die durch diese »Advantages« betrieben wurden, haben wir die Chance zu einem langlebigeren, transformationsfähigeren Unternehmen, das Schumpeter überlistet. Ob es noch länger hätte leben können, wissen wir sowieso nicht. Ganz nach Wilhelm Busch:

»Denk an des Geschickes Walten.
Wie die Schiffer auf den Plänen
Ihrer Fahrten stets erwähnen:
Wind und Wetter vorbehalten.«

Keine Zukunft ohne radikale Bildungsreform

Lassen Sie uns einen Blick auf einen für Transformation essenziell wichtigen Bereich, nämlich auf die Bildung, werfen, sozusagen zurück zu meinen beruflichen Anfängen und Ideen im Bildungsbereich. Welche Art Bildung, welches Bildungssystems bedarf es, um mehr kritisches, von Neugierde getriebenes, erforschendes Denken und Handeln in Menschen zu verankern? Das ist quasi der hermeneutische, evolutionäre Weg, um »Einsicht« in nötige individuelle und organisationale Lern- und Transformationsprozesse zu entwickeln. Damit bestimmt sozusagen das Bewusstsein das Sein, im Unterschied zur politökonomischen marxistischen Maxime, dass das Sein das Bewusstsein bestimme. Natürlich bin ich nach wie vor geprägt von der kritischen Debatten- und Diskurskultur der siebziger und achtziger Jahre, die bei vielen, nicht nur Linken, zu Wachsamkeit, geistiger Agilität mit der Folge realer Veränderungen, allerdings nur in Teilbereichen innerhalb des alten Systems, führte.

Der Einfluss rein ökonomischen Denkens seit den neunziger Jahren auch auf die Bildung ist heute allemal größer, als uns allen lieb sein kann. Natürlich muss die ökonomische Perspektive als eine unter etlichen anderen Bestandteil der Bildung sein. Doch geht sie darüber und über eine gute subsidiäre Unterstützung weit hinaus: Insgeheim und gleichermaßen offen reguliert Wirtschaft die Steuerung des Bildungssystems mit, etwa indem sie Beschränkungen der Bildungsdauer anmahnt oder Effizienzziele vorgibt, die unbedingt erreicht werden müssen, wie beispielsweise die gesamte Diskussion um die Verkürzung von Studium und Sekundarstufe II zeigt.

Eine zentrale Rolle spielt in diesem Zusammenhang schon seit den sechziger Jahren die »Organisation für wirtschaftliche Zusammenarbeit und Entwicklung«, kurz OECD, eine zwischenstaatliche Organisation, die sich zunehmend mit reinem Effizienzgeist infizierte. Die OECD bewertet staatliche Bildungspolitik nicht nur, zum Beispiel im Rahmen der allseits bekannten PISA-Studien, sondern sie trägt genau damit auch ganz maßgeblich zu ihrer künftigen Gestaltung bei. Startschuss für diese Rolle der OECD war eine Konferenz mit dem Titel »Wirtschaftswachstum und Bildungsaufwand« in ihrem Gründungsjahr 1961. In einer dort verabschiedeten Erklärung heißt es: »Heute versteht es sich von selbst, dass auch das Erziehungswesen in den Komplex der Wirtschaft gehört, dass es genauso notwendig ist, Menschen für die Wirtschaft vorzubereiten wie Sachgüter und Maschinen. Das Erziehungswesen steht inzwischen gleichwertig neben Autobahnen, Stahlwerken und Kunstdüngerfabriken. Wir können nun, ohne zu erröten und mit gutem ökonomischen Gewissen versichern, dass die Akkumulation von intellektuellem Kapital der Akkumulation von Realkapital an Bedeutung vergleichbar – auf lange Dauer vielleicht sogar überlegen – ist. Und man hört auch schon von Bankfachleuten, zumindest von den Wagemutigeren, dass die Erziehung und Entwicklung des menschlichen Fähigkeitsreservoirs ein geeignetes Feld für produktivere Anleihen sein könnte.« Dazu eine weitere, geradezu dirigistische Vorstellung der OECD zur Rolle der Schule: »In der Schule soll jener Grundsatz von Einstellungen, von Wünschen und von Erwartungen geschaffen werden, der eine Nation dazu bringt, sich um den Fortschritt zu bemühen, wirtschaftlich zu denken und zu handeln.« Das, als eine einzelne Komponente betrachtet, ist noch nicht falsch; alleinstehend und dominant dagegen nicht akzeptabel.

Die OECD argumentiert damit im Sinne der »Humankapitaltheorie«, in der Bildung aus wirtschaftlicher Perspektive als Ressource betrachtet wird. Verkürzt ist eine ihrer zentralen Aussagen »Höhere Bildung = höhere Produktivität = höhere Entlohnung«. Und, damit zusammenhängend auch »Ziel höherer Bildung = Einkommensmaximierung«. Aber dabei wird erstens nicht in Betracht gezogen, dass Menschen aus anderen Motiven als dem der Einkommenssteigerung oder der Erhöhung des eigenen »Marktwertes« Zeit und Geld für Bildung aufwenden. Zweitens sind Mitarbeiter in dieser Denkfigur nichts als reine Produktions- und Kostenfaktoren beziehungsweise Marktgüter.

Die Theorie des Humankapitals hat sich weitgehend als dominante Idee durchgesetzt. Maßgebliche Begründer dieser Theorie, unter ihnen die US-amerikanischen Ökonomen Theodore Schultz und Gary Becker, erhielten für ihre wissenschaftlichen Arbeiten Wirtschafts-nobelpreise. Und so wird heute viel diskutiert über die »Input-Output-Effizienz« und die Verwertbarkeit von Bildung.

Die Frage, was die Wirtschaft von der Bildung braucht und erwarten kann, halte ich für eine – mit Verlaub – bescheuerte Frage. Alleine gestellt ist es die falsche und es ist eine gefährliche Frage. Bildung muss ein breites Spektrum an Aufgaben erfüllen, muss mehr sein – viel mehr! – als eine Schmalspurschiene mit direkter Destination Arbeitsmarkt. Sie muss der persönlichen und charakterlichen Bildung des Einzelnen dienen und gleichzeitig geistiger Ermöglicher für persönliche und gesellschaftlich anstehende Transformation sein.

Es ist eine von vielen Seiten und zu Recht immer wieder geäußerte Kritik, dass der standardisierte Vergleich von verschiedenen Bildungssystemen den weiten Begriff der Bildung verkürzt auf reines Faktenwissen. Um nicht falsch verstanden zu werden: Die ersten PISA-Untersuchungen hielt ich ganz ohne Zweifel für ungeheuer hilfreich. Sie haben dazu beigetragen, große Unwuchten aufzudecken und Deutschland vor Augen zu führen, dass es Länder gibt, die mit ihrer Auffassung von Bildung, mit ihren Herangehensweisen deutlich bessere Ergebnisse in elementaren Fertigkeiten der Schüler im Lesen und Rechnen erzielen. Und das war ein wichtiger Denkanstoß für ein Land wie unseres, das sich vielleicht allzu leichtfertig auf seine große Tradition als Volk der Dichter, Denker und herausragenden Ingenieure beruft, aber in seinen Bildungsstrukturen leider als hochgradig festgefahren und reformbedürftig gelten muss.

Wie bei jedem Thema gibt es aber einen Zenit. Und nach dem Zenit folgt oft der Exzess oder die Erosion. Was wir inzwischen im Zusammenhang mit PISA und der Fixierung auf Leistungsvergleich und Leistungsoptimierung erleben, ist ein solcher Exzess, es ist schlicht Fetisch. Es geht dabei nicht mehr darum, Differenzen auszugleichen und konstruktiv über sinnvolle Veränderungen nachzudenken. Es geht oft nur noch um blinden Aktionismus, ums Hinaufhangeln auf einer Punkteskala – um jeden Preis und ohne Reflexion der tatsächlichen Bildungsqualität, nach der gar nicht mehr gefragt wird. Denn der Effekt dieses »Benchmarkings« – um einen weiteren Begriff aus der Wirtschaft einzubringen, der mittlerweile in die Welt von Bildung und Schule diffundiert ist und der nichts anderes bedeutet, als Methoden zu vergleichen, die besten anzupassen und zu übernehmen – ist allzu häufig und allzu schnell ein weitgehend stupides Unterscheiden nach Mehr oder Weniger. Oder der Versuch blinder Übertragung kulturell begründeter und historisch gewachsener Exzellenz in kulturell andersartige, oft abstoßungsstarke Kulturen.

Damit sind wir bei den spürbaren Auswirkungen auf die Realität von Schule und Bildung: Eine ökonomisierte Betrachtung von Bildung unter dem Primat der Effizienz, der Verwertbarkeit, des »Outputs« prägt die Wirklichkeit nicht nur, sie schafft Wirklichkeit. Da sollen junge Menschen in Schulen und Universitäten fit gemacht werden für eine Welt, die nur nach »schneller, höher, weiter, mehr« strebt und in der sich Erfolg an reiner Quantität bemisst.

Es ist die Entwicklung hin zum »Benchmarking«, zum Vergleich, zu mehr Effizienz, zum Anstreben maximaler Wirtschaftlichkeit in der Bildung, in welchem sich auch die radikalen Reformen in der Schul- und Universitätslandschaft in der unmittelbaren Vergangenheit vollzogen haben. Vom Jahr 2003 an etwa die Einführung des G8 in den meisten Bundesländern, also des Abiturs nach zwölf statt 13 Jahren. Etwa seit der gleichen Zeit die Umsetzung des – von mir als richtig erachteten – Bologna-Prozesses, also die schrittweise Umstellung von Studienabschlüssen auf Bachelor und Master. Die ging dann – leider – einher mit einer starken Bürokratisierung und Verschulung der Bildung zur Ausbildung, mit einer rigiden, modularisierten Prüfungsstruktur, aber leider nicht mit einer Verbesserung der Lehre. Im

Bereich der Weiterbildung gehören auch die von mir in den vorangegangenen Kapiteln bereits erwähnten MBA-Studiengänge und der
gewaltige Aufschwung der Business Schools zu dieser Entwicklung.
Zusammenfassend will ich betonen, wie eng verwoben die herrschenden Paradigmen in Wirtschaft und Bildung sind. Die zunehmende
Ökonomisierung, ja »Verbetriebswirtschaftlichung« unseres gesamten Lebens nach Effizienznormen, ist eine Entwicklung, die auf alle
Lebensbereiche wirkt und übergreift. Wendungen wie »Investitionen
in Bildung« oder auch der bereits angesprochene Begriff des »Humankapitals« sind nur äußere, aber beredte Anzeichen dafür.
Und ist nicht auch die Analogie zwischen Schülerlaufbahnen und
Karrieremustern in der Wirtschaft ein markantes Beispiel für diese
komplexen Verbindungen? Da geht es von Anfang an darum, Leistung zu zeigen und sich für den nächsten Schritt zu qualifizieren: in
der Grundschule durch den Notendurchschnitt für Gymnasium oder
Realschule, später für die Ausbildung im Wunschberuf, den Zugang
zu einem begehrten Studienfach, den ersten Job. Im Unternehmen
durch erreichte Stückzahlen, glänzende Analysen oder besondere
Einsatzbereitschaft für die nächste Stufe auf der Karriereleiter. Immer
kommt es darauf an, sich auf das System einzustellen, sich anzupassen, nicht zurückzubleiben und weiterzukommen. Dieses Prinzip heißt
in Unternehmen der Höchstleistung dann schmissig »up or out« oder
»grow or go«. In diesem Wettlauf liegt die Frage »Was bringt mich
hier weiter?« leider viel näher als die Frage nach dem, was ich selbst
für richtig halte.
Eberhard von Kuenheim, ehemaliger BMW-Vorstands- und Aufsichtsratsvorsitzender, bezeichnet die Ökonomisierung der Bildung und
des Lebens in einem 2011 erschienenen Essay in der *Frankfurter Allgemeinen Zeitung* als ein »Trauma unserer Zeit«. Darin schrieb er unter
anderem: »Eine der Wurzeln der Ökonomisierung aller Lebensbereiche liegt in dem Messbarkeitswahn, der sich allgemein und auf
breiter Ebene durchgesetzt hat und der auch unser Bildungswesen
beherrscht. Fatalerweise und fälschlicherweise sieht man Wirtschaft
als Synonym für Quantifizierbarkeit. Zwar ist Geld das Maß von Er-

folg oder Misserfolg; stets ist zu fragen, was bleibt unterm Strich – jedes Jahr wieder und mehr als der Wettbewerb. Jedoch verhalten sich Input und Output weitgehend asymmetrisch zueinander; der Großteil der Leistungen, Abläufe, Prozesse ist nicht messbar. Der Wahn, alles und jedes in Kennzahlen pressen zu wollen, verkennt die Wirklichkeit und kann trügerische Sicherheit verleihen mit der Folge gravierender Fehlentwicklungen.«

Von Kuenheim spricht mir aus der Seele. Ich kann ihm nur zustimmen und möchte an dieser Stelle ergänzen, so wie ich es im Film *Alphabet* von Erwin Wagenhofer klar und deutlich vom Vorstandssessel der Telekom AG aus sagte: Die damit einhergehende Ökonomisierung der gesamten Gesellschaft und damit auch der Bildung ist auch aus meiner Sicht eine der schlimmsten Entwicklungen unserer Zeit.

Bildung also! Wir müssen beim Ausbruch aus den allerlei ideologischen Zwangsjacken nicht nur am System, sondern unbedingt auch beim einzelnen Menschen ansetzen. Beim Lehrer: Gefragt ist der fördernde und fordernde Lehrer, der Individualität nicht als Bedrohung, sondern als Chance begreift. Gerade Lehrer unter meinen Lesern werden von neuesten Forschungsergebnissen daran erinnert, dass ihr Einfluss gar nicht hoch genug eingeschätzt werden kann. Der neuseeländische Bildungsforscher John Hattie ist derzeit in aller Munde mit seinen Erkenntnissen über erfolgreiches Unterrichten und die Rolle der Lehrenden. In einer gigantischen Auswertung von über 800 Metanalysen, die wiederum 50 000 Einzelstudien mit 250 Millionen Schülern umfassen, ist einer seiner zentralen Schlüsse: Hauptverantwortlich für den Lernerfolg ist nicht das Bildungssystem als Ganzes, sind nicht Klassenstärke, Unterrichtsformen oder -reformen. Seinen Ergebnissen zufolge ist es der einzelne Lehrer – seine Fähigkeit, auf Schüler einzugehen, zu begeistern, zu integrieren und zu führen –, der entscheidend dafür ist, was und wie gut Schüler lernen. Diesen Erkenntnissen entsprechend gibt es übrigens viele Studien, die belegen, dass auch Beschäftigte nicht »ihrer Firma« kündigen, sondern immer ihrem unmittelbaren Vorgesetzten. Der Mensch macht den Unterschied! Ich erinnere in diesem Zusammenhang an meine Reflexion zum »Club der toten Dichter«, der als Synonym für die Fähigkeit steht, in existierenden Strukturen Laboratorien für Analyse und Veränderung zu betreiben, die guter Change Agents bedürfen. Solche Parallelwelten sind für mich lebendige Belege dafür, dass es anders geht, wenn man dann nur nicht von dieser Parallelwelt usurpiert wird.

Und schon schließt sich der Kreis von Bildung zu Wirtschaft, aber diesmal nicht im utilitaristischen, im Abrichtungssinne. Auch die Unternehmen der Zukunft brauchen zuhörende, abwägende und verstehende Führungskräfte wie Mitarbeiter, durchaus konfliktfähig, aber eben nicht den Rambo, unten oder oben, der sich ohne Rücksicht auf Verluste durch den Dschungel kämpft. Und sie brauchen soziale Laboratorien, wo in Echtstruktur und Echtzeit andersartige Zukunft gedacht und erprobt wird.

Natürlich brauchen Unternehmen tatsächlich schulisch »konditionierte« Unternehmensbürger, aber eben nicht als stromlinienförmig herangezüchtete, willige »Söldner«, sondern als selbstbewusste, vielfältig interessierte, kreative und experimentier-, also innovationsfreudige Zeitgenossen. Und für diese veränderungsfreudigen Talente müssen experimentelle Labore einer ambidextren Schule, Hochschule, Berufsausbildung und Firma geschaffen werden. Ohne reformiertes, zukunftsfestes Bildungswesen auch keine übergreifende, die Wirtschaft erfassende Transformation, kein Ausbruch aus austernhaft geschlossenen Systemen. Und ohne passende Strukturen für Veränderer kein Überleben der Ausbrecher, der Rebellen! Aber wie sollen, wie werden solche Ausbruchs- und Überlebensprozesse nun konkret gelingen?

Der humanistische Weg der Bildung, der Überzeugung, des Vorbildes, der »Missionierung« ist notwendige, aber noch nicht hinreichende Bedingung. Oder geht es schließlich über die marxsche Basis-Überbau-These, wonach es nicht das Bewusstsein der Menschen, das ihr Sein, sondern umgekehrt ihr gesellschaftliches Sein, das ihr Bewusstsein bestimmt? Das ist auch nur ein Teil der Wahrheit und des Weges. Geschlossene Systeme werden erfahrungsgemäß meist von einigen der Mächtigen geöffnet, die über oder in der Machtposition und -tradition derer stehen, die früher mit Macht diese Systeme gebaut und vererbt hatten: entweder aus Einsicht von Teilen der herrschenden Koalition in die Änderungsnotwendigkeit oder im Machtkampf der Herrschenden zwischen Öffnung und Schließung, zwischen Status quo oder Änderung. Oder die Krise trifft sie quasi wie eine brutale Chance zur Reinigung, falls sie überleben. Alternativ ist eine Revolution von unten denkbar, die es aber in Unternehmen meines Wissens bisher noch nicht gegeben hat.

Im gesellschaftlichen Bereich gib es jedoch überzeugende Beispiele für Änderungen aus »Einsicht« der »Machthaber«:

- Die Reform der Bundeswehr durch das Konzept der »Inneren Führung«, geleitet von adligen Generälen, Generalleutnanten, Obersten, Majoren wie Graf von Baudissin, Graf von Kielmannsegg und de Maizière, die zum Teil in drei deutschen Armeen (Reichswehr, Wehrmacht und Bundeswehr) gedient hatten. Die Reformer traten für eine offene Armee basierend auf demokratisch-pluralistischen Grundwerten ein, gegen die Forderung der Traditionalisten geprägt durch Beibehaltung eines Militärsystems, welches auf ewigen soldatischen Werten einer Kampfgemeinschaft basiert.
- Der Bruch mit der Breschnew-Doktrin 1988 sowie die Perestroika 1990, also die Öffnung der Sowjetunion und die Ermöglichung überwiegend friedlicher Revolutionen in Osteuropa durch Gorbatschow, Generalsekretär der KPdSU seit 1985 und Parteimitglied seit 38 Jahren.
- Das Brechen des Apartheid-Systems in den USA als Kombination von Bürgerrechtsbewegung unter Martin Luther King im Gefolge des Urteils des Obersten Gerichtshofes der USA unter Earl Warren und dem Bürgerrechtsgesetz von Lyndon B. Johnson.

Es scheint ein Dreiklang zu sein: der Kurswechsel einiger Mächtiger, die breite »Graswurzel«-Bewegung der Akteure und Betroffenen unten und der ordnungspolitische, normierende Druck der Rechtsprechung beziehungsweise der Zivilgesellschaft. Übrigens gibt es auch zwei sehr prägnante Beispiele deutscher Großkonzerne: der Rückzug von Bertelsmann von kurzfristiger Shareholder-Value-Optimierung und Börsenplänen durch Beschluss der Eigentümerfamilie anno 2002 und das Davonjagen des damaligen Vorstandsvorsitzenden Thomas Middelhoff. Zum Zweiten die Pläne des später ermordeten Vorstands-sprechers der Deutschen Bank einer kompletten Umstrukturierung, ein anderer Umgang mit Macht und einem Schuldenerlass für Entwicklungsländer. Aber bei allem Idealismus: Es wird ein zähes »muddling through« im Reformprozess.

Zum guten Schluss:

Für Deutschland wünsche ich mir einen Aufbruch aus selbstgefälliger Zufriedenheit und Scheingemütlichkeit. Einen Ausbruch aus herr-schenden Theoriekonzepten und Mustern, dominanten Ideen und ideologischen Zwangsjacken. Und das im Zusammenspiel von Teilen der Wirtschaft, Politik, Zivilgesellschaft und Bildung. Wie ich soeben erläutert habe, benötigen solche Transformationen nicht nur, aber auch Graswurzelaufstände von unten, die jedoch mit »Aufbruch« von oben einhergehen müssen – wie etwa die Bundeswehrreform, der ja die Bürgerproteste gegen die Wiederbewaffnung Nachkriegs-deutschlands begleitend den Weg ebneten.

Um es Akteuren zu ermöglichen, sich aus eingefahrenen Mustern zu lösen, um überholte Paradigmen loszulassen, müssen Mächtige wie Nicht-Mächtige jeglicher Couleur nicht nur Kompetenzen erwerben, wie sich im sozialpsychologischen Raum Dinge radikal verändern lassen, sondern auch lernen, wie sie sich selbst dabei verändern kön-nen oder müssen. Der amerikanische Organisationspsychologe Edgar Schein vom Massachusetts Institute of Technology (MIT) in Cam-bridge hat dafür in den achtziger Jahren den Begriff der »upending experiences« geprägt, also der Vergegenwärtigung erschütternder Er-lebnisse, die Akteure des Wandels aus eingefahrenen Bahnen und ex-zellenten Routinen katapultieren und auch und gerade Mächtige in ihren eingefahrenen Mustern infrage stellen.

Ich wünsche mir, dass diese Erkenntnis Jahrzehnte später neue Breiten- und Tiefenwirkung erfährt. Und, ja, ich bin fest gewillt, daran mitzuwirken, dass eine neue APO entsteht. So wie die Wirtschaft in vielen Feldern erstarrt ist, wie sie soziale Reformen und Innovationen benötigt, so ist auch die Politik in diesem Land sklerotisch und fast handlungsunfähig, agiert nur noch politisch-opportunistisch. Nur durch eine starke zivilgesellschaftliche Bewegung – sicher anders, professioneller, digitaler vernetzt und organisiert als vor 50 Jahren – bekommen wir das hin. Diese neue, moderne, außerparlamentarische Opposition muss sowohl die digitalen wie die realen Räume nutzen, sie muss sich sowohl Denklabore durch streitbare öffentliche Debatten als auch Reallabore in Unternehmen, Hochschulen und anderen gesellschaftlichen Organisationen schaffen. Im Disput, in der Auseinandersetzung hoffentlich genauso rebellisch und innovativ, was die Verabschiedung alter Dogmen und Scheinsicherheiten anbetrifft. Ich jedenfalls halte nicht die Klappe. Anders bekommt man sklerotische Strukturen nicht aufgeweicht und zuweilen auch aufgebrochen.